십대들의 뇌에서는
무슨 일이
벌어지고 있나?

The Primal Teen

Copyright ⓒ 2003 by Barbara Strauch
Korean Translation Copyright ⓒ 2004 Henamu
All rights reserved.

This Korean edition was published by arrangement Barbara Strauch through Brockman, Inc., New York.
이 책의 한국어판 저작권은 Brockman, Inc.를 통해 저자와 독점계약한
해나무 출판사에 있습니다. 저작권법에 의해 한국 내에서 보호를 받는 저작물이므로
무단 전제와 복제를 금합니다.

십대들의 뇌에서는 무슨 일이 벌어지고 있나?

바버라 스트로치 지음 | 강수정 옮김

내 가족, 그중에서도 십대들에게

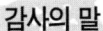

감사의 말

　많은 분들의 크나큰 도움과 격려가 없었다면 이 책은 세상에 나올 수 없었을 것이다. 그분들께 감사의 마음을 전할 수 있게 되어 행복할 따름이다.

　무엇보다 연구결과와 아이디어를 기꺼이 함께 나눈 많은 과학자들께 큰 빚을 졌다. 특히 국립보건원의 제이 기드, 미네소타 대학의 척 넬슨, 그리고 UCLA의 폴 톰슨과 엘리자베스 소웰의 도움이 컸다. UCLA의 존 마지오타, 국립보건원의 스티브 수오미, 뉴욕 주립대 빙햄튼 캠퍼스의 린다 스피어, 맥린 병원의 프란신 빈스, UC버클리의 매리언 다이아몬드, 피츠버그 대학의 데이비드 루이스, 예일 대학의 패트리셔 골드먼-라킥, 미시건 주립대의 마크 브리들러브, 일리노이 대학의 윌리엄 그리너, 피츠버그 대학의 엘리자베스 카우프먼, 듀크 대학의 테드 슬롯킨, 그리고 미시건 대학의 질 베커 등은 바쁜 와중에도 시간을 내어 자료를 제공하고 끝없이 쏟아지는 질문에 귀찮은 내색 없이 친절하게 답해주었다.

좋으면 좋은 대로 나쁘면 또 나쁜 대로 지극히 개인적인 이야기를 기꺼이 들려준 청소년들과 그 친구들, 그리고 부모들에게도 깊이 감사한다. 제시카 코블러, 얀 바이스 그리고 엘리자베스 몰로이는 내가 많은 십대들과 얘기를 나눌 수 있도록 도와주었다. 책에 거론된 모든 이야기는 실화지만, 신원을 밝히지 않기 위해 간혹 이름을 바꾼 경우도 있다.

그리고 로빈 막스, 카렌 페너, 바버러 페들리를 비롯한 많은 분들이 원고를 읽고 부족한 점들을 넉넉히 채워주었다. 친구들은 고맙게도 뇌에 빠져 지내는 나를 참고 지켜봐주었으며, 코니 로젠블룸과 잭 슈워츠의 격려와 조언은 말할 수 없이 큰 힘이 되었다.

애초에 보린 카바잘과 샌디 클레이브스리의 격려가 없었다면 이 책은 시작하지 못했을 테고, 에이전트인 카팅카 맷슨의 뛰어난 재능이 뒷받침되지 않았다면 세상에 나올 수 없었을지 모른다.

그리고 자료 조사를 도와준 발레리 크리스 괼리츠, 또 더블데이의 담당 편집자인 로저 슐과 사라 레이논의 깔끔한 편집이 없었다면 과연 이 프로젝트를 끝낼 수 있었을지, 자신할 수 없다.

더불어 『뉴욕 타임스』의 과학팀 전원에게도 고마움을 전하고 싶다. 특히 드니즈 그레이디, 지나 콜라타, 에리카 구드 그리고 자료를 조사할 수 있도록 휴가를 내준 코리 딘 과학팀장에게 감사한다.

마지막으로 끝없는 인내와 이해심으로 나를 지켜봐준 가족을 빼놓을 수 없다. 남편 리처드는 편집자답게 가장 먼저 내 원고를 읽고 수정해주었으며, 가끔 지쳐서 그만두고 싶을 때에도 포기하지 않도록 힘을 주었다. 부모님은 당신들만의 방식으로 늘 함께하셨고 론, 페이, 로에나, 넬리도 마찬가지였다.

그리고 누구보다 십대인 내 딸들, 헤일리와 메릴의 도움은 더 바랄 나위가 없을 정도였다. 자신들의 생각이며 느낌을 내게 들려주었을 뿐만 아니라 엄마가 문을 걸어잠그고 발달기 청소년의 뇌에 대한 책을 쓰는 그 많은 낮과 밤을 기꺼이 참아주었다.

차례

책머리에 13

1 예정된 광기 19
십대들의 뇌에 대한 새로운 연구 | 도대체 무슨 일이 벌어지고 있는 거지?

2 장막 속의 열정 29
평범함을 정의해보자 | 공사중 불편을 드려 죄송합니다 | 무엇이 정상인가?

3 질풍노도 45
전두엽 개조하기 | 전전두엽 피질 | 어른-아이의 신화

4 갑작스러운 국면 65
뇌의 구조적 변화와 경험의 상관관계 | 유전자냐, 청바지냐 | 일장일단, 뇌의 가소성 | 소뇌 | 결정적 시기

5 연결하라! 85
성장, 가지치기 그리고 성숙 | 분열이냐, 통일이냐 | 언어의 두 가지 측면 | "접수했어!" | 회백질이여 안녕 | 더 수려하고, 차분하고, 조용해진 뇌 | 감정의 브레이크 | 행동과 생물학

6 동물들의 사춘기 121
침팬지, 그리고 인간 | 짝짓기를 해야 할 때 | 지능의 산실? | 역사적인 야만인 | 성숙 스케줄

7 위험한 도전 141
무엇이 이들을 자극하는가? | 신경과학으로 본 모험 | 스릴, 스릴, 더 짜릿한 스릴! | 애타게 새로운 것을 찾아 | 위험이 클수록 더 신중하게 | 위험을 찾아서 | 이들에게 실수를 허하라

8 농담 알아듣기 173
마침내 뉘앙스를 이해하다 | 이들은 무엇을 아는가? 그리고 언제 아는가? | 갑작스러운 깨달음 | 도덕의 나침반

9 변덕스러운 마음 197
뇌와 호르몬의 상호작용 | 힘에 직면하여 | 에스트로겐과 테스토스테론 | 뇌에서의 사춘기 | 남자의 뇌, 여자의 뇌 | 편도핵 대 해마 | 차이의 시작 | 에스트로겐과 세로토닌

10 사랑의 뉴런 229
뇌가 사랑에 빠졌을 때 | 위험한 사랑 | 그 밖의 호르몬들 | 사랑과 페로몬

11 일어나, 해가 중천에 떴어! 249
이들이 잠을 자야만 하는 이유 | 잠은 과학이다 | 수면 부족이 초래하는 감정 | 이상한 잠의 나라 | 각성센터와 수면센터

12 선로 밖의 아이들 271
알코올과 니코틴 | 해마의 손상 | 알코올과 세포의 죽음 | 흡연과 공황장애

13 또다른 세상으로 295
사춘기 때 시작되는 정신장애들 | 구조적인 실마리 | 우울하고 불안이 커질 때 | 정상이라는 것

14 다가올 미래 315
위험과 희망, 그 한가운데서 성장하다 | 변화의 인식 | 기대치를 조정하라, 그리고 실천하라 | 아이들의 전두엽을 활용하라 | 겉모습에 속지 마라 | 미리미리 알아서 대비하라 | 아이들은 원래 잠꾸러기 | 압력을 낮춰라 | 어른이 된다는 것, 그리고 생물학 | 아는 것이 힘이다 | 시기에 따라 장애물도 다르게

참고문헌 341

옮긴이의 말 351

찾아보기 354

책머리에

아무래도 이 얘기부터 해야 할 것 같다. 사실, 나는 지금껏 십대들의 뇌에 대해 그다지 깊이 생각해본 적이 없다. 십대 아이 둘을 키우면서 도대체 얘들이 왜 저럴까 궁리에 궁리를 거듭할 때조차 뇌는 첫째 고려 대상이 아니었다. 그건 호르몬 때문이거나 친구를 잘못 사귄 탓이거나, 또는 엄마인 내 잘못이거나, 여름의 뜨거운 열기 때문이었다. 그런데, 뇌라고?

명색이 과학기자라 청소년들의 뇌에 대한 학계의 공식 입장도 잘 알고 있었다. 뇌의 결정적 발달기라는 관점에서 보면 십대의 뇌는 거의 다 종료되고 완전히 연결된, 어깨 위에 매달려서 초서[*]나 미적분 같은 정보 아니면 만반의 준비를 갖춘 채 부모의 지도

---

[*] Geoffrey Chaucer(1342~1400). 영국 시인으로 『캔터베리 이야기』를 남겼다.

편달이 쏟아져 들어오길 기다리고 있는, 부글거리는 에너지로 충만한 1.36킬로그램의 뇌세포 덩어리였다.

그런데 언젠가부터 몇몇 신경과학자들의 근황이 들려왔다. 그들은 살아 움직이는 십대의 뇌 속을 들여다보기 시작했고, 그 작업을 통해 십대들의 행동과 그 뒤에 도사린 원인을 규명해내려 한다는 것이었다.

프로젝트와 연구의 제목들은 알 듯 모를 듯 난해했다. '청소년기 이후의 전두엽과 선조 영역 뇌발달에 대한 생체 조건에 따른 증거' '청소년기 신경 경로의 구조적 성숙' 등등.

그런데 이렇게 건조한 제목 뒤에 흥미로운 이야기가 숨어 있었다. 이 신경과학자들은 도대체 십대들의 뇌에서 뭘 찾고 있는 걸까? 그들은 이제껏 알려지지 않았던 미지의 영역으로 우리를 안내할 수 있을까? 십대들이 유쾌하면서도 난처한 골칫거리일 수밖에 없는 이유를 그들은 설명해줄 수 있을까?

집 안 가득 청소년기의 특징들이 만개하는 걸 보며 나는 답을 찾아 나서기로 결심했다. 신경과학자 수십 명과 셀 수 없이 많은 청소년들을 만나 이야기를 나누며 그 둘 사이에 무슨 관계가 있는지, 있다면 도대체 어떤 것인지 알아내기 위해 나는 미국 전역을—때론 십대인 딸들을 대동하고서—돌아다녔다. 하버드에 진학할 십대들도 만나고, 헤로인 약기운에 취한 십대들과도 얘기를 했다. 청소년이면 그냥 청소년이지 웬 호들갑이냐는 부모들도 있었고, 정당한지는 모르겠지만 십대인 자녀들을 건물 밖으로 내던지고픈 충동을 느낀 적도 있다는 부모들도 있었다. 인간 십대의 뇌 속을 들여다본 신경과학자, 원숭이 십대와 밤낮을 보내는 과학자, 청소년기에 해당되는 실험실 쥐의 뇌를 얇게 저며서 관찰하는 과학자들과도 얘기를 나누었다.

그리고 그 모든 것을 종합해본 결과, 뭔가 있는 게 틀림없었다. 십대의 뇌―원숭이건 쥐건 사람이건―는 다르다. 내가 이제껏 생각했던 것과 다르다는 건 두말할 필요도 없고, 과학자들이 생각해왔던 것과도 크게 달랐다. 실제로 그것은 십대들만큼이나 이상하고 엉뚱하고 괴상할지 모른다.

이 책은 그렇게 엉뚱하고 괴상한 십대들의 뇌에 대한 이야기이다. 그와 동시에 그런 뇌를 가진 십대들, 그리고 십대들의 뇌를 관찰하고 연구하는 데 많은 시간을 투자한 과학자들의 이야기이기도 하다. 십대들은 왜 해가 중천에 뜰 때까지 잠을 잘까? 그들은 왜 문이 부서져라 요란하게 닫고, 집에 전화하는 걸 잊어버리고, 술기운에 취해 바보 같은 짓을 할까? 왜 어떤 아이들은 느닷없이 갑자기 절망의 수렁에 빠지는 것도 모자라 정신이상이라는 황폐한 상태에까지 이르는데, 또 어떤 아이들은 느닷없이 수학의 묘미, 아름다움, 농담의 미묘한 뉘앙스를 알아차리는 걸까?

지금 신경과학계는 이 모든 문제와 씨름하는 초유의 시도를 벌이고 있다. 최첨단 도구들을 이용하고 최고의 두뇌들을 동원해서 청소년에 대한 해묵은 질문("쟤네들은 도대체 왜 저래?")을 풀어내려 하고 있다. 과학자들은 자신들이 찾아내는 것에 흥분을 느끼면서도, 아직은 절벽 위를 조심스레 걸어가고 있을 뿐임을 시인한다. 이제야 틀을 갖춰가는, 십대들만큼이나 거칠고 다듬어지지 않은 분야이기 때문이다. 사실 이 분야에서 일어나는 변화의 속도가 너무 빨라, 자료를 확인하다 날짜를 보고 이렇게 외칠 때도 많았다. "1996년? 뭐야, 너무 오래됐잖아."

대체로 과학자들—그리고 이 책—이 언급하는 청소년기의 정의는 매우 범위가 넓다. 청소년기라고 하면 사춘기라는 더 구체적인 생물학적 시기를 포함하게 마련이지만, 단순히 어느 한 시기라기보다 가슴이 나오기 훨씬 전부터 시작되어 아이가 대학에 진학하고도 한참 더 지속되는 일련의 연속된 단계라고 말할 수 있다.

뇌발달기에는 대단히 중대한 일들이 일어난다. 과학자들이 거듭 강조하듯이, 뇌는 지구상에 존재하는 그 어떤 것보다 상호작용이 활발한 쌍방향체계이다. 그저 쳐다보기만 해도, 질문을 던지기만 해도 달라진다. 이 글을 읽고 있는 지금 이 순간에도 우리의 뇌는 변하고 있다.

그런데 이 분야를 연구하는 많은 과학자들은 청소년기에 뇌에서 일어나는 변화가, 중대한 발달기라는 측면에서 유아기에 버금갈 만큼 심오하다고 생각한다. 십대들의 뇌는 다 만들어졌기는커녕, 놀랄 정도로 복잡하고 중대한 발달기를 통과하고 있다.

이 책은 십대의 문제아들을 다루고 있지 않다. 뿐만 아니라, 왜 최근 들어 어린 십대들이 교내 식당에서 반자동소총을 난사하는 사례가 증가하는지와 같은 문제를 해명하지도 않는다. 이 현상에 대해서는 수많은 이론과 가설이 쏟아져나오고 있지만, 나를 포함해서 명쾌한 답을 찾아낸 사람은 아직 아무도 없다.

과학자들은 많은 것들을 밝혀내서 고통에 시달리는 십대들을 돕게 되길 희망한다. 십대들의 뇌를 탐구하는 과학자들 중엔, 이 새로운 도구와 새로운 과학이 정상적인 발달과정을 정의해낼 수 있다면 세상에서 가장 황폐한 병이면서 대부분 청소년기에 발병하는 정신분열증*의 원인을 규명할 수 있으리라고 생각하는 사람들이 많다.

그러나 그 먼 길의 첫걸음은 정상적인 십대의 뇌가 어떻게 자라는지를 아는 것이다. 도대체 이때에는 어떤 일이 일어날까? 더 커지는 것은 어느 부분일까? 더 작아지는 건 또 어느 부분일까? 이 부분과 저 부분은 어떻게, 그리고 언제 연결이 될까? 십대들의 뇌를 들여다보면 그 주름 속에서 더욱 근본적인 의문들, 이를테면 왜 평소에는 온순하고 얌전하던 아이가 어느 날 갑자기 코에 피어싱을 하고 들어오는지에 대한 해답을 찾아낼 수 있을까?

결론부터 말하자면, 그럴 수 있다. 알고 봤더니 십대란 정말로 조금은 미쳐 지내는 시기인 것 같기도 했다. 하지만 그들의 미친 짓은 태고의 청사진을 따르는 것이며, 처음부터 그렇게 되도록 예정되어 있었다.

---

* schizophrenia. 우리나라에서도 정신병원 입원환자의 3분의 2 이상이 여기에 해당되는 대표적인 정신병.

1
예정된 광기

십대들의 뇌에 대한 새로운 연구

 십대와 뇌. 뇌와 십대. 이 두 단어는 보기 좋게 어울린다기보다 어딘지 겉도는 느낌을 준다는 건 나도 인정한다. 이 두 단어를 함께 언급하는 순간—한 술 더 떠 십대의 뇌를 주제로 책을 쓰는 중이라는 얘기라도 할라치면—데이트 전날 솟아나는 여드름처럼 농담과 비아냥이 여기저기서 튀어나왔다.
 "아니, 걔네들한테 그게 있단 말이야?"
 "진짜 얇은 책이 되겠네!"
 바야흐로 십대에 들어선 아들 둘을 키우는 스티브는 체머리까지 흔들며 내게 행운을 빌었다. 그가 아는 십대의 뇌라곤 얼마 전에 까닭도 없이 광포해진 것들뿐이었다.
 "정말 알다가도 모르겠어요. 잘 안다고 생각했던 우리 아이들이 어느 날 갑자기 이상한 행동을 하기 시작하는 거예요. 둘 다 착하고 똑똑한 녀석들인데, 저번에는 한 놈이 지가 다니는 고등학교에서 계산기 몇 대를 훔쳐다 팔더니, 이번에는 다른 놈이 도무지 숙제를 하려 들질 않아요. 요즘은 아침에 이 녀석들을 내보내는 게 아주 큰일이라니까요. 도대체 왜 이러는 걸까요?"

사랑스러운 십대 아들 둘을 키우는 엄마이며 작가인 드니즈는 열변을 토했다. "십대의 뇌라구요? 그건 제가 잘 알아요. 왜, 열세 살짜리 우리 애 아시죠? 글쎄, 걔네 학교에서 댄스파티가 있었는데, 안에만 있어야 하고 밖으로 나갈 수는 없다는 게 규칙이었나봐요. 근데, 우리 아들하고 걔 친구들은 자기들이 갇혔다고 생각했는지 밖으로 나가 체육관 주변을 빙빙 돌며 뛰어다녔대요. 그 머릿속에 뭐가 들었는지 누가 알겠어요. 하여간 들켜서 교장선생님이 집에 있던 남편에게 전화를 했어요. 다음날 애를 붙들고 신신당부했죠. 니가 사과를 해야 된다, 모든 사람들에게 불편을 끼친 거다. 그런데 이해를 못 하더라구요. 자기 생각에서 빠져나와 다른 사람의 시각으로 상황을 이해하질 못하는 거예요."

열세 살 난 이 집 아들은 성적도 A만 받는 우등생에다 말썽이라곤 일으켜본 적이 없고 제 엄마의 말대로라면 "너무나 꼼꼼하고 조용하고 말 잘 듣던" 아이였다.

그런데 어느 날 저녁 드니즈가 퇴근하고 집에 갔더니 편지 세 통이 와 있었다. 한 통은 아들이 이번에도 우등생으로 선정되었다는 내용이었고, 또 한 통은 아들이 지역 대표로 관현악단에 뽑

했다는 내용이었으며, 마지막 한 통은 아들이 역사 수업을 듣고 있어야 할 시간에 시내에서 돌아다니다 붙들려 정학 처분을 받게 되었다는 내용이었다.

"가끔은 너무나 논리적이고 보기에도 어른스럽기 때문에 다 컸다는 생각이 들지만, 그러다가도 또 그게 아닌 거예요. 조금 건방진 얘기지만 전에는 부모가 얼마나 무책임하고 관심이 없으면 애들이 문제를 일으킬까, 그렇게 생각했거든요. 하지만 늘 무슨 일이 일어나요. 성가시고, 겁도 나고, 정말 미치겠어요."

십대인 두 딸을 둔 엄마로서 여기에 토를 달고 싶은 마음은 없다. 성가신 일들이 일어나고, 겁나는 일들도 일어난다. 정말 미칠 것 같기도 하다.

그리 오래 전도 아닌데, 당시 열다섯이던 우리집 첫째딸이 일어나서는(물론 12시가 다 되어서야) 기특하게도—부탁도 하지 않았는데—제 방을 치우고 빨랫감을 세탁기에 넣는 것이었다.

세탁기가 윙윙거리며 돌아가는 동안 우리는 거실에서 얘기를 나누었다. 내가 놀이공원에 가면 물놀이도 할 테니 새로 산 CD 플레이어를 가져가는 건 별로 좋은 생각이 아니라고 하자 아이의 대변신이 시작됐다. 그야말로 돌연한 변신이었다. 거의 튀어 오르듯이 발딱 일어나더니—자신이 사춘기임을 온몸으로 드러내며—계단을 쿵쿵쿵 걸어 올라갔다. 그러곤 뒤를 휙 돌아보며 서기 2003년 십대 여전사의 구호를 큰 소리로 외쳤다. "엄마는 고리타분해!"

물론 십대들은 몇 세기 전부터 연구대상이었다. 그들의 행동에는 인류 역사상 최고로 손꼽히는 사상가들마저 난감해했다. 아리스토텔레스는 십대들은 "욕망이 변덕스럽다"며, 이들의 욕망은 "열정적이면서도 그만큼 덧없어" 보인다고 말했다. 셰익스피어는 로미오와 줄리엣이라는 청소년을 창조하는 한편, 청소년기를 대체로 "아이와 놀고, 과거와 불화하며, 도둑질하고, 싸우는" 시기로 정의했다. 그리고 어쩌다 드물게 뇌에 대한 얘기를 하더라도 "굳어진" 것으로 치부했다.

그렇게 굳어진 뇌에서 일어나는 첫번째 바람은 잔잔하다 못해 포착하기 어려울 정도로 미세할 수도 있다.

뉴저지에서 십대 둘을 키우는 로나는 딸 수재나가 십대라는 걸 "어느 날부터 내가 차에서 틀어놓는 음악을 민망해하는" 모습을 보고 새삼 깨달았다. 뉴욕의 작은 마을에 사는 빌은 딸이 일 주일 동안 자신과 얘기를 하지 않았을 때 드디어 사춘기에 접어들었음을 알았다. 십대 자녀를 무려 넷이나 둔 론은 아이가 목욕탕에 있는 시간이 길어지면 바야흐로 사춘기가 시작됐다는 걸 감지한다.

하지만 처음부터 충격파가 휘몰아치기도 한다.

미니애폴리스에 사는 한 아버지는 융통성이 없다 싶을 정도로 질서를 잘 지키던 아들이 건물 벽에 낙서를 하다 붙잡혔을 때 아연실색했다. 프린스턴에서 열네 살짜리 딸을 키우는 한 어머니는 어느 봄날 오후에 얌전하던 딸이 쇼핑몰에서 티셔츠를 훔쳤다는 전화를 받았다. 예쁘게 키운 열다섯 살 난 딸이 만난 지 얼마 안 되는 스물네 살짜리 남자를 만나려고 한밤중에 창문으로 집을 빠져나간 걸 보고 부모는 눈물을 흘렸다.

뉴욕 시에서 쌍둥이 형제를 키우는 엘런에게 사춘기는 온 집안을 휩쓴 느닷없고 급격하고 '끔찍한' 충격이었다. 아이들이 중학교에 올라갔을 때였다. "미운 두 살로 돌아간 것 같았어요. 짜증을 있는 대로 부리고, 쿵쾅거리며 걷질 않나, 문은 또 얼마나 세게 닫는지. 서로 싸우고 으르렁대는 게 무슨 동물의 세계 같았다니까요. 언제부터 그랬다고 아주 능숙하게 우리 눈을 피하고, 아예 비밀의 명수가 다 됐어요. 방 안은 쓰레기통이고, 몸은 깨끗하지만 옷가지는 사방에다 늘어놓았죠. 무례하기가 이를 데 없고, 뭐든지 자기랑 연관짓는데 정말 어이가 없더라니까요. 세상에 저뿐이라는 나르시시즘, 바로 그거였어요."

그중 한 아이는 한밤중에 아파트를 슬그머니 빠져나가 친구들과 뉴저지에 갔고, 다른 아이―둘 다 꽤나 똑똑한 아이들인 건 틀림없다―는 어느 대학의 컴퓨터 시스템을 해킹했다가 덜미를 잡혔다. 한 아이―누구라고 말할 필요도 없이―는 게다가 고등학교 과학실에서 환각제인 LSD를 만들기까지 했다.

"분명히 말씀드리지만, 사는 게 꼭 전쟁 같았어요." 엘런의 말이다. "십대들이 어떻다는 걸 몰랐던 것도 아닌데, 정신을 못 차리겠더라니까요."

십대들도 자신들의 세계가 모든 면에서 너무나 빨리 변해 놀랄 때가 많다. 하키와 비슷한 라크로스라는 구기종목의 선수이고 라틴어 공부를 좋아한다는 열네 살 난 리사는 "갑자기 자신의 기분이 종잡을 수 없게" 된 것 같았다고 털어놓았다.

"가끔씩 압도된 듯한 기분이 들어요." 리사는 말했다. "친구들과의 관계도 챙겨야 하고, 학교생활에다 외모, 그리고 부모님한테도 신경을 써야 되죠. 그럴 때면 제 방으로 가서 문을 걸어잠가요. 부모님은 얘기를 하고 싶어하시고 저도 못되게 굴려는 건 아니지만, 가끔은 그렇게 혼자서 마음을 가라앉혀야만 해요."

모든 십대들이 다 똑같다는 얘기는 아니다. 부모들의 말을 들어보면 최소한 한 아이 정도는, 그리고 천우신조라고나 할 행운이 따라줄 경우 더 많은 자녀들이 사춘기를 무난히 통과하기도 한다. 그러나 대개 십대들은 호기심을 타고난데다 감정과 육체와 호르몬이라는 미지의 세계를 건너다보면 무슨 일인가 일어나게 마련이다. 꼭 나쁜 짓을 벌이거나 불법을 저지른다는 게 아니라, 하여튼 무슨 일인가 일어나게 돼 있다.

"요즘은 말썽을 훨씬 많이 피우지만 일부러 그러는 건 아니거든요." 마틴은 열다섯 살이다. "집에 전화하는 걸 깜빡 잊어버려요. 왜 그러는지 모르겠어요. 친구들과 어울려서 어찌어찌하다 보면 잊어버리는 거예요. 그러면 부모님은 화를 내시고, 저도 확 돌고, 그러면 일이 커지는 거죠."

도대체 무슨 일이 벌어지고 있는 거지?

대체 무슨 일이 일어나고 있는 걸까? 왜 평범하고 말 잘 듣던 아이가 뾰로통해서 방문을 걸어잠그고, 창문으로 몰래 집을 빠져나가고, 쿵쾅거리며 불편한 심기를 드러내고, 학교 과학실에서 LSD를 만드는 걸까? 지금까지는 간단했다. 범인은 호르몬, 청소년기에 들끓는 그 호르몬 때문이었다.

딸이 중학교에 올라가서 예비모임에 참석했을 땐데, 간이의자에 앉아 초조해하는 부모들을 앞에 놓고 백발이 성성한 교장선생님이 껄껄 웃더니 이렇게 말씀하셨던 기억이 난다. "걱정하지 마세요. 저희는 중학교 때 어디가 자라는지를 잘 알고 있으니까요. 목 아래쪽 아니겠어요?"

그분은 반은 옳고, 반은 틀렸다. 십대 시절에 목을 기준으로 아래쪽에서 왕성한 활동이 일어난다는 데에는 이론의 여지가 없다. 테스토스테론은 거기서 스케이트보드를 타고 온갖 묘기를 부리고, 에스트로겐은 엉덩이를 씰룩거린다. 물론이다.

하지만 그게 전부는 아니다.

과학자들은 지금 사상 처음으로 십대들의 행동을 설명하기 위해 호르몬이라는 울타리를 뛰어넘기 시작했다. 그리고 전혀 예상치 못한 곳에서 단서를 발견하고 있다. 십대들의 뇌, 삶은 것처럼 단단히 굳고 이미 색이 칠해진 도화지 같은—그리고 말할 필요도 없이 목 위쪽에 있는—십대들의 뇌에서.

오랫동안 십대들의 뇌는 이미 발달이 완료된 것으로, 끝난 것으로 여겨졌다. 과학자들은 인간에게 정말로 중요한 뇌의 발달은 생후 3년이면 대부분 끝난다고 믿었다. 십대라는 존재는 사회과학자들, 심리학자와 정신의학자와 교육학자, 어쩌면 성직자 정도가 많을 몫이었지, 신경과학자들이 관여할 문제가 아니었다. 피어싱을 한 눈썹 뒤쪽, 오렌지색으로 물들여 삐죽삐죽 세운 머리카락 아래, 거기에 뭐 흥미로울 게 남아 있겠는가?

그런데 알고 보니, 있어도 아주 무궁무진했다. 과학자들은 전례 없는 초유의 작업을 통해 십대의 뇌가 정확히 어떻게 움직이는지 밝혀나가고 있다. 신경과학자들은 강력한 첨단 뇌스캐너를 이용해 처음으로 살아 움직이는 십대의 뇌 속을 들여다보고, 전 세계적인 공동작업을 통해 영장류뿐만 아니라 청소년기에 해당되는 쥐를 대상으로 새로운 분야를 개척하고 있다. 그들은 십대의 뇌가 호르몬의 야단법석을 옆에서 수수방관하는 게 아니라 그것 자체로도 극적인 변화를 겪고 있음을 발견하는 중이다.

이제 십대의 뇌가 여전히 진행중인 거대한 건설 프로젝트라는 사실이 분명해지고 있다. 연결 고리 수백만 개가 이어지고 또 제거된다. 신경화학물질이 십대의 머리를 씻어내리면, 새로운 색깔, 새로운 모습, 인생의 새로운 기회가 생긴다. 십대의 뇌는 가공되지 않은 원석이며, 안팎의 영향에 취약하다. 그들의 뇌는 여전히 미래를 만들어가고 있는 중이다.

"이전까지는 설사 청소년기에 뇌가 변한다 하더라도, 그 폭은 미미하리라는 게 일반적인 생각이었죠." 청소년기 뇌에 관한 한 미국에서 손꼽히는 신경과학자이며, UCLA 대학에서 후학을 지도하고 있는 엘리자베스 소웰의 말이다. "이젠 그 변화가 생각만큼 그렇게 작지 않다는 걸 알게 됐습니다. 십대들의 뇌는 관찰할 때마다 뭔가 새로운 것이 발견됩니다."

조금씩 늘어나는 이들 신경과학자들—그중에는 난제와도 같은 십대 자녀를 둔 사람들도 있다—은 어느 정상적이고 평범한 열일곱 살 소녀가 "짧은 광기"라고 표현했던 그 시기에 '정상적이고 평범한' 뇌에서 어떤 일이 벌어지는가에 초점을 맞춤으로써 십대를 이해할 단서를 찾아내고 있다. 물론 그것을 묘사하려면 1차원적 사고로는 어림도 없다.

어쩌면 십대들의 뇌는, 정말로 잠시 제정신이 아닐지도 모른다. 하지만 그것도 예정된 광기라는 게 과학자들의 말이다. 십대의 뇌는 급속한 흐름 한가운데에 있기 때문에 정신없이 뒤엉킨다. 그리고 그게 정상이다.

십대들의 뇌는 또한 놀랍기 그지없다. 어쨌거나 가장 까다롭고 가장 추상적인 개념, 이를테면 정직이나 정의 같은 개념과 씨름하기 시작하는 것은 바로 이때의 뇌이다. 발달중인 뇌 속 신경세포들의 구석과 틈바구니 속에서 십대들에겐 처음으로 진정한 감정이입이라는 게 생겨난다. 그들은 친구의 고민을 들어주느라 기꺼이 새벽 3시까지 깨어 있고, 전쟁으로 고통받는 아프가니스탄의 어린이들을 걱정하며, 미묘한 시구의 뉘앙스와 격정적인 사랑에 빠지고, 그런 자신의 모습에 놀랄 때도 많다.

"전 십대들이 좋아요." 두 아이가 그 시기를 무난히 통과했다는 어떤 엄마는 이렇게 말했다. "총명한 모습과 스스로 생각할 줄 아는 능력이 커지는 것도 좋아요. 논리적으로 반박하고, 새로운 아이디어에 흥분하기도 하죠. 같은 책을 읽고 함께 얘기하는 것도 좋고, 새로운 것들, 예를 들면 PDA의 사용법을 제게 알려주는 것도 좋아요. 그리고 스타일 감각도 멋지고요."
 뇌를 연구하는 과학자들 역시 그들만의 방식으로 여러 얼굴을 지닌 이 청소년기, 대혼란이 일어나면서도 더 정밀해지고 열정적으로 변하는 정상적인 뇌의 발달을 간파했다. 십대들의 뇌 속에서, 똑똑한 뇌와 수줍은 뇌와 멍청한 뇌 속에서, 그들은 무성함(exuberance)—이 용어는 어딘가 어색하지만, 신경과학자들이 쓰는 말을 그대로 빌려온 것이다—을 발견했다.

2

장막 속의 열정

평범함을 정의해보자

노라는 한쪽을 길게 보랏빛으로 염색한 갈색머리를 휘날리며 경쾌한 발걸음으로 병원 문을 열고 들어왔다. 최근 몇 년 사이에 그녀는 새크라멘토에서 워싱턴 DC로의 이사, 부모님의 이혼, 중학교 1학년 때 단짝 친구의 전학으로 힘겨운 시간을 보내야 했지만, 그 모든 것을 잘 이겨냈다.

이제 열여섯이 된 노라는 자신감이 넘치고, 쉽게 사람들의 호감을 산다. 노라는 '전미여성협회' 본부에서 자원봉사를 했고, 교지 편집에도 참여했다. 물 빠진 청바지에 꽃무늬 셔츠를 입은 노라는 크고 마른 몸을 의자에 풀썩 던지며 이렇게 외쳤다. "기드 박사님, 안녕?"

열세 살 쌍둥이인 데이비드와 매슈가 그 뒤를 이어 축구공처럼 통통 뛰는 모습으로 나타났다. 두 아이는 처음이라 아무래도 걱정이 되는지 이런저런 질문을 던졌다. "기드 박사님, 이 기계요. 이게 정확히 뭐 하는 거예요?"

이 아이들은 미국 국립보건원에서 일하는 신경과학자 제이 기드 박사를 만나러 여기에 모였다. 마흔 살인 기드 박사는 최근 들어 노라와 데이비드, 매슈 같은 평범한 십대들의 뇌가 기존에 생각했던 것과 천양지차라는 사실을 밝혀낸 이 분야의 대표적인 전문가이다.

아동정신의학자이며 신경과학자인 그는 자녀 넷을 둔 아버지이기도 하다. 넓고 둥근 얼굴에 턱수염을 조금 기른 그는 아이들이 도착할 때마다 넉넉한 미소로 농담을 건네며 웃음을 끌어냈다. "야, 니 머리 진짜 마음에 든다." 그는 한쪽을 보라색으로 염색한 노라의 머리를 보더니 숱 없는 자신의 머리를 쓰다듬으며 이렇게 말했다. "숱만 많으면 선생님도 그렇게 할 텐데."

화요일은 국립보건원에서 뇌를 스캔하는 날이다. 뇌스캔에 관한 한 미국 최고로 손꼽히는 기드는 화요일이면 오후 다섯시부터 자정까지 국립보건원 10동 건물의 지하를 떠나지 않는다. 최근에 그를 사로잡고 있는 주제는 평범한 십대를 알아내는 것, 평범함의 의미를 정의하는 것이다.

십대들이 국립보건원의 그 커다란 벽돌 건물을 찾는 건 대개 아프기 때문이다. 건물 3층에는 정신분열증 진단을 받은 아이들이 초점 없는 눈을 하고서 침상을 채우고 있다. 하지만 화요일 밤마다 길고 하얀 복도를 지나 10동 건물의 지하로 내려오는 아이들은 환자가 아니다. 보라색 머리에 힙합바지를 입은 이 아이들은 누구 못지않게 정상이고 평범하며 또 건강하다. 부모가 대신 지원을 했거나 1회에 60달러라는 참가비에 혹한 아이들은 과학의 발전을 위해 크고 시끄러운 MRI 뇌스캐너 속으로 머리를 집어넣는다.

기드는 벌써 10년째 아이들의 머리를 스캐너 속에 집어넣고 있는데, 그 과정에서 수백 명이 넘는 유아와 십대의 뇌를 스캔하고 또 스캔했다. 정상 아동의 뇌발달에 대해 이렇게 장기간에 걸쳐 진행되는 연구는 이번이 처음이며, 그 과정에서 이끌어낸 놀라운 결과는 대상이 된 십대 개개인이나 제한된 몇몇 뇌라는 한계를 훌쩍 뛰어넘어 십대들에 대한 생각 자체를—부모나 신경과학자 모두에게서—완전히 바꿔놓을 것이다.

십대들의 뇌를 연구하는 데 가장 큰 걸림돌은 사망률이 비교적 낮다는 것이다. 인간의 뇌를 연구하는 과학자들로서는 열네 살짜리 뇌보다 아기나 할머니의 뇌를 손에 넣기가 훨씬 쉽다. 성장기 동물의 뇌발달을 연구하는 것도 쉽지는 않다. 인간과는 달리 동물의 성장기는 어느 생물학자의 말마따나 "눈 깜짝할 사이"에 지나가버리기 때문에 장기간에 걸친 본격적인 연구가 어렵다.

이 밖에 지루한 주제라는 것도 한몫을 했다. 중요하고 흥미로운 신경 발달과 관련해서 십대의 뇌는 대체로 완료된 상태라는 게 그 동안의 지배적인 생각이었기 때문이다. 청소년기에 일어나는 중요한 문제라면 그 성가신 호르몬과 머리 모양과 여드름, 뭐 그런 것들뿐이었다.

그러다 살아 움직이는 뇌 속을 들여다볼 수 있는 첨단 기계가 나오면서—그리고 그 살아 움직이는 십대들의 뇌를 연구하려는 기드 같은 과학자들이 등장하면서—기존의 생각에 종지부가 찍혔다. 지난 몇 년 사이에 기드를 비롯한 여러 과학자들은 청소년기 뇌의 기본적인 구조가 대대적으로 개편되고 있으며, 그 결과 논리와 언어에서 충동과 직관에 이르는 모든 분야에 영향을 미친다는 사실을 발견했다.

기드를 비롯한 신경과학자들이 강조하듯이 뇌를 스캔한다고 학교 과학실에서 LSD를 만드는 십대의 행동을 당장 이해할 수 있는 건 아니다. 그 길은 아마도 대단히 먼 여정이 될 것이다. 하지만 십대들의 뇌가 그저 가만히 앉아만 있는 게 아니라는 사실, 의자 위에 놓인 뀌다놓은 보릿자루가 아니라는 사실엔 이론의 여지가 없다. 이제 바야흐로 청소년 뇌에 대한 연구가 활발해지고 있다.

그중에서도 가장 큰 프로젝트는 국립보건원의 다양한 분과가 참여해서 미국의 인종 및 계층 비율에 맞춰 전국적으로 신중하게 가려 선발한 총500명의 뇌를 스캔하는 작업이다. 물리학에서 경제학에 이르는 복잡계를 심도 있게 탐구하는 산타페 연구소가 참여한 또다른 대형 프로젝트에서는 신경과학계 최고의 석학들이 아기와 십대들의 뇌를 스캔하고 있다. UCLA 대학 교수로, 뇌 스캔 분야의 선구자이며 산타페 프로젝트를 이끌고 있는 존 마지오타는 "우리가 아기와 십대들을 연구하는 이유는 이때가 뇌의 구조와 기능에서 가장 큰 변화가 일어나는 시기로 판단되기 때문"이라고 말했다. "그리고 변화의 시기에 초점을 맞추는 이유는 우리가 가장 큰 영향력을 행사할 수 있는 것이 그때일지 모르기 때문입니다."

십대의 뇌에 대한 연구는 이제 고작 시작 단계로, 스케이트보드 가장자리에 삐죽 솟은 운동화 끝이나 살짝 들여다보고 있는 형편이다. 그러나 지금까지 찾아낸 결과만으로도 청소년기의 뇌뿐 아니라 뇌발달 전반에 걸쳐 오랫동안 통용되어온 시각이 흔들리고 있다.

어떻게 보면, 이 이야기의 진정한 주인공은 과학기술이다. 허블 망원경이 우주를 향한 새로운 창을 열어주고 있는 것처럼, 새로운 기계와 새로운 컴퓨터 연산이 개발되면서 새로운 청소년기 신경과학이라는 학문이 탄생한 것이다.

하지만 또 어떻게 보면 내부를 들여다봄으로써 그들을 이해하려는, 이제껏 시도된 바 없는 새로운 노력에 자원한 십대들의 이야기이기도 하다. 기드 박사는 이렇게 말했다.

"우리는 평범한 십대들을 연구하고 그 평범한 뇌를 여러 번 반복해서 들여다봐야 합니다. 평범함이 뭔지도 모르고 어떻게 문제가 있는 아이들을 도와줄 수 있겠어요?"

내가 방문했던 화요일 밤에 처음으로 스캔을 받은 자원자는 매슈였다. 그는 MRI라고 불리는 거대한 자기공명영상 장치, 그러니까 중간에 구멍이 난 회색 플라스틱 입방체를 향해 의연하게 걸어갔다. 매슈가 그 안으로 들어가면 MRI는 전자파와 자기장 그리고 컴퓨터를 이용해서 이 열세 살짜리의 뇌구조를 대단히 선명한 사진으로 보여줄 것이다.

기드의 지시에 따라 매슈는 기계 위로 올라가 다리를 대롱대롱 늘어뜨리고 앉았다. 뇌스캔이 처음인 매슈를 위해 기드는 과정을 차근차근 설명해주었다.

"이제 위를 보고 반듯이 누우면 선생님이 네 머리를 띠로 고정시킬 거야. 아프진 않아. 아무렇지도 않을 거야. 저 안에는 거울이 있는데, 그걸로 저쪽에 있는 우릴 볼 수 있어. 그냥 우주선에 탑승한 우주비행사라고 생각하렴."

기드는 아동정신의학자답게 다정한 말투로 천천히 얘기했다.

매슈가 누운 판이 스르르 기계 속으로 미끄러져 들어가자 그의 발만 밖으로 빼죽 나왔다. 여전히 회색 정장 차림인 매슈의 아버지는 그 옆에 조용히 서 있더니 결국 기드에게 이렇게 물었다. "제가 손을 대도 괜찮을까요?"

기드는 상관없다고 대답했고, 아버지는 가만히 아들의 발에 손을 얹었다. 뇌과학을 위해 자원한 우리의 십대 매슈는 45분 동안 스캐너 속에 있게 되고, 그때까지 아버지는 아들의 발에서 손을 떼지 않을 것이다.

공사중 불편을 드려 죄송합니다

기드가 십대들의 뇌에서 일어나는 놀라운 변화의 징후를 처음으로 감지한 건 몇 년 전이었다. 인간의 뇌를 스캔하는 신경과학자들이 뇌 사진을 몬트리올 신경학연구소에 보내면 그곳에서는 초고속 연산을 이용해 뇌의 부분별 크기에 해당하는 일련의 숫자로 변환시켜 이메일로 다시 보내주는데, 기드도 그 서비스를 이용하고 있었다.

1997년 봄에 이메일을 확인하던 기드는 깜짝 놀랐다. 그 숫자들은 그가 관찰하던 사춘기와 청소년 초기의 뇌에서 극적인 변화가 일어나고 있음을 보여주었다. 뇌의 회백질―외피층―이 두꺼워졌다가 다시 극적으로 얇아졌는데 그 정도라면 유치원 무렵에 대부분 종료되는 것으로 여겨지던 수준의 변화였다.

"근본적으로 제가 뭘 틀렸다고 생각했어요. 숫자들이 잘못됐다고 생각한 거죠."

뇌가 두터워지는 현상은 일반적으로 뇌세포의 작은 가지들이 맹렬하게 뻗어나갈 때 일어나는데, 이 과정을 신경과학계에서는 과잉생산, 또는 무성함이라고 부른다. 논쟁의 여지가 있긴 하지만, 이렇게 성장이 왕성한 시기가 새로운 정보에 대단히 민감해지고 생존에 필요한 기본적인 기술을 습득하는 데 최적의 상태일지 모른다고 믿는 사람들이 많다. 오랫동안 신경과학계에서는 이런 왕성한 활동은 대체로 뇌발달의 초기에 일어난다고 믿어왔다. 그런데 기드가 그 폭발적인 왕성함을 십대의 뇌에서 발견한 것이다. 기드는 이렇게 말했다.

"정보 자체가 거의 없었고, 그나마 있는 것도 이런 과잉생산은 십대에 들어가기 한참 전에 끝난다는 내용이었죠. 그냥 데이터만 계속해서 들여다봤어요. 그렇게 6개월을 더 스캔하고 수치를 검토하다 생각했죠. 이건 잘못된 게 아니라 진짜라고요."

기드는 발달중인 뇌를 약 150회에 걸쳐 스캔했는데, 그 데이터들은 모두 똑같은 결과를 보여주었다. 그는 이 발견을 기초로 작성한 논문을 권위 있는 과학잡지 『네이처 뉴로사이언스 Nature Neuroscience』에 발표했다. 그것은 다수의 십대들을 대상으로 한 최초의 장기적인 연구였으며, 이제껏 과학자들이 생각해온 것보다 훨씬 늦게까지 뇌가 지속적으로 성장한다는 것을 밝혀냈다.

그는 십대들의 대뇌피질 중에서도 다수의 핵심 영역에서 지속적인 성장을 포착했는데, 논리와 공간지각에 관여하는 두정엽, 언어와 관련이 있는 측두엽도 여기에 포함된다. 그리고 어쩌면 이게 가장 중요할 텐데, 우리 이마 바로 뒤쪽에 자리잡고 있으며 뇌의 경찰관 또는 CEO로 불리면서 사전에 계획을 세우고 충동을 억제하는, 말하자면 어른다운 역할을 하는 전두엽에서 복잡하면서도 지속적인 성장이 일어나고 있음을 발견했다. 기드는 뇌의 전두엽이 성장을 계속하면서 여자아이의 경우 열한 살, 남자아이의 경우 열두 살 내외인 사춘기 때 정점을 이룬다는 사실을 발견했다. 변화의 과정은 계속된다. 청소년기 뇌의 크기는 성인 이상으로 커졌다가 돌연 방향을 바꿔 가파르게 내리막길을 걷기 시작한다. 같은 아이의 뇌를 반복해서 스캔하는 과정에서 기드는 전두엽, 십대들이 옳은 행동을 하도록 도와주는 바로 그 영역이 뇌에서도 맨 마지막에야 안정된 성인의 단계에 도달한다는 것을 발견했는데, 어쩌면 스무 살이 훌쩍 넘어서야 발달이 완료되고 완전한 상태에 이르게 되는지도 모른다. 기드는 다음과 같이 말했다.

"우리는 회백질에서 제2의 탄생기를 발견했습니다. 더 많은 가지와 더 많은 뿌리를 뻗는 때이지요. 그리고 그것은 사춘기를 전후해서 최고조에 달합니다. 그런 다음에는 불필요한 부분을 제거해서 정수만을 남깁니다. 이를테면 언어를 정련해서 불필요한 사족을 제거하는 시처럼 말이죠. 뇌에서 이런 지시를 내리는지도 모릅니다. 자, 이제 전문적으로 진화를 할 때가 됐어!"

대뇌피질의 회백질은 뇌의 가장 바깥에 있는 약 0.63센티미터 두께의 외피층을 말하며, 전문화된 기능을 수행하는 영역으로 나뉘어 있는데, 사람의 경우 너무 커진 나머지 한정된 크기의 두개골 안에 모두 담으려다보니 깊은 주름이 생겨났다. 기드는 바로 이곳에서 일어나는 성장부터 관찰하기 시작했다.

회백질에는 뇌에서 결정적일 만큼 중요하다고 여겨지는 것들이 상당수 담겨 있다. 그것은 신경세포—뉴런—와 여기서 복잡하게 뻗어나온 가지들, 즉 안테나 역할을 해서 다른 뉴런으로부터 정보를 받아들이는 수상돌기이다. 또한 시냅스도 많이 포함되어 있는데, 뉴런은 이 수상돌기 사이의 연접 부위—더 정확히 말하면 미세한 간극—에서 화학적인 메시지를 주고받음으로써 서로 커뮤니케이션을 한다. (뇌의 백질白質이라고 부르는 부분은 축색돌기라는 하나의 긴 끈 같은 뉴런의 돌기로 이루어져 있는데, 이것은 뇌의 멀고 깊은 곳까지 뻗어 다른 뉴런에 신경자극을 전달한다).

기본적인 뇌발달은 대부분 유전자의 영향을 받지만, 많은 연결 부분, 일부 수상돌기와 그것의 시냅스들은 최대한 널리 사용되고 최대한 많은 신경화학물질을 받아들일수록 더 발달하고 무성해진다. 이것이 이른바 뇌의 기본 방침인데, "사용하거나 사라지거나"라는 이런 원칙은 일정한 인생의 경험—좋은 것이든 나쁜 것이든—이 뇌의 본질적인 구성 양식에 영향을 미칠 수 있다는 것을 의미한다. 예를 들어 라틴어를 열심히 공부하면 우리 뇌 속의 라틴어 시냅스가 '카르페 디엠(carpe diem)', 그러니까 현재를 즐기게 되는 것이다. 이런 생각의 바탕 위에 기드를 비롯한 여러 학자들의 연구결과가 더해지면서, 많은 과학자들이 십대들의 뇌가 결코 완성된 상태가 아니라는 사실을 받아들이고 있다. 완성은커녕, 그것은 가능성으로 뭉쳐진 덩어리이며 시냅스의 형태가 잡히길 기다리고 있는 원자재인 셈이다. 십대들의 뇌는 여전히 놀랄 만큼 흥미롭고, 가열차게 왕성한 활동을 벌이면서 안팎의 영향력을 받아들이고 있는 듯이 보인다.

국립의료원에서 아동정신의학 관련 연구팀을 이끌고 있으며 기드의 상관이기도 한 주디스 L. 라포퍼트는 청소년기의 뇌에서 그렇게 광범위한 성장과 지속적인 활동이 일어나고 있다는 사실은 십대와 그들의 뇌를 바라보는 우리의 시각에 새로운 지평을 열어준다고 말했다.

"미묘한 변화가 있다는 건 알고 있었지만, 기드 박사의 연구는 서로 다른 시기에 최고조에 이르는 뇌의 성장과 강력한 변화를 새롭게 보여주었습니다. 청소년기에 시냅스의 재조직 면에서 대규모 변화가 일어난다고 확신할 수 있을 것 같습니다. 그럼으로써 더 날렵하고 평균적인 생각의 장치를 갖게 되는 거죠."

그러곤 이렇게 덧붙였다.

"그런데 첫 단계를 과잉생산으로 간주한다면 이런 의문이 뒤따릅니다. 이건 자연이 의도한 중복성일까? 그러니까 광부가 될지, 아니면 바이올리니스트가 될지를 결정할 능력을 부여하는 걸까?"

무엇이 정상인가?

뇌를 연구하는 과학자들은 오래 전부터 뇌의 성장을 측정할 방법을 모색해왔다. 아이의 연령에 따라 팔과 다리의 적정한 성장치를 보여주는 표는 이미 작성되었다. 머리의 바깥 둘레도 잴 수 있다. 하지만 아이나 청소년의 뇌가 어떻게 발달하는지는 알지 못한다. 열두 살 무렵의 전두엽은 어떤 모습이어야 정상일까? 측두엽의 언어 영역은 열여섯이 되면 성장이 완료될까? 십대들이 음의 정수를 놓고 씨름하거나 『제인 에어』를 보며 눈물을 흘릴 때 뇌가 어떻게 자라고 수축하는지를 볼 수 있을까?

이런 의문은 신경과학계의 한가한 호기심에 그치지 않는다. 뇌가 어떻게 성장해야 정상인지 아무도 모른다면 십대들의 뇌가 언제, 그리고 어떻게 어긋나는지 역시 알 길이 없다.

기드를 비롯한 여러 학자들이 십대의 신경과학에서 발견한 새로운 사실들은, 정상적인 뇌가 어떻게 성장하는지 알아내려 했던 일련의 고전적인 연구를 기반으로 한다. 한 가지만 소개하자면, 시카고 대학의 피터 R. 허튼로처가 실제로 검시실에서 아이들의 뇌를 가져다가 연령별로 뇌의 그 작은 시냅스―뇌 연결의 밀도와 발달 정도를 보여주는 지표―를 일일이 센 것을 들 수 있다.

전두엽의 한 부분을 관찰하던 그는 시냅스가 출생 전에 급격히 증가하기 시작해서 출생과 동시에 성인 수준에 이르고, 이후 계속 증가하다 1~2세 때 성인의 두 배에 도달한다는 사실을 발견했다. 그후엔 몇 년 동안 높은 수준을 유지하다가 서서히 줄어들기 시작해서 연결 시냅스의 거의 절반에 가까운 양이 제거되고 뇌는 다시 성인의 수준으로 되돌아갔다.

허튼로처의 연구결과는 이 분야에서 진행된 또다른 상세한 연구들과 어느 정도 일맥상통한다. 1980년대부터 1990년대에 걸쳐 신경과학자인 예일 대학의 패스코 라킥과 패트리셔 골드먼-라킥 부부, 그리고 파리 파스퇴르 연구소의 장-피에르 부르주아는 대단히 정밀한 연구를 통해 붉은털원숭이의 시냅스를 세고, 뇌발달과정의 윤곽을 그려냈다. 그리고 비슷한 패턴을 발견했다. 시냅스의 밀도(뉴런 1개당 연결 시냅스의 숫자)는 출생 전에 급격히 증가해서 태어날 때 성인 수준에 이르렀다. 약 두 달이 지나면 원숭이의 시냅스는 성인의 두 배에 달하고, 세 살 전후까지 일정하게 높은 수준을 유지하다가 원숭이들이 성적으로 성숙해지면 감소하기 시작했다.

현재 웨인 주립대에 재직중인 신경학자 해리 추거니는 1987년에 이런 결과를 뒷받침해줄 또다른 증거를 찾아냈다. 그는 뇌의 포도당 사용량을 측정하는 PET스캔법(양전자방출단층촬영법)을 이용해서 간질을 앓는 아동과 정상 아동 스물아홉 명의 뇌를 스캔했다. 그는 출생시의 포도당 사용치가 성인의 약 70퍼센트이며, 2~3세 때에는 성인의 두 배에 달한다는 사실을 확인했다. 그는 8세 전후가 되면 뇌의 포도당 사용치가 감소하면서 안정되기 시작하고, 16~17세 무렵이 되면 다시 성인 수준에 근접한다고 추산했다.

이 세 가지 연구는 모두 같은 패턴을 보여주었다. 즉 시냅스는 태어나기 전에 형성되기 시작해서 출생시에 성인 수준에 이르렀다가, 유년기 동안 성인치의 두 배까지 증가하고 일정 기간 그 상태를 지속한 후 성인 수준으로 떨어졌다는 것이다.

라킥 부부와 추거니, 그리고 허튼로처의 연구결과가 그려낸 뇌발달의 초상은, 뇌가 자연과 대단히 흡사한 방식으로 작동한다는 걸 명백히 보여주었다. 즉 필요한 양보다 많은 시냅스를 만들어서 위험을 방지하는 것인데, 말하자면 테이블 위에 많은 카드를 펼쳐놓고는 게임이 진행되면서 걸러지게 함으로써 가장 뛰어나고 강한 시냅스가 이기게 만드는 식이다.

하지만 위의 연구들 가운데 십대들에게 초점을 맞춘 것은 하나도 없었다. 라킥 부부의 경우 원숭이가 대상이었고, 추거니의 연구는 간접적으로 뇌의 발달을 측정한 것이었으며, 허튼로처의 연구에 포함된 청소년기의 뇌는 극히 소수에 불과했다.

비어 있던 그 틈을 메운 것이 기드의 연구였다. 150명에 가까운 살아 있는 십대들의 뇌를 연구한 그 역시 비슷한 발달경로를 확인했지만, 이번엔 약간의 차이가 있었다. 그는 십대의 뇌 속에 있는 연접부가 사춘기 이전부터 꾸준히 감소하는 게 아니라는 사실을 발견했다. 오히려 사춘기를 전후한 일정 시점에 폭발적인 성장을 보이는데, 특히 인간을 인간답게 만들어주는 곳이라고 일컫는 전두엽에서 그 경향이 두드러졌다.

지금까지 성장중인 십대들의 뇌에 대한 광범위하고도 장기간에 걸친 데이터를 소유한 학자는 기드가 유일하며, 그 데이터 중에는 같은 뇌를 여섯 번씩 스캔한 것도 많다. 그렇기 때문에 일반적으로 신경과학자들은 기드의 수치에 반론을 제기하지 않는다. 사실상 그가 측정한 것은 부피, 즉 뇌의 전체적인 크기이고, 그로부터 시냅스와 수상돌기의 증가를 추론한 것이기는 해도, 일관되게 나타나는 결과는 상당히 인상적이다.

물론 시냅스가 더 많다고 해서 그만큼 더 현명하다고 할 수는 없다. 과학도 이를 규명하지 못한다. 사실 지능 저하와 학습장애의 일반적인 원인으로 꼽히는 취약 X염색체 증후군의 경우 뇌의 시냅스가 지나치게 많아 그것이 얽히고 꼬이면서 혼란을 일으키는 것처럼 보이기도 한다. 게다가 청소년기 말에 시냅스가 감소한다고 해서 더 멍청해진다고는 말할 수 없다—적어도 모든 사람이 그렇지는 않다.

하지만 신경과학자 패트리셔 골드먼-라킥의 말처럼 시냅스는 뇌에서 중요한 문제일 수밖에 없는데, 우리의 모든 행동에 뇌세포의 커뮤니케이션은 결정적인 역할을 하고, 뇌세포가 다른 뇌세포와 메시지를 주고받는 것이 바로 시냅스에 달려 있기 때문이다. "시냅스 형성과 신경세포들 사이의 커뮤니케이션은 모든 기능을 중개해서 실현시키는 데 필수적입니다."

아동 뇌스캔 분야에서 최고의 전문가로 손꼽히는 또 한 사람, 뉴욕 새클러 연구소의 B. J. 케이시는 이제 뇌가 "청소년기에 완료된 상태가 아니라 그때까지도 여전히 다듬어지고 있다"는 게 명백하다고 말했다.

최근에 발표한 과학 논문에서 허튼로처는 이런 발견들이 평범하고 정상적인 십대들에게 어떤 의미가 있는지로 논의를 확장시켰다.

"논리 전개나 동기부여, 그리고 사리분별같이 전(前)전두엽에서 이루어지는 더 복잡한 고도의 기능들은 아동기와 청소년기에 걸쳐 단계적으로 발달하고, 어쩌면 성년까지도 그 과정이 지속되는 것처럼 보인다." 그는 논문에서 이렇게 주장했다. "인간에게만 독특한 이런 기능들은 뇌발달의 후반기에 나타나고, 이런 기능들이 등장하는 데는 전전두엽에서 늦게까지 증가하는 무성한 시냅스가 일조하는지도 모른다." 그러고는 뒤에 가서 이렇게 덧붙였다. "그렇다면 십대들이 더욱 월등히 사고하는 한편, 고등학생들이 결정을 내리지 못해 애를 먹는다고 해서 놀랄 일은 아닐 것이다."

사실 십대들의 뇌는 부모나 교육자, 심지어 과학자들이 생각해왔던 것보다 외부의 영향력에 더 노출되고, 더 쉽게 상처를 입고, 심각하고 장기적인 손상에 훨씬 더 취약한 상태에 놓인다. 현재 신경과학계 일각에서는 청소년기야말로 마약이나 알코올, 심지어 일상화된 폭력성 비디오게임에 노출되는 데 최악의 시기일지도 모른다는 경고와 우려의 목소리가 나오고 있다.

기드는 이렇게 말했다. "십대의 뇌가 여전히 그렇게 큰 변화를 겪고 있다면 성장하는 이 뇌에게 과연 어떤 경험이 바람직할지를 생각해봐야겠죠."

추거니도 뇌가 막대한 양의 정보를 흡수하면서도 수많은 변경이 이루어지기 때문에 "많은 것들이 잘못될 수 있는" 시기라는 데 동의한다. 그는 뇌의 전반적인 혼란기라는 점에서 십대의 이 시기는 미운 두 살에 비견될 정도라고 생각한다.

"아이들의 행동거지에서 가장 놀라운 변화를 보이는 게 바로 이 두 시기입니다. 그건 결코 우연의 일치일 수가 없죠."

3

질풍노도

전두엽 개조하기

일류 고등학교에 다니는 제이미는 미래를 중시하며 마약이나 술과는 거리를 두려는 모범생이다. 그런데 그런 제이미도 어쩌다 한번씩은 "미쳐보고 싶은" 충동을 느낀다.

어느 날 오후, 제이미는 고속도로를 달리다 문득 그런 충동에 사로잡혔다. 트럭 한 대가 자기 차를 추월하자 갑자기 '뭐야, 도대체 왜 그러는 거야?'라는 생각이 들었다. 제이미는 가속 페달을 힘껏 밟았고, 속도는 순식간에 시속 160킬로미터를 넘어갔다. 트럭은 따라잡았지만, 하마터면 목숨을 잃을 뻔했다.

다른 생각은 안 해봤을까? 아무 의미도 없는 트럭 한 대 추월하겠다고 시속 160킬로미터로 달리다가 사고가 날 경우 어떤 일이 일어날지 생각해봤을까?

"아니, 안 한 것 같아요."

자업자득으로 곤경에 빠진 건 제시카도 마찬가지였다. 그녀는 어떤 회사에서 아르바이트를 했는데 다른 사무실에 근무하는 남자와 전화로 긴 대화를 나누곤 했다. 얼마 전에 열일곱 살이 된 제시카는 별 생각 없이 재미 삼아 스물하나라고 나이를 속였고, 하루는 퇴근 후에 만나자는 남자의 말에 그러마고 응낙했다. 남자에 대해 아는 거라곤 마흔한 살이라는 그의 나이뿐이었다. "지금 생각해보면 연쇄살인범이거나 뭐 그런 사람일 수도 있었 잖아요." 제시카는 이렇게 말했다.

그런데 나이를 속여 말하고 약속을 정하기 전엔 그런 생각이 안 들었던 걸까? 상황을 곰곰이 따져보거나 결과를 걱정하긴 했을까?

"아니, 꼭 그렇다고는 할 수 없어요. 그냥 그렇게 하고 싶었고, 그래서 갑자기 저질렀던 거예요."

부지런하고 착하고 똑똑한—그리고 가끔은 느닷없이 아주 살짝 제멋대로가 되는—이 십대 소녀들은 조금도 특별할 게 없는 평범한 청소년들이다. 롱아일랜드에 사는 줄리아는 열세 살 때 바람처럼 달리고픈 마음에 아이스크림 트럭 꽁무니를 붙들고 롤러블레이드를 탔고, 이언은 스케이트보드를 타고 시내를 쌩쌩 달리다 본인의 말처럼 "고꾸라진" 적이 한두 번이 아니다. 열네 살인 리사는 배짱 좋게도 밤 11시에 마을에서도 가장 오싹한 구간을 걸어보라는 도전에 응했는데, 그 이유는 단지 "나쁜 일은 일어날 것 같지 않았고, 그냥 하고 싶어서"였다. 한겨울에 모여서 액션물을 보던 잭과 열다섯 살 또래 친구들은 충동적으로 슈퍼마켓의 쇼핑카트를 가져다가 근처 공원에서 미끄럼을 타기로 결정했다. 그러곤 눈길에 카트를 타고 미끄러져 내려오다 빙판 위에서 그만 뒤집히고 말았다. 잭은 엄청난 두통과 뇌진탕에 시달려야 했다. 잭의 엄마는 이렇게 말했다.

"아무 생각도 없었던 거죠. 그래서 제가 그랬어요. 멀쩡한 정신으로도 판단력이 그 정도라면 평생 술 마실 생각은 하지도 말라고요."

물론 많은 십대들은 시도할 엄두도 못 내고, 적잖은 아이들은 오히려 부모들보다 더 신중하고 생각이 깊다. 하지만 대부분은 어쩌다 한번씩 제시카의 말마따나 "미쳐보고 싶고", 충동을 따르고 싶은 욕구를 느낀다. 십대들에 대한 이 세상의 고정관념 중엔 맞는 것도 있고 틀린 것도 있지만, 이것만큼은 사실이다. 게다가 특별히 새삼스러울 것도 없다.

오십 줄에 접어든 한 여자는 예일 대학에 입학이 허용된 최초의 여학생이었는데, 고등학교 하키부 주장으로 있을 당시 '걸리지 않을 것'이라는 생각에 친구들과 어울려 학교 건물 벽에다 커다란 글씨로 "신나게 놀아보자"고 낙서를 했단다. 교사이자 경영 컨설턴트로도 활동하는 제프는 친구와 둘이서 공원에 소풍 나온 어린 보이 스카우트들에게 소화기를 분사했다가 붙잡혀 경찰서에서 보냈던 오후를 쉰 살인 지금까지도 생생히 기억하고 있다. 사십대 중반의 작가인 제러드는 무더운 6월 어느 날, 센트

럴파크에서 소프트볼을 하고서 메트로폴리탄 미술관 앞에 있는 커다란 분수로 뛰어들어 옷이야 젖건 말건 웃으며 소리를 질러댔던 때가 어제 일처럼 또렷하다.

"충동적이었냐고요? 네, 물론이죠. 그러니까, 아무도 앞뒤 상황을 충분히 생각하지 않았다는 정도가 아니라, 아무도 생각이라는 걸 아예 하지 않았다고 보는 게 옳겠죠. 하지만 충동적이고 느닷없이 변덕을 부리고, 바로 그런 게 십대 아닌가요?"

이렇게 말하면서 제러드는 이제 십대의 자녀를 두고 보니 요즘 아이들은 그런 면에서도 더없이 현대적인 취향을 갖게 된 것 같다고 덧붙인다. 열여섯 살인 딸은 얼마 전부터 친구들과 컴퓨터 메신저로 몇 시간씩 채팅을 한다. 시간도 잊어버리고, 숙제도 잊어버리고, 도저히 멈추지 못한다는 것이다.

"한도를 둬야 했어요. 거의 중독이었거든요. 학교생활은 모범적이지만 성적이 떨어졌고, 그로 인해 어떤 결과를 낳을지 따위는 아예 생각을 안 하더라고요. 그냥 순간의 재미만을 즐기는 거예요."

미네소타 대학 아동발달연구소의 신경과학자 척 넬슨은 정상 아동의 뇌를 스캔하고, 피폐한 환경이 루마니아 고아들에게 미친 영향을 연구함으로써 우리 뇌의 난해하고 복잡한 발달과정을 알아내려 노력하고 있다. 그리고 열다섯 살짜리 아들을 둔 아버지로서 이 복잡한 생명체를 이해하려는 데에도 적잖은 시간을 할애하고 있다. 넬슨 역시 충동, 변덕, 순간의 재미 같은 것에 너무나 익숙하다.

 평소에는 말도 잘 듣는다는 그의 아들이 한번은 시내에 있는 건물에 낙서를 했다. 저녁을 먹다가 부모가 뭐라고 한마디만 해도 있는 대로 화를 내며 '폭발'하는 시기도 꽤 오래갔다.

 그런데 최근 들어 넬슨의 아들은 변화의 조짐을 보였다. 며칠 전에는 귀가 시간을 15분 넘겨 들어왔기에 그가 야단을 치는데도 맞받아서 화를 내는 대신 조용히 사과하며 다시는 그러지 않겠노라고 약속했다. 아이스하키 팀의 골키퍼로 활동하는 아들은 몇 시간씩 가만히 앉아 다른 골키퍼들의 움직임을 눈여겨보고, 앞으로의 전략을 구상하기도 했다. 물론 여전히 받아들이지 못하는 것들이 있다. 예를 들어 "지금 당장 잔디를 깎으면 친구들을 더 빨리 만날 수 있다"는 식의 생각은 도무지 이해하지 못한다. 하지만 전체적으로 넬슨은 아들이 성숙을 향해 성큼 도약했다고 생각한다.

 나는 얼마 전에 신경과학자들을 만나러 몬트리올에 가면서 딸 헤일리를 데려갔다. 환율도 좋고 프랑스풍의 세련된 옷들이 많기 때문에 쇼핑이나 하라는 생각에서였다. 그런데 열여섯 살인 딸에게 학교에서 입을 옷을 사라고 했더니, 자못 진지한 표정으로 이렇게 대답하는 것이었다.

 "아냐, 지금은 안 살래. 조금 기다릴까봐. 캘리포니아에 가면 거기서 뭘 좀 살 계획이거든."

 뭐? 기다려? 마음에 드는 게 보이면 입어보기도 전에 무조건 사야 했던 애가 계획? 기다려? 이게 어찌 된 영문이람?

쇼핑센터에서 있었던 일을 얘기하자 넬슨은 고개를 끄덕였다. 그는 이런 얘기들—자기 아들의 낙서와 사소한 지적에도 화를 내던 시기, 전에 없던 차분함, 그리고 내 딸이 새롭게 익힌 기다리고 계획하는 능력—을 들으면 십대의 뇌에서도 한 부분이 떠오른다고 했다. 그곳은 바로 전두엽이다.

기드의 연구에서 청소년기에 한창 발달중인 대표적인 영역 가운데 한 곳으로 밝혀졌던 전두엽은 뇌에서도 충동을 억제하고, 있는 돈을 옷 사는 데 다 써버리기 전에 기다리고, 좋은 말로 충고하는 부모님께 후회할 말을 내뱉기 전에 자제하도록 도와주는 역할을 한다. 넬슨은 이렇게 말했다.

"간단히 말해서, 엄마한테 아무것도 모르는 늙은 할망구라고 말하기 전에 열까지 세라고 지시하는 게 바로 이곳이에요."

전전두엽 피질

과학자들이 뇌의 전두엽을 말할 때는 주로 이마 바로 뒤쪽에 위치한 전전두엽 피질이라는 부분을 가리킬 때가 많다. 우리의 뇌는 진화의 역사를 그대로 보여주는 작은 덩어리라고 할 수 있다. 뇌간(腦幹)이나 변연계(邊緣系)—대뇌반구의 안쪽과 밑면에 해당하는 부위로, 감정과 본능에 의거한 반응, "너를 이 자리에서 절단내버리고 싶다"는 식의 본능을 조절하는 영역—같은 부분은 기본적으로 악어와 다를 게 없다.

하지만 전전두엽 피질은 그러면서도 뭔가 다르다. 신경학 교과서를 보면 인간의 전전두엽 피질이 얼마나 엄청나게 성장했는지 보여주는 그림이 등장한다. 맨 처음에는 대개 전전두엽 피질이 조그맣고 매끈한 쥐의 뇌가 그려져 있다. 이어서 전전두엽 피질이 조금 커진 고양이의 뇌, 여기서 조금 더 커진 원숭이의 뇌가 뒤따른다. 마지막으로 대미를 장식하는 것은 부풀어 오른 전전두엽 피질 때문에 주름이 잡힌 커다란 인간의 뇌이다. 일설에 따르면 인간의 전전두엽 피질은 진화를 거치는 과정에서 무려 29퍼센트나 커졌다고 한다. 이에 비해 우리와 가장 가까운 영장류인 침팬지의 경우 같은 부분이 약 17퍼센트 커졌고, 고양이는 그 비율이 3퍼센트에 불과하다.

자궁 속 태아의 뇌는 대략 단계별로 발달한다. 뇌간과 변연계의 부분들은 일찍 발달하고, 주름 잡힌 전전두엽 피질과 더욱 정교한 다른 부분들의 초기 형태는 뒤에야 나타난다. (흥미로운 사실은, 늦게 발달하는 전두엽의 부분들이 알츠하이머 같은 퇴행성 질병에서 제일 먼저 무너져내리는 경우가 많다는 점이다. 과학자들은 그것이 정교한 기능을 얻기 위해 치르는 대가일지 모른다고 추측한다. 유연한 상태, 환경과 상호작용하며 적응하는 뛰어난 능력으로 뇌의 다른 부분보다 빨리 소모될지도 모른다는 것이다.)

다시 말해서 전두엽—과학자들이 최근 들어 청소년기에 방대한 변화가 일어나고 있음을 발견한 바로 그 부분—은 우리 뇌에서도 거물급 존재인 셈이다. 게다가 전두엽은 대단히 흥미로운 이야기들을 담고 있다. 신경학계의 기이한 사례들을 모아 『아내를 모자로 착각한 사나이The Man who Mistook His Wife for a Hat』라는 책을 펴낸 신경학자 올리버 색스는 전두엽이 손상된 남자의 이야기를 들려주었다. 충동 조절 능력이 현저하게 결핍된 그 남자는 강박적인 '건배 제안자'가 되고 말았다. 색스가 『뉴롤로지Neurology』에 소개한 사례에 따르면, 그 남자는 식당에서 밥을 먹다가도 자리에서 일어나 "헛기침으로 주변의 이목을 집중시킨 다음 여왕을 위해 건배하자고 제안했다. 주변 사람들은 의아해하면서도 순순히 일어나 잔을 높이 들곤 했다. 1,2분 후에 남자의 퍼포먼스는 반복되고, 이번엔 대상이 런던시장쯤으로 바뀐다. 민망해진 가족이 참다못해 그를 데리고 식당을 나설 때까지 건배는 몇 분에 한 번꼴로 계속된다. 그 환자는……건배하는 걸 즐기는 듯했지만 (상당한 지능을 소유했음에도) 자신이 무엇을 하고 있는지 전혀 모르는 것 같다."

넬슨의 연구실 벽에는 이마에 빨간 막대가 꽂힌 흰 두개골 사진이 걸려 있었다. 그건 뇌과학계에서는 거의 전설이 되다시피 한 피니어스 게이지라는 사람의 머리였다.

뛰어난 능력과 원만한 성격으로 주변의 사랑을 받던 게이지는 버몬트 철도회사의 현장주임으로 근무하던 1848년에 폭발 사고를 당해 5.8킬로그램의 쇠막대 하나가 두개골의 앞쪽을 꿰뚫고 지나갔다. 사고 이후에도 신체 기능에는 아무 이상이 없었고 대화에도 무리가 없었다. 하지만 피니어스는 다른 사람이 되었다. 그는 거짓말을 하고, 물건을 훔치고, 욕을 해댔다. 충동적으로 변했고, 평생 계획이라는 걸 세우지 못했다.

19세기 과학자들이 뇌에서도 이 앞부분이 인간다운 행동 전반에 걸쳐, 그중에서도 특히 충동 억제와 사전 계획의 능력에서 상당히 중요하다고 생각하기 시작한 것도 피니어스 때문이었다. 그로부터 100여 년이 지났을 때, 아이오와 대학의 교수로 미국 신경과학계를 선도하던 안토니오와 한나 다마시오 부부는 단층촬영이라는 현대식 기법을 활용해 피니어스의 뇌에서 손상된 부분을 정확히 짚어냈다. 실제로 쇠막대는 그의 전전두엽 피질을 관통했다.

　그후로 신경과학계는 뇌의 이 중요한 부분이 어떤 기능을 어떻게 담당하는지 규명하기 위해 총력을 기울여왔다. 1970년대와 1980년대 들어 예일 대학의 패트리셔 골드먼-라킥과 현재 유니스 케네디 슈리버 센터에 재직중인 아델 다이아몬드는 일련의 뛰어난 실험을 통해 전전두엽 피질이 언제, 그리고 어떻게 행동에 돌입하는지 보여주었다. 그들의 실험—골드먼-라킥은 붉은 털원숭이를, 다이아몬드는 인간의 유아를 대상으로 했다—은 반응지연 테스트 또는 'B 말고 A 테스트'라고 불리는 것이었는데, 피실험자가 시야에서 사라진 정보를 얼마나 오래 기억하는지 알아보기 위한 것이다. 즉 원숭이나 아이는 대상의 이미지를 머릿속에 간직해야 하고, 관련이 없는 다른 정보로 그 자리를 채우려는 충동을 억제해야 한다.

　B가 아닌 A를 기억하는 과제는 전전두엽 피질, 더 정확히 말하자면 배외측(dorsolateral) 전전두엽 피질이라는 곳의 기능과

관련이 있는데, 신경과학계에서는 여기를 단기기억―예를 들어 새로 들은 일곱 자리의 전화번호를 숫자판을 다 누를 때까지 기억하는 능력―이 이루어지는 곳으로 지목한다. 뇌의 칠판이라거나 포스트잇으로도 불리는 단기기억은 충동 조절과 관련이 있다고 여겨진다. 골드먼-라킥은 "머릿속에 떠오른 이미지로 반응을 지시할 수 없다면, 무관하거나 돌발적인 자극에 반사적으로 나오는 반응을 억제할 수도 없다"고 설명했다. 간단히 말해서, 친구들이 보낸 급한 이메일에 뇌가 일일이 반응하는 것을 억제할 수 없다면, 숙제는 또 까맣게 잊고 만다는 얘기다.

골드먼-라킥과 다이아몬드의 실험 대상이 된 원숭이와 인간은 비슷한 상황에 놓인다. 일단 그들이 보는 앞에서 간식이나 장난감을 두세 개의 용기 가운데 한 곳에 넣는다. 그런 다음 용기를 보이지 않는 곳으로 치웠다가 몇 초 후에 다시 가지고 온다. 이제 원숭이와 아기들은 간식이나 장난감이 어디에 들어 있는지 기억해야 한다.

어린 원숭이와 유아들은 대개 실패했다. 하지만 연령이 높아질수록 사물의 위치에 대한 정보를 점점 더 오랫동안 머릿속에 담아둘 수 있다는 것이 실험을 통해 확인되었다. 원숭이는 4개월 정도 되었을 때 성적이 좋아졌고, 유아의 경우 7개월 정도일 때 향상되기 시작했다. 한 돌이 된 인간의 유아들은 간식을 숨긴 곳을 10초 동안 기억할 수 있었다.

원숭이와 아기들은 앞선 연구에서 밝혀낸 시간표대로 전전두엽 피질의 시냅스가 무성해지기 시작함에 따라 대단히 중요한 기본 기술을 습득한 것이다. 그리고 뒤이어 진행된 연구에서는 뒤로 늦춰진 전전두엽 피질의 개선과정을 고스란히 반영하듯 청소년기 후반부에 걸쳐 이 기술의 정확도가 향상된다는 사실을 보여주었다.

기능—이를테면 시각—의 발달과정을 추적한 여러 실험을 통해 많은 과학자들은 전전두엽 피질의 시냅스가 무성 내지는 왕성해지는 것—기드가 청소년기의 뇌에서 발견한 것과 유사한 과잉생산—이 중요한 뇌기능의 확립이나 개선과 관련이 있을지도 모른다는 결론에 도달했다.

골드먼-라킥의 설명처럼, 뇌는 일정한 기본 기술을 습득하기에 앞서 시냅스의 밀도 차원에서 준비단계에 도달해야 한다. "일정한 행동이 나타나기 전에 뇌가 일정한 수준의 연결회로를 갖추고 있어야 하는 것 같습니다."

전전두엽 피질이 어떤 활동을 하고, 아이가 성장함에 따라 어떻게 발달하는지 알아내기 위한 신경과학자들의 후속 실험은 오랜 세월에 걸쳐 수없이 반복되었다. 그중 하나가 '보상 선택-변화 적응 실험'인데, 실험 대상이 된 원숭이나 아기는 우선 파란색과 노란색 버튼 중에서 선택할 수 있다. 잠시 후 파란색을 고를 경우 상을 받는다는 사실을 알게 되면 그들은 계속해서 파란색을 누른다. 그러다 규칙이 달라져서 상은 노란색 버튼을 눌러야만 나온다.

어린 원숭이와 아기, 그리고 전전두엽 피질이 심각하게 손상된 사람은 일반적으로 이 같은 변화에 신속하게 대응하지 못한다. 그들은 계속해서 파란색을 누르려는 자연스런 충동을 따를 뿐이다. 아이들은 자라면서—이번에도 정도의 차이는 있지만 역시 전전두엽 피질의 지속적이고 장기적인 발달과 궤를 같이해서—변화에 적응하는 능력이 월등히 나아진다. 계속해서 파란색만 누르려는 본능적인 충동에 따르는 대신 행동을 멈추어 생각하고, 적절하다면 노란색을 선택할 수 있는 능력이 점점 더—열두 살이 넘어서까지—향상된다.

UCLA의 신경학자 존 마지오타는 "사실상 뇌는 억압기제인데 사람들은 그걸 모른다"고 말했다. 그 기제가 어떻게 작용하는지 설명하기 위해 마지오타는 모방에 대해 얘기했다. 인간을 비롯한 여러 생물들의 결정적인 학습법 가운데 하나가 바로 모방이라는 것이다. 인간은 모방하도록 만들어졌다.

"저를 보세요." 그는 연구실 책상 너머로 나를 바라보며 말했다. 그리고 커피잔을 들어 입으로 가져가는 시늉을 했다. "저를 보고 계시는 동안 뇌가 본질적으로 똑같은 행동을 했다는 걸 아시나요? 우리 인간은 모방의 동물입니다. 모방을 통해서 배우는 거예요. 하지만 뇌는 부적절한 행동을 억제할 수 있어야 하죠. 모방도 포함해서요. 그게 정상이에요."

마지오타는 신경학 교재를 펼쳐서, 무릎을 꿇고 기도를 올리는 남자 옆에서 똑같이 무릎을 꿇고 기도하는 한 여자의 사진을 보여주었다. 마지오타는 그 여자가 뇌에 손상을 입어 일정한 행동을 억제할 수 없다고 설명했다. 그 순간에 무릎을 꿇거나 기도하고 싶은 생각이 전혀 없었지만, 그런데도 뇌가 하고 싶어하는 행동, 마치 동물원의 원숭이가 구경하는 사람의 얼굴 표정을 흉내 내듯이 보이는 대로 모방하려는 것을 참지 못했다는 것이다.

마지오타는 뇌의 많은 시스템들이 항상 작동하고 있다는 사실도 기억해야 한다고 지적했다. "비행기를 한번 생각해보세요. 대부분의 사람들은 비행기가 착륙할 때 엔진의 파워를 낮추고 그냥 떠서 내려온다고 생각합니다. 하지만 늘 그런 건 아니거든요. 착륙할 때도 비상시에 신속하게 대처할 수 있도록 엔진의 파워를 끝까지 높이는 경우가 많아요." 이와 마찬가지로 뇌 역시 늘 작동하게 되어 있다는 것이다. 머리를 쉰다고 생각할 때조차 뉴런은 낮은 단계의 준비태세를 갖추고 있을 때가 많은데, 이를테면 더 크고 더 빠른 뇌의 자극에 즉각적으로 대처하기 위해서이다.

이렇듯 뇌는 쉼 없이 움직이고, 다양한 행동으로부터 스스로를 억제하는 업무도 처리한다. 뇌는 책상 너머의 남자처럼 커피 잔을 들어올리고 싶은 충동을 참아내려 노력하고, 자신에게 그리 도움이 되지 않는 행동들을 하지 않으려고 노력한다. 뇌가 발달할 때—아동기에, 그리고 서서히 밝혀지고 있듯이 청소년기에—섬세하게 조절되고 다듬어지는 것이 바로 이 억압기제이다.

"발달이라는 건 결국은 점진적인 억압이라고 할 수 있죠."
마지오타는 이렇게 정리했다.
또다른 신경과학자는 부적절한 행동을 억제하는 전두엽의 중요성을 설명하면서 이렇게 말했다.
"뇌의 이 앞부분, 그러니까 이 전전두엽 피질이 나이가 들어

쇠퇴하면 우리는 어떻게 될까요? 요양소에서 간호사들을 움켜잡는 노인네들, 바로 그런 모습이 될 겁니다."

어른-아이의 신화

그런데 청소년들의 그 억압기제가 아직 완전히 조율된 상태가 아니라면, 우리는 그들에게서 뭘 기대할 수 있을까? 기드를 비롯한 여러 학자들의 연구가 보여주듯이 청소년들의 전전두엽 피질이 여전히 개조되고 재편되는 중이라면, 이는 십대들이 일으킨 충동적이고 억제되지 않은 몇몇 사건들의 실마리를 찾는 데 도움이 될 수 있을까?

반면에, 눈에 보이는 대로 옷을 사거나 부모에게 감정적으로 대드는 행동을 억제하는 새로운 능력도 더욱 성숙해지고 섬세하게 조정된 전전두엽 피질 덕으로 돌릴 수 있을까? 그렇게 근본적인 행동의 변화, 그리고 십대들의 뇌 속에서 일어나는 발달과 구조적 변화 사이의 상관관계를 당연한 것으로 받아들일 수 있을까?

넬슨은 "의심의 여지가 없다"고 말한다. "수많은 십대들이 자신의 행동이 낳을 결과를 생각하지 않습니다. 미리 따져보질 않아요. 예를 들어, 지금 좋은 성적을 받는 것이 나중에 살아가는 데 중요한 결과로 이어진다는 걸 생각하지 못해요. 더 나이가 들어서야 비로소 이해하기 시작하죠. 그런데 저는 그게 뇌의 발달,

그중에서도 단기기억, 억제와 충동 조절을 관찰하는 전전두엽 피질의 발달과 관련이 있다고 생각합니다."

하지만 충동의 조절과 뇌의 발달 사이에 연관이 있다면, 십대들이 간혹 어떤 면에서는 여덟 살짜리보다 오히려 더 어리둥절하거나 대책없어 보이는 건 어찌 된 영문일까? 어쨌거나 여덟 살짜리의 전전두엽 피질은 열세 살짜리에 비해 훨씬 미성숙한 상태여야 마땅하다.

이에 대해 넬슨은 아이들이 한 살, 두 살, 나이를 먹어갈수록 아직 완성되지 않은 전전두엽 피질을 동원하는 경우가 늘어난다는 점을 지적한다. 세상은 더 복잡해지고, 학교생활은 힘들어지고, 사회에서의 관계도 전처럼 만만하지 않다. 그런데 청소년들의 열정은 더 커진다. "아이들은 부모의 품에서 벗어나려 하고, 어른이 되고 싶어하며, 성인문화에도 서서히 노출됩니다. 하지만 어른을 흉내 내고 싶어도 그 행동을 조절할 전전두엽 피질은 아직 미완성인 거죠. 그렇기 때문에 술에 취해서 안전띠도 매지 않은 채 운전을 하고 그러는 겁니다."

그걸 기드는 이런 식으로 설명했다. "그들은 열정과 힘은 있는데 브레이크는 없어요. 아마 스물다섯은 돼야 제대로 된 브레이크를 갖게 될지도 모릅니다."

그런데도 우리는 십대들의 브레이크에 대해 지나치게 낙관하기 쉽다. 어느새 웬만한 어른보다 훌쩍 커버린 아이들을 보면 당연히 어른처럼 행동하리라는 생각이 든다. 이런 막연한 생각을 "어른-아이의 신화"라고 부르기도 하는데, 얘기를 나눠본 한 사회학자에 따르면 이런 생각은 특히 "아이들과 친구가 되려는 베이비붐 세대 부모들" 사이에 만연하다. 십대들을 위한 약물중독 재활센터의 상담실장인 하워드는 바로 이 점이 곤경에 빠진 많은 아이들의 가장 큰 문제가 되고 있다고 지적했다.

"요즘 아이들은 상충되는 메시지를 받고 있습니다. 부모들은 아이들과 친구처럼 지내고 싶어하죠. 적절한 한계를 설정해주지 않아요. 저는 열네 살짜리들이 결과를 염두에 두고 행동한다고 보지 않거든요. 아이들은 그게 안 돼요. 그런데 부모들은 이 점과 관련해서 원칙 없이 우왕좌왕하고, 제대로 이해하는 것 같지 않습니다. 어떤 텔레비전 프로그램은 볼 수 없다고 호통을 쳐놓고는 그 아이를 으리으리한 집에 혼자 놔두고 외출하면서도 이젠 책임감이 생길 나이가 됐으니까 그런 상황에서 올바른 선택을 하리라고 믿어버리거든요. 하지만 웬걸요. 대부분은 그럴 준비가 되어 있지 않아요. 아이들은 결과를 따져보지 않고, 그러다 수많은 말썽을 일으키곤 하죠."

내가 아는 뉴저지의 한 엄마는 값을 톡톡히 치르고 나서야 이 점을 깨달았다. 그녀의 딸이 고등학교 2학년이 되었을 때 어쩌다 보니 "규칙이라면 무조건 어기고 싶어하는 아이들"과 어울리게 되었다. 딸은 불량학생들과 어울리는 데서 오는 "짜릿함을 좋아했고" 학교를 빼먹기 시작하더니, 부모님이 집을 비운 어느 날 밤엔 급기야 열네 살 나이에 성관계를 갖다 발각이 나고 말았다. 그 엄마는 당시의 상황을 이렇게 얘기했다.

"어찌할 바를 모르겠더군요. 어떻게 해야 할지를 몰랐어요.

그래서 현명한 친구에게 조언을 부탁했더니 가끔은 부모다운 부모가 될 필요도 있다고 하더군요. 그래서 우린 딸애를 앉혀놓고 친구를 바꾸지 않으면 학교를 바꾸게 될 거라고 말했죠. 그애는 누군가, 누가 됐든 어른들이 자기를 보고 그러지 말라고 말해주길 원했던 것 같아요. 그리고 그게 효과가 있었어요. 딸애는 라크로스를 하고 학교 수영팀에도 들어갔는데, 나중엔 주장까지 맡았죠. 성적이 올라가고, 다시 예전 모습을 되찾았어요."

미국 국립정신건강연구소에서 아동과 청소년에 관한 많은 연구를 지휘했고, 지금은 아동정신건강진흥센터의 소장이자 컬럼비아 대학 교수이며, 무엇보다 실수를 저지르며 성장하고 있는 다섯 아이의 아버지인 피터 젠슨은 자신의 클리닉을 찾아온 청소년들을 만나고 집에서 부대끼면서 한 가지 교훈을 얻었다고 한다. 때론 부모가 십대들의 "전두엽" 역할을 해야 할 필요가 있다는 것이다. "우리는 성숙이 경험에 크게 의존한다고 생각하지만, 토대가 되는 뇌구조가 제자리를 찾기 전까지는 학습이 별 소용이 없을지 모른다는 걸 알아야 합니다."

젠슨은 그 구조가 발달하기를 기다리는 동안—어쩌면 처음부터 그것이 제대로 세워질 수 있도록 도와주는 동안—십대를 둔 부모들은 종종 "외줄타기를 할" 각오가 되어 있어야 한다고 말했다. 청소년기에는 자율성에 대한 욕구에서 행동이 유발되므로 십대들의 자율성을 존중하고 격려하는 한편, 가끔은 적극적으로 개입해서 좌표를 읽어주고 올바른 방향으로 나아갈 수 있도록 도와줄 필요도 있다는 것이다.

정신의학자들이 오랜 시간을 십대들과 함께하면서 찾아낸 방법을 참고하는 것도 도움이 될 수 있다. 젠슨은 부모들이 마치 정신의학자가 된 것처럼 가능성과 선택을 이야기해보는 것도 좋다고 말했다. 이를테면 대리 전두엽, 또는 '보조 문제해결사'로서의 역할을 자임하는 것이다.

"어린아이들에겐 어떤 행동이 그들에게 최선인지를 말해주고 그렇게 했을 경우 상을 줄 수 있습니다. 네가 이렇게 저렇게 하면 엄마는 굉장히 행복할 것 같아. 이런 식으로 말할 수 있겠죠. 하지만 그게 십대들에겐 그다지 생산적인 접근법이 못 됩니다. 십대들에게 무턱대고 어떤 행동을 지시하다간 관계가 틀어질 수도 있어요. 약간의 여지를 허용하되 그냥 방치해서는 안 되고, 상황을 스스로 이해하도록 도와줘야 합니다. '이러저러한 식으로 행동할 경우 어떤 결과가 나올 거라고 생각하니?'라거나 '네가 마약을 거부해서 또래들에게 왕따를 당하면 어떤 일이 벌어질까?'라고 물어볼 수 있겠죠."

물론 이 세상에는 불과 열두 살만 돼도 성인으로 취급하는 곳이 많다. 하지만 젠슨은 그런 사회는 미국보다 "구조적이고 위계질서가 확실"할 때가 많음을 지적한다. 현대 서구문화권의 삶은 훨씬 더 복잡하다. 젠슨의 말처럼 "자극도 기회도 훨씬 더 많고 그에 따라 잘못될 여지도 훨씬 더 많기 때문"에 청소년들이 사회를 제대로 이해하려고 노력하는 동안 "그들을 보호할 시기가 그렇게 길다는 것은 행운"일 수 있다.

"심리학계에는 대학이나 평화봉사단, 심지어 군대마저도 심리적인 모라토리엄을 허용하기 때문에 좋다는 견해가 있습니다." 젠슨은 그 이론이 "심리적 결정화(psychological crystallization)"라고 말했다. 그리고 "생각해보면 동시에 뇌가 발달할 시간을 주는 것일 수도 있죠." 그것은 십대들의 뇌가 앞서서 계획을 세우고 결과를 따져보고 충동을 거부하는, 새로 발견한 이 능력을 시험해볼 수 있게 한다. 젠슨의 말마따나 "그 능력을 어떻게 쓰는지 배우고 연습할" 시간적 여유를 허락하는 것이다.

평균적으로 십대들은 4~5년 사이에 몸무게는 22킬로그램이 늘고, 키는 30센티미터가 자란다. 이렇게 왕성한 성장을 거치면 겉모습만큼이나 내면 역시 성숙할 거라고 생각하기 쉽지만, 그건 착각일 뿐이다. 넬슨은 이렇게 설명했다.

"어느 날 갑자기 완벽한 시냅스를 갖게 되는 건 아니거든요. 그것들이 제대로 연결돼서 무리 없이 작동하려면 일정한 시간이 걸려요. 어쩌면 이게 청소년들을 위한 과속방지턱일지도 모르죠."

# 4

갑작스러운 국면

뇌의 구조적 변화와 경험의 상관관계

　신경학계의 대표적인 여성 학자인 매리언 다이아몬드는 경험과 뇌의 형성에 관한 선구적인 연구로 잘 알려져 있다. 게다가 그녀 자신이 유쾌한 한 편의 연구논문 같기도 하다. UC버클리의 연구실을 찾아갔을 때 그녀는 백발을 위로 높이 틀어 올리고, 밝은 보라색 앙고라 스웨터에 눈에는 짙푸른 아이섀도를, 그리고 긴 손톱엔 빨간색 매니큐어를 바른 모습이었다. 그리고 자리를 잡고 앉기 무섭게 "뇌활동에 너무 좋다"며 땅콩초코바를 권했다.
　다이아몬드의 연구는 대부분 쥐를 대상으로 했다. 그녀는 쥐를 사랑한다. 그녀는 마치 크고 퉁퉁한 쥐를 감싸안기라도 한 듯이 손을 목 앞에 치켜들고 말했다. "쥐에 대한 평판이 나쁘지만,

사실 알고 보면 그런 취급을 당할 이유가 없어요. 얼마나 부드럽고 착하고, 또 얼마나 똑똑한데요."

손주를 둔 할머니로서 그녀는 우리 십대 아이들에 대한 평도 그만큼 좋지 않다는 걸 잘 안다. 그리고 십대들 역시 억울하다는 게 그녀의 생각이다. 십대들도 가끔 짜증스럽고 난감하고 심지어 어이가 없을 때도 있다. 하지만 쥐처럼 십대들도 대단히 똑똑하다고 그녀는 말했다. 그리고 그들이 똑똑해지는 주된 방식도 구체적이고 개별적인 경험을 통한 뇌세포의 개별적인 연결로부터 나온다는 것이다.

"청소년기에 뇌가 계속해서 자란다는 게 어떤 의미겠어요?"

십대들의 뇌를 주제로 한 새로운 연구에 대해 어떻게 생각하느냐고 묻자 그녀는 이렇게 말했다.

"그건 정말이지 모든 것을 의미합니다. 모든 것이요. 이해하시겠어요? 뇌가 바로 모든 것이에요."

경험과 뇌 사이에 상관관계가 있다는 생각은 오래 전에 캐나다에서부터 뿌리를 내리기 시작했는데, 그 뒷얘기를 들어보면 정말 재미있는 우연이라는 생각이 든다. 초창기 신경과학계를 이끌었던 도널드 헵은 몬트리올 신경연구소에 재직중이던 1949년에 아이들이 집에서 키우는 애완용 쥐들을 연구실로 가져갔다. 아마도 다이아몬드만큼이나 쥐를 좋아하는지 헵은 아이들에게 애완용으로 쥐를 키우게 했을 뿐만 아니라, 그 쥐들이 집 안을 제멋대로 돌아다녀도 개의치 않았다. 헵은 재미 삼아 실험실 쥐를 위해 만든 미로에 애완용 쥐들을 넣어보았다. 그런데 놀랍게도 애완용 쥐들이 미로를 훨씬 빨리 빠져나왔다. 인간의 집이라는 예측불허의 다채로운 환경에서 돌아다녔던 경험이 이 쥐들을 더 똑똑하게 만들고, 그 조그만 뇌를 더 자라게 한 걸까? 헵은 이런 의문을 제기했다.

세월이 흘러 UC버클리의 젊은 과학도였던 다이아몬드는 마크 로젠츠바이크, 데이비드 크레치 그리고 에드워드 베넷 등과 함께 헵의 생각을 검증해보기로 했다. 한쪽 우리에는 장난감―작은 사다리와 쳇바퀴―을 놓고, 같이 어울릴 수 있도록 쥐 몇 마리를 함께 넣었다. 그리고 또다른 쥐들은 장난감도 친구도 없이 거의 빈 통 같은 우리에 집어넣었다.

그렇게 몇 달이 지난 후 모든 쥐의 뇌 단면을 잘라서 발견되는 뉴런을 일일이 셌다.

그들이 찾아낸 결과는 신경과학계에 작은 혁명을 일으켰다. 장난감이 있는 더 복잡한 환경에서 살았던 쥐들의 대뇌피질이 더 두꺼웠던 것이다. 뇌 속 뉴런에 영양분이 공급되게 하는 아교세포(glial cell)의 수가 훨씬 더 많았다. 뉴런 사이의 간격도 더 넓었다. 초기 연구에서는 시냅스의 수를 세지 않았지만, 연구를 진행한 학자들은 이렇게 간격이 넓다는 것은 장난감을 가지고 논 쥐들의 뇌에 수상돌기와 시냅스가 더 많다는 뜻이라고 간주했다.

다시 말해서 복잡한 환경이 쥐의 뇌를 자라게 하고 변하게 만든 것이다. 장난감을 가지고 논 쥐들은 미로를 빠져나오는 것도 더 빨랐다. 이들은 1964년에 경험이 뇌의 구조를 근본적으로 변화시킬 수 있다는 논문을 발표했다. 이런 연구들을 바탕으로 신경과학계는 경험과 뇌성장 사이의 연관을 심도 있게 파헤쳐나갔다. 그중에서도 가장 많은 연구를 진행한 것은 일리노이 대학의 빌 그리너라는 과학자였다.

그리너는 다양한 연구를 통해 복잡한 환경이 쥐 뇌의 시냅스와 수상돌기를 증가시킨다는 것을 입증했는데, 어린 뇌의 변화가 일반적으로 더 두드러지긴 했어도 나이는 크게 상관이 없었다. 그리고 시냅스가 더 많으면 미로에서의 동작이 더 민첩하다는 사실도 확인했다.

연구는 대부분 쥐를 대상으로 진행되기 때문에 일부에서는 영장류나 인간에게서도 그렇게 일관된 결과가 나올 수 있을지 의구심을 표한다. 그러나 일련의 연구에서 찾아낸 결과들은 경험이 근본적인 구조를 변화시키지 않는다는 기존의 통념—그전까지는 시냅스가 태어날 때의 수준을 그대로 유지하며, 다만 나이가 들면 더 강해질 뿐이라는 시각이 오랫동안 유지되어왔다—을 뒤집었다. 그리고 경험과 뇌발달 사이의 관계는 십대들에게도 적용될 가능성이 높다.

그리너는 딸의 성장을 지켜보면서 십대 때 뇌발달과 관련해서 뭔가 커다란 일이 일어나고 있다는 확신을 가졌다. "청소년과 아이에게 주어진 과제를 생각해보세요. 그들은 사회적인 역할행동과 언어 능력과 인지 기능이 향상되고 있습니다. 뇌에서도 이런 일과 가장 깊이 결부된 영역, 즉 전전두엽이 그 시기에 가장 많이 성장하고 가장 많은 정보를 저장해야 한다는 건 그리 놀랄 일이 아닐 겁니다." 그리너는 십대들의 뇌에서 "인지능력의 도약"이 일어나는 한편, 다른 능력들, 이를테면 모국어의 억양을 배제시킨 채 외국어를 배우는 능력이 서서히 둔화된다고 말했다.

"청소년기 이후에 억양의 영향을 받지 않고 외국어를 배우고 말할 수 있는 사람은 매우 드뭅니다. 이 시기에 뇌가 변화하는 방식에 뭔가 근본적인 측면이 있는 거죠."

유전자냐, 청바지냐

그리너는 어떤 종류의 경험이 어떤 시점에서 뇌의 시냅스에 영향을 미치는지 알 수 있는 시스템을 개발했다. 어떤 시냅스의 변화는 유전자에 의한 것처럼 보이는데, 이것을 그는 '경험예정(experience-expectant)' 변화라고 부른다. 이런 종류의 변화는 일어나게 되어 있고 정상적인 환경에서 모든 구성원에게 기대되는 변화인데, 이를테면 시각과 청각 그리고 언어 영역의 발달 등을 들 수 있다. 정상적인 뇌가 어떤 모습이나 소리에 노출되면, 과도한 시냅스를 적절하게 연결된 네트워크로 정리해서 짝을 부르는 노래나 언어 같은 기본적인 소리를 인식하고 반응할 수 있게 된다. 그런데 이런 근본적인 경험—엄마의 목소리, 나무의 윤곽—에 노출되지 못하면 뇌가 비정상적으로 발달해서, 예를 들면 적절한 시기에 알맞은 짝에게 구애할 노래를 부르지 못하게 될 수도 있다.

반면에 '경험의존(experience-dependent)' 변화도 있다. 이는 개인의 경험—해당 십대가 코소보에 사는지, 아니면 캔자스에 사는지—에 더 의존해서 달라지는 시냅스의 성장을 말하며, 개인의 뇌를 독특하게 만들어 상황에 적응할 수 있는 능력을 부여한다. 그리너를 비롯한 오늘날의 많은 신경과학자들은 뇌의 '가소성(可塑性)', 즉 적응하고 변화하는 뇌의 능력에 감탄을 금치 못한다. 그는 최근 연구에서 뇌 속의 작은 모세관마저도 "필요에 의해 증가"하는 것처럼 보인다고 주장했다. 바이올리니스트는 왼손가락으로 현 위를 날듯이 오르내리며 연주하는데, 그 부분에 해당되는 대뇌피질의 영역을 측정해보면 바이올린을 켜지 않는 사람에 비해 현저하게 크고, 나이 어린 바이올린 주자들이 나이 많은 사람들에 비해 훨씬 쉽게 자라는 듯했다. 뇌졸중 환자를 대상으로 실시한 또다른 연구에서는 고도로 집중된 치료를 받은 후에는 특정 뇌 영역이 확장되고 마비된 수족을 다시 쓸 수 있음을 보여주었다.

일장일단, 뇌의 가소성

어떤 면에서는 뇌가 불변일 필요가 있다는 것도 사실이다. 그렇지 않다면 우리는 자아를 유지할 수 없고, 심지어 냉장고의 위치조차 기억하지 못할 것이다. 하지만 인간의 뇌는 변화할 수 있는 능력, 가소성도 유지해야만 변화하는 환경 속에서 살아 남을 수 있다. 이 점은 십대들도 마찬가지이고, 어쩌면 십대들에겐 더 중요할지도 모른다.

넬슨의 지적처럼 모든 환경이 뇌발달에 유익한 것은 아니다. 십대의 뇌든 아니든, 뇌에 유해한 영향을 미치는 환경이 있을 수 있고, 그런 환경은 결국 유해한 결과를 낳을 수 있다. 넬슨은 "가소성은 일장일단이 있다"고 설명했다.

넬슨은 루마니아 고아들의 경험을 가까이서 관찰했다. 대부분의 아이들은 끔찍한 환경에서 요람에 방치된 채, 들어올려 안아주는 사람 하나 없이 자랐다. 나중에 양부모에게 입양되어서도 울지 않는 아기들이 많았고, 몇 년이 지난 후에도 여전히 혼란스러운 상태를 벗어나지 못했으며, 학교 성적도 뒤떨어지는 경우가 많았다. 넬슨을 비롯한 여러 학자들의 연구를 통해 이제는 어린 시절의 불우한 환경에서 생겨난 결함도 환경을 개선함으로써 극복될 수 있음이 밝혀졌지만, 그 환경을 조금이라도 일찍 벗어난 고아들이 훨씬 나은 생활을 영위한다는 것도 분명하다. 넬슨은 이렇게 말했다.

"이런 것들이 경험이 갖는 강력한 효과들이죠. 시냅스의 과잉은 어쩌면 우리의 환경 속에서 벌어지는 일들을 활용할 수 있게 만들어줄 겁니다. 하지만 그 일들이 유해할 가능성도 있죠."

최근 미국 내 시설에 수용된 루마니아 고아들의 뇌를 스캔해 본 추거니는 그 아이들의 뇌가 어딘지 달라 보인다는 사실을 발견했다. 동물의 경우 유아기의 결핍이나 박탈이 미치는 영향에 대한 연구가 충분히 진행됐지만, 정상적인 환경에서 자라지 못한 아동의 경우 나이가 들면서 뇌에 어떤 현상이 일어나는가에 대한 상세한 연구는 거의 찾아볼 수 없다. 추거니가 아홉 살 전후의 고아 열 명의 뇌를 PET스캔을 통해 관찰한 결과, 얼굴과 감정의 인지—유대감에 애착심에 결정적인 두 요소—와 관련된 대뇌 변연계의 영역에서 "물질대사가 활발하지 않은" 경우가 많았다.

대상의 수가 적고 박탈 정도가 심한 고아들뿐이긴 했어도 유해한 환경과 인간의 뇌발달 사이에 연관이 있음을 분명하게 보여준 결과였다. 그렇다면 이 연구에서 우리는 어떤 결론을 이끌어낼 수 있을까? "이 아이들이 유아기 때 루마니아 고아원에서 받은 만성적인 스트레스가 변연계 구조의 발달에 나쁜 영향을 미쳤고, 뇌회로의 기능적인 연결이 그렇게 변한 것은 루마니아 고아들에게서 나타나는 일관된 행동 분열의 근본적인 메커니즘을 설명해줄지도 모릅니다." 다시 말해서, 추거니는 "그런 구조들이 제대로 발달해야 하는 예민한 시기가 있을 수 있다"고 부연했다.

추거니와 넬슨은 시냅스가 과도한 상태에서 발달해가고 있는 청소년의 뇌를 경험이 바꿔놓는다고 확신한다. 하지만 이 분야의 다른 학자들처럼 그들도 뇌의 성장과 구체적인 인간의 행동 사이에 일대일로 직접적인 선을 긋는 것은 꺼린다. 넬슨은 다음과 같이 말했다.

"그러니까 경험이 중요하다는 건 알지만, 경험의 어떤 특징이 중요한지, 어떤 경험이 뇌를 위해 최선인지는 아직 모릅니다."

하지만 넬슨 역시 자식을 키우는 입장이다보니 직접 겪은 일들을 토대로 만들어진 개인적인 의견을 갖고 있다.

"예를 들어, 이걸 한번 생각해보세요. 자녀들을 앉혀놓고 일장 훈시를 하는 게 더 영향력이 크겠어요, 아니면 차를 몰고 가면서 즉석에서 나누는 대화의 영향력이 더 크겠어요?"

소뇌

물론 타고나는 것과 나중에 형성되는 것에 대해서는 해묵은 논란이 있다. 발달중인 십대의 뇌는 경험에 의해 얼마나 변화될 수 있을까? 그리고 그 변화는 어떻게 이뤄질까? 모든 것은 DNA라는 그 조그맣고 두 줄로 꼬인 유전자에 의해 예정된 것일까, 아니면 차에서 나누는 우연한 대화와 장난감이 있는 방, 좋거나 나쁜 운에 의해 시냅스의 운명과 인간—십대뿐만 아니라—의 행동이 바뀔 수 있는 걸까?

국립보건원의 기드는 끝없이 평행선을 달리는 듯한 이 질문에 자극을 받아 십대와 그들의 뇌에 미치는 유전과 환경의 영향력을 분리해내겠다는 야심찬 목적으로 새 프로젝트에 착수했다. 그는 쌍둥이를 대상으로 출생 당시에는 대체로 동일했던 두 사람의 뇌가 주변 환경에 대처하고 적응하는 동안 어떻게 달라지는가를 관찰하는 장기 프로젝트를 진행중이다.

아직 끝나지는 않았지만 일란성과 이란성 쌍둥이 수백 명의 뇌를 검사하면서 얻어낸 획기적인 성과라면, 발달중인 뇌의 어느 부분이 외부의 변화에 가장 순응하는 듯이 보이는지에 대한 단서를 포착했다는 것이다. 뇌에서 "유전 가능성이 가장 낮은" 부분, 일란성 쌍둥이 사이에서도 환경과의 상호작용에 따라 가장 많이 변하는 것처럼 보이는 부분이 소뇌—목 위쪽에 자리잡은 이렇다 할 특징이 없는 뇌 조직 덩어리—라는 것은 기드 자신에게도 놀라운 발견이었다.

소뇌는 오랜 세월 동안 신경학계에서 큰 관심을 끌지 못했다. 소뇌가 어떤 종류의 운동과 관련이 있다는 것은 분명했지만, 그 외에는 알려진 것이 거의 없었다. 그런데 최근 들어 소뇌와 그것의 역할을 보는 시각에 약간의 변화가 생겼다. 예를 들어, 애스퍼거 신드롬 같은 가벼운 자폐증—사회적으로 어울리는 것을 어색해하고, 혼자 지내는 경향이 많다—이 있는 아이들은 소뇌의 물질대사가 정상과 다르다는 사실이 확인되었다. 그 밖에도 소뇌가 손상된 환자를 연구한 결과, 소뇌가 사회적인 신호의 인식, 심지어 농담을 이해하는 것을 포함한 다양한 행동에서 기존 생각보다 훨씬 더 중요할지도 모른다는 주장이 제기됐다.

기드는 소뇌가 청소년기 전반에 걸쳐 계속 변화한다는 사실도 발견했다. 사실 소뇌는 뇌에서 가장 늦게 발달하는 구조로 보이는데, 대부분 전두엽의 발달이 끝난 후에야 이곳의 리모델링 프로젝트—뇌의 연접부의 증가와 정리—가 완료된다.

"십대들에게 주어진 과제 가운데에는 사회적인 상호작용을 원활히 하고, 미묘한 신호를 인식하고, 심지어 농담을 이해하는 것 등이 포함되어 있습니다. 이 모든 것들이 소뇌를 소리쳐 부르죠. 그리고 현재 그것이 맨 나중에 성숙된다는 증거들이 나타나고 있습니다. 십대 시절 내내, 그리고 이십대 초반까지도 계속해서 자라고 발전하는 겁니다. 생각해보면 정말 놀라운 일이 아닐 수 없죠."

물론 이런 지식을 갖춘다고 해도 발달중인 뇌에 얼마나 많은 영향을 미칠 수 있을지는 전혀 알 수 없다. "우리가 할 수 있는 일이라곤 겨우 변죽이나 울리는 거죠. 뇌는 대부분—정밀한 튜닝을 거쳐 출시되는 페라리 자동차처럼—유전적으로 예정되어 있어서 공상과학소설에서 볼 수 있는 유전자 조작 같은 얘기들이나 도움이 될지도 모릅니다. 하지만 상황을 개선하기 위해 우리가 할 수 있는 일을 찾아낼 수도 있을 겁니다. 어쩌면 그것은 이미 우리가 알고 있었던 뭔가로 밝혀질지도 몰라요. 초기의 발달이 중요하다는 것, 부모의 올바른 지도가 필요하다는 것. 우리가 다 알고 있는 것들이잖아요." 기드는 말을 이었다.

"그리고 몇 시간씩 틀어박혀 숙제를 하는 게 더 좋은 뇌를 만드는 길이 아니라는 걸 확인할 수 있었죠." 그는 뇌가 어떻게 성장하는지 알고 난 후로는 네 명의 자녀가 함께 어울릴 시간이 생길 경우 일일이 지시하기보다 스스로 하고 싶은 일을 정하게 내버려둘 때가 많다고 말했다.

"결국 뇌가 원하는 게 노는 것이라는 사실이 밝혀지면 어떻게 될까요? 가능성이 농후한 일이거든요. 만약 맘껏 놀 수 있을 때 뇌가 가장 잘 자란다면요?"

결정적 시기

기드는 십대의 뇌에 대한 논문을 마무리하면서 한 가지 질문을 던졌다. 십대의 뇌에서 과잉생산이 일어난다면, 즉 뇌의 가지들과 시냅스가 무성해지고 대규모로 정리된다면, 이는 청소년기가 신경과학자들이 '결정적' 시기라고 일컫는 그런 때가 아니겠느냐는 것이다. 그는 이 시기가 "십대들이 처한 환경과 그들의 활동이 청소년기의 뇌성장 패턴을 결정할지 모르는 발달단계"라고 주장했다.

결정적 또는 민감한 시기라 함은 적절한 발달을 위해서 일정한 경험이 필요한 때라는 것을 말한다. 과학에서는 몇몇 결정적 시기들을 매우 구체적으로 설정하고 있다. 그 중 하나가 '각인(imprinting)'인데, 알에서 갓 깨어난 거위 새끼가 부화 후 일정 시기에 처음으로 본 커다란 물체를 엄마로 알고 쫓아다니는 것도 그 때문이다.

1981년에 데이비드 허블과 토르스텐 비셀은 출생 직후의 짧은 발달기에 일정한 시각적 경험(이를테면 일상적인 사물의 패턴을 보는 것)에 노출되지 않으면, 대뇌피질의 신경섬유가 적절히 연결되지 않는다는 시각체계의 정보처리과정에 관한 공동 발견으로 노벨 생리학상을 받았다. 두 사람이 갓 태어난 고양이와 원숭이의 한쪽 눈을 꿰맨 뒤 몇 달 후에 관찰해봤더니, 눈 자체에는 아무 이상이 없는데도 전혀 보질 못했다. 나이가 더 많은 동물의 경우 같은 경험을 한다 해도 일어나지 않을 일이었다. 두 사람은 망막에서 뇌의 감각중추와 운동중추로 전달되는 신경 충격의 흐름을 정확히 분석했는데, 소아과 의사들이 양쪽 눈의 초점이 제대로 맞지 않는 사시 같은 안질환을 가능한 한 빨리 치료하려는 이유도 이것 때문이다. 눈은 뇌발달의 결정적 시기에 올바로 발달하지 않으면 제 기능을 하지 못한다.

  뇌가 왜 이런 식으로 진화했는지 정확히 아는 사람은 아무도 없지만, 그럴듯한 가설은 있다. 수십 억에 달하는 뉴런이 다양한 환경 속에서 각기 어떤 일을 할지 결정할 유전자가 충분하지 않고, 또 그럴 수도 없다는 사실을 근거로 들 수 있다. 유전자는 뇌를 위해 개략적인 윤곽을 제시하고, 그러면 뇌는 구체적인 환경을 이용해서 어떤 상황에는 발전을 거듭하고 또다른 가능성이나 기회는 제쳐버리는 식으로 발달과정을 정밀하게 조정해나간다.

  뇌회로의 결정적 시기를 보여주는 또 한 가지 대표적인 예는 언어와 관련이 있다. 새들 중에는 부화한 후 일정 기간 내에 같은 종의 짝짓기 울음소리를 듣지 못하면 그걸 배울 수가 없고, 결국 짝짓기를 못 하는 경우가 많다. 우리 인간에게로 눈을 돌려보면, 갓난아이들은 모든 언어의 소리를 구별할 수 있지만, 머지않아 모국어의 소리에 가장 쉽게 반응하도록 뇌가 연결된다는 연구결과가 나와 있다. 'l'과 'r'가 구분되지 않는 일본어권에서 자란 사람이 나중에 영어를 배울 때 그 소리를 듣고 말하기가 어려운 것은 그 때문이다. 사춘기가 지나면 모국어의 억양을 완전히 없애고 외국어를 배우기가 점차 어려워지는데, 뇌의 언어 영역이 모국어를 듣고 말하도록 '단단히 연결'되었기 때문일 가능성이 높다. 이런 현상을 흔히 '키신저 효과'라고도 하는데, 미국의 국무장관이었던 헨리 키신저는 열두 살 때 미국으로 이민 와서 평생 강한 독일어 억양을 버리지 못했지만, 이민 왔을 때 열 살이었던 그의 동생에게서는 독일어 억양의 흔적을 찾아볼 수 없었다.

적응하도록 태어난 인간에게 결정적 시기라는 개념 자체는 여전히 논란을 낳고 있으며, 이 주제에 대해 언급 자체를 꺼리는 학자들도 있다. 동기부여만 충분하다면 몇몇 결정적 시기들은 경계를 넓힐 수 있는 게—이를테면 여러 달에 걸친 강도 높은 연습을 통해—분명하다. 인간에게서 찾아볼 수 있는 결정적 시기들은 기본적인 생존을 위한 행동과 주로 관련이 있어 보인다. 하지만 어떤 경우든, 뇌가 지나치게 많은 시냅스를 지니는 시기들과 관련이 있는 것은 분명하다.

기드가 주장하듯이 사춘기 즈음에 시냅스가 과잉 상태라면, 그것은 십대들의 성장과 행동에 어떤 식으로 영향을 미칠까? 뇌 발달에서 청소년기가 사실상 결정적 시기일까? 십대들의 뇌가 구조를 조정해야 하는 어떤 기본적인 생존술이 있는 걸까? 십대들이 완벽하게 익혀야 하는 일, 우리가 청소년기라고 부르는 다소 거친 그 기회의 시기에 그들이 겪어야만 하는 어떤 경험이 있는 걸까?

대부분의 신경과학자들은 아직 이에 대한 답을 찾지 못했다고 말한다. 기드는 이에 대해 청소년기의 뇌발달에 결정적인 시기가 인간의 활동 중에서도 가장 중요하고 십대 시절에 그 의미가 활짝 피어나는 활동, 즉 짝짓기와 관련이 있을 가능성이 매우 높다고 말했다.

"특히 그 나이 때는 중요한 게 번식의 기회를 높이는 거잖아요? 좋은 짝을 얻기 위해 좋은 직업을 얻어야 하고 그러려면 공부를 열심히 해야 한다거나, 짝에게 매력적으로 보이기 위해 쇼핑몰에 가야 한다고 생각하는 게 전부 여기에 해당될 수 있습니다. 청소년들에게 주어진 숙제는 복잡다단한 사회의 계층구조를 파악하는 것이고, 문화가 그것과 관련이 깊은 건 명백한 일이죠. 하지만 많은 활동—그럴듯한 차림에 그럴듯한 음악을 듣는 것—이 인기를 얻기 위한 노력으로 해석될 수 있습니다."

이런 식으로 보면 십대들의 많은 행동은 짝을 짓기 위한 노력과 밀접한 관련이 있는 진화에 근거한 것인지도 모른다.

넬슨은 청소년기가 전형적인 결정적 시기는 아닐지라도, 최소한 대단히 민감한 기회의 시기일 가능성이 높다고 말했다. 그리너도 이에 동의하지만, 청소년기를 하나의 광범위한 결정적 시기로 생각하기보다는 십대들의 뇌 속에 성적 관심이 싹트는 것 같은 다양한 '하부 시스템'과 관련된 민감한 시기가 따로 존재할지 모른다고 말했다. "호르몬이 성적으로 중요한 행동을 이끌어낼 수 있습니다."

UC샌디에이고의 인지신경과학자인 엘리자베스 베이츠는 언어와 관련된 수많은 결정적 시기들이 과대평가되었으며, 동기부여만 충분하면 변화가 일어날 수 있는 회색 지대들이 있다고 믿는다. 그렇기는 하지만, 그녀 역시 이상하게 여겨지는 십대들의 행동 가운데 상당 부분이, 심지어 거의 당연시되는 '뒤죽박죽' 상태마저도 사실은 청소년기의 뇌가 결정적인 발달단계에 들어섰기 때문일 수 있다고 주장했다.

실제로 그녀는 십대들의 행동 가운데 어떤 것들은 자신이 '채찍질'이라고 명명한 현상에서 유발된다고 생각하는데, 이는 "완전히 새로운 환경과 우선순위의 급격한 변화"에 대응하기 위해 '대대적인 재조정'을 실시할 때 뇌가 경험하는 현상을 의미한다고 했다.

"청소년기에 뇌가 본격적으로 구조를 재조정하지 않는다면 오히려 그것이 놀랄 만한 일이지요. 아이들은 어느 날 갑자기 저것이 아닌 이것에 관심을 기울여야 하잖아요."

딸이 청소년기라는 통과의례를 무사히 치르고 스탠퍼드 대학에 진학했다는 베이츠는 이렇게 덧붙였다.

"생각해보세요. 세상에! 뇌가 번식을 위한 준비를 갖춰가고 있다는 걸요."

뇌가 경험에 반응해서 그에 따라 시냅스가 연결된다는 이론은 뇌 전체를 곰곰이 생각하게 한다. UC버클리의 매리언 다이아몬드의 경우 이 이론을 너무나 신봉한 나머지 백발이 성성한 나이임에도 최대한 다채로운 경험에 자신의 뇌를 노출시키고 있다.

그녀가 아직까지 은퇴를 하지 않은 이유, 수영과 산책을 하루에 적어도 30분씩 하고 최근 들어 캄보디아에 '시설 좋은' 고아원을 세울 계획에 푹 빠져 있는 이유도 그 때문이다. 그곳에 시설 좋은 고아원을 세우면 많은 것이 부족한 캄보디아 아이들이 어려서부터 장난감이 놓인 우리 속 쥐들처럼 뇌를 위해 더 좋은 풍요로운 환경을 갖게 될 것이기 때문이다.

실험실에서, 또는 자녀들을 키우며 교훈을 얻은 다이아몬드는 뇌를 풍부하게 만들 기회를 놓치는 법이 없으며, 그렇게 풍부한 경험을 다른 사람의 뇌 속에 슬쩍 넣어줄 기회도 결코 놓치지 않는다. 그녀와 얘기를 마치고 연구실을 나서는데, 십대인 내 두 딸이 복도에 앉아 있었다. 그녀는 우리 아이들을 보자마자 이렇게 말했다.

"얘들아 안녕? 너희들 진짜 뇌 본 적 있니?"

잠시 후 우리는 바로 옆 실험실로 들어갔고, 그녀는 푸른색 꽃무늬로 장식된 낡은 모자 상자를 탁자에 올려놓더니 뚜껑을 열었다. 거기엔 플라스틱 통에 담긴 사람의 뇌가 들어 있었다. 아이들은 흠칫 놀라고, 다이아몬드는 그 모습에 미소를 지었다. 흰색 비닐장갑을 낀 그녀는 우리에게도 장갑을 주었고, 그런 다음 플라스틱 통에서 조심스럽게 꺼낸 뇌를 한 사람씩 차례차례 만져보게 했다.

두 손에 뇌를 들고 내려다보고 있자니, 그곳에서 그리 멀지 않은 영국문학 강의실에서 존 던과 존 키츠의 아름다운 시를 배우던 때가 떠올랐다. 그리고 어느 쪽이 인간의 열정과 행동을 이해하기에 더 좋은 방법일까 궁금해졌다. 지금 손에 든 젤리 같은 수상돌기 덩어리의 복잡함을 파헤치는 것일까, 아니면 오묘한 의미가 배어 나오는 시의 운율을 음미하는 것일까?

　에밀리 디킨슨도 한때 이 문제를 놓고 고민했고, 시를 통해서 나마 뇌에 경의를 표했다.

우리의 뇌는 하늘보다 넓으니
그 둘을 나란히 놓는다면
전자가 후자를, 그리고 당신까지도
넉넉히 품고 남으리라

　모자 상자 속의 뇌는 포름알데히드로 인해 갈색으로 절여져 더는 하늘을 품고 있지는 않았지만, 그 어떤 심오한 시구에도 뒤지지 않을 만큼 강렬한 인상을 남겼다. 아이들은 차례로 뇌를 받아들고는, 주름진 부분을 손가락으로 만져보고 틈새를 들여다보았다.
　"어마나 세상에." 한 아이가 말했다.
　"아니, 여기에 우리의 모든 인격이 들어 있단 말씀이세요?" 또 한 아이는 이렇게 물었다.
　다이아몬드는 싫은 기색 없이 모든 질문에 대답하고, 조언도 곁들였다. 뇌가 제대로 발달하려면 일정한 경험이 필요하다고 그녀는 말했다. 건강한 식사, 혈행을 원활히 해줄 운동, 삶에 대한 의욕과 사랑도.

"내가 강의시간에 지금처럼 사랑에 대해 말하면 남자들은 전부 웃는단다. 그 사람들은 과학자들이고, 내 말이 사실이란 건 알지만 인정하려고 들지 않아."

그녀는 뇌를 조심스럽게 플라스틱 통에 집어넣고 꽃무늬 모자 상자의 뚜껑을 닫으면서 이렇게 말했다.

"그러다가도 강의가 끝나면 이 남자들이 뭘 하고 싶어하는지 아니? 다들 포옹하고 싶어한단다."

5

연결하라!

성장, 가지치기 그리고 성숙

프랜신 빈스 박사는 우아한 베이지색 실크 정장 차림으로 유리 슬라이드에 깔끔하게 보관한 납작한 뇌의 단면을 내려다보고 있었다. 그 뇌조각―작은 꽃양배추 조각처럼 보이는―은 자동차 사고로 세상을 떠난 17세 소년의 것이었다.

그녀는 찾고자 한 것을 금세 발견해냈다. 우리는 보스턴 외곽에 위치한 맥린 정신치료연구센터의 과학실험실에 있었고, 그녀는 내게 뇌조각 중간의 들쭉날쭉한 작은 선을 한번 보라고 했다. 그녀는 갑자기 활기에 가득 찬 목소리로 이렇게 말했다.

"여길 보세요! 우리가 그걸 찾은 게 바로 여기예요!"

맥린의 연구원이자 하버드 의대에서 신경학과 정신의학을 가르치는 빈스는 신경과학계에서 손꼽히는 대표적인 여성학자이다. 젊은 시절 정신병원에서 일했던 경험을 결코 잊을 수 없다는 빈스는 뇌가 어떻게 성장하는지, 특히 정신분열증의 경우 어떻게 인격이 어긋나고 잘못되는지 이해하는 데 자신의 연구 인생을 바쳤다. 정신분열증은 거의 대부분 청소년기에 발병하기 때문에 연구는 당연히 십대들의 뇌에 초점이 맞춰졌다.

젊은 교수 신분으로 워싱턴 DC에 있는 야코블레프 뇌은행을 방문했던 빈스는 그곳에 보관된 몇 안 되는 청소년기의 뇌에서 뭔가 이상한 점을 발견했다. 한 살, 두 살 나이가 들수록 미엘린 띠가 더 크게 자라는 듯이 보였던 것이다.

뇌의 백질을 이루는 미엘린은 뉴런 세포체에서 길게 뻗은 축색돌기를 폭신한 담요처럼 감싸고 있는 지방막이다. 피복 물질 역할을 해서 뇌의 전기신호가 축색돌기가 의도한 경로를 따라 전달될 수 있게 하며, 신호 전달의 속도를 높여준다.

뇌가 발달함에 따라 흔히 뇌의 접착제로 통하는 아교세포에서 이 미엘린이 생성된다. 뇌의 결정적인 요소인 뉴런 세포체보다 열 배 많은 신경아교세포는 청소부의 역할도 해서 죽은 뉴런과 많이 사용하지 않는 수상돌기를 내다버린다. 오랫동안 뉴런의 빈약한 친척쯤으로 여겨졌지만, 오히려 아교세포가 더 큰 역할을 담당해서, 이를테면 신호를 증대시키는 데 일조할지도 모른다는 새로운 증거가 나오고 있다. (아인슈타인의 뇌에서 논리와 공간추론에 해당되는 영역에 정상치를 상회하는 아교세포가 있음이 밝혀진 바 있다.)

아교세포의 한 형태인 희돌기(稀突起) 아교세포는 문어 비슷한 모양을 하고 있으며, 때가 되면—신경세포의 축색돌기가 충분히 두터워지면(아마도 사용됨에 따라)—젤리처럼 축색돌기를 감싸는 덩굴손 같은 걸 뻗어 미엘린 피복을 입힌다.

축색돌기에 미엘린 코팅이 덮이면 백질로 간주되며 신호가 더 효율적이고 훨씬 빨라져서, 마치 출근시간에 꽉 막힌 도로에서 엉금엉금 기어가던 것이 자동차랠리 수준으로 향상되는 듯하다. 미엘린화된 축색돌기는 그렇지 않은 것에 비해 전기신호를 백 배나 빠르게 전달하고, 그 속도는 시속 320킬로미터에 달한다. 개인적인 얘기를 잠시 하자면, 우리 시동생이 균형감각에 이상이 생겨서 자꾸 오른쪽으로 비스듬하게 걸었는데 알고 보니 다발성경화증이었다. 그건 바로 신경세포의 미엘린 보호막이 파괴되는 질병이었다. 그는 비교적 증세가 가벼웠는데, 균형을 비롯한 다양한 뇌활동에 관여하는 목 위쪽의 뇌덩어리, 즉 소뇌에서 미엘린이 파괴된 작은 부분이 발견되었다.

뇌의 효율적인 기능을 위해 미엘린이 필수라는 것은 틀림없다. 그리고 뇌은행을 방문해서 뇌를 내려다보던 빈스는 청소년기 뇌의 핵심 영역에서 미엘린이 여전히 자라는 중이라는 걸 육안으로도 알 수 있겠다고 생각했다. 그건 물론 당시에는 있을 수 없는 일이었다!

"당시에는 미엘린이 초기 뇌발달에 중요하다고 여겼어요."

세월이 한참 흐른 어느 날, 빈스는 크고 서늘하고 어두운 맥린의 연구실에서 이렇게 설명했다.

"걷기 시작하고 손이 민첩해지는 시기가 운동피질의 미엘린화와 관련이 있다고 봤죠. 하지만 전반적으로 중추신경계의 미엘린화는 대략 5~6세가 되면 끝난다고 생각했습니다."

표본의 크기는 작았지만 빈스는 관찰한 것을 바탕으로 논문을 발표했다. 그런 다음에 자신이 발견한 것을 체계적으로 입증하는 작업에 착수했다. 보스턴의 여러 병원에서 뇌를 입수한 그녀는 십대들의 뇌에서 성장의 징후를 발견했던 부분, 즉 상수질판(superior medullary lamina)의 미엘린 정도를 비교했다. 결과는 예상한 그대로였다. 십대들의 뇌는 여전히 미엘린막으로 싸이는 중이었다. 뿐만 아니라, 십대 시절의 몇 년 사이에 미엘린은 무려 100퍼센트나 훌쩍 증가했다.

빈스가 십대들의 뇌에서 미엘린의 성장을 확인한 부분은 뇌이랑*과 해마라는 중요한 영역을 이어주는 중계소 역할을 한다. 뇌 중간에 자리잡은 세포다발인 해마의 중요성은 잘 알려져 있는데, 새로운 기억을 처리하는 역할을 하며 뇌에서는 가장 중요한 영역으로 꼽힌다.

〈메멘토〉라는 영화를 보면, 주인공은 자신이 뭘 하려 하며 조금 전에 누구를 만났는지 끝없이 기록해야만 한다. 심지어 중요한 정보는 몸에 문신으로 새기기까지 하는데, 그 이유는 장기기억력은 정상이어서 자신이 누구인지 분명히 알지만, 해마가 손상된 까닭에 불과 몇 초 전에 일어난 일은 기억할 수 없기 때문

---

* cingulate gyrus. 전두엽 중에서도 충동과 감정 조절을 담당하는 부분. 띠이랑이라고도 한다.

이다.

신경과학계에는 HM이라는 이니셜로만 통하는 전설적인 환자가 한 명 있는데, 바로 이 사람이 전 세계의 신경과학자들에게 해마의 역할을 처음으로 알려준 장본인이었다. HM은 심한 간질 발작으로 1953년에 양쪽 해마를 포함해서 뇌의 일부를 제거하는 수술을 받았다. 증세는 한결 좋아졌지만, 근간의 일을 기억하지 못하게 되었다. 해마가 없어졌기 때문에 새로 생성된 기억을 장기보관실로 옮길 수 없었던 것이다. 일정한 종류의 기억은 그대로 유지했고, 원을 그린다거나 자전거를 타는 것처럼 기계적인 운동들은 배울 수 있었다. 하지만 〈메멘토〉의 주인공처럼 HM은 방금 얘기를 나누고 돌아선 사람을 기억하지 못했고, 자신의 생활을 "하루하루가 낱낱이 떨어져 있는 것 같다"고 묘사했다.

빈스가 십대의 뇌에서 미엘린화를 확인한 또다른 영역인 뇌이랑은 감정과 관련이 있다. 뇌이랑 뒤쪽에서는 신경섬유가 뇌간과 척수로 이어지는데, 바로 이것이 이를테면 심장박동이 빨라지고 손에서 땀이 나는 것 같은 우리의 가장 본능적인 반응—어쩌면 문을 사정없이 쾅 소리 나게 닫고 싶은 충동—을 조절한다.
정리하자면, 청소년기에 여전히 미엘린화가 진행되는 것으로 확인된 부분은, 순간적인 반응을 연대기적으로 전후 맥락을 고려한 사고와 연결해주는 회로의 핵심 부분이다. 빈스의 발견은 몇 가지 의문을 끌어냈다. 그 부분들이 청소년기에도 여전히 만들어지는 중이라는 사실은 그 시기에 나타나는 좌충우돌과 어떤 상관관계가 있을까? 본능적인 반응과 이성적인 반응 사이의 연결이 아직 매끄럽지 못하다는 사실이, 다른 면에서는 예의바르기 그지없는 열네 살 사내아이가 쓰레기 좀 내다버리랬다고 발끈하는 이유가 될 수 있을까?

"우리가 감정으로 경험하는 것에는 본능적인 느낌과 생각이라는 두 가지 요소가 개입되어 있습니다. 가족이나 친한 친구를 봤을 때 기분이 좋은 이유는 '애호'와 관련된 본능적인 경험이 있기 때문이죠. 그와 동시에, 그 사람을 보면서 내가 좋아하는 사람이라는 생각을 떠올리죠."

빈스는 이렇게 설명했다.

"아동기와 청소년 초기까지는 감정적인 경험이 인지과정과 썩 매끈하게 통합되지 않습니다. 무슨 말인고 하니, 다른 면에서 보이는 행동과 별 관계가 없어 보이는 충동적인 행동을 할 수 있다는 것이죠."

빈스는 일반적으로 여자의 뇌가 남자에 비해 미엘린화가 빨리 진행된다는 사실을 발견했다. 그녀는 이 점이 십대들의 성별에 따른 수수께끼와 관련이 있을지 모른다고 생각한다. 어쩌면 여자아이들이 종종 남자아이에 비해 감정적으로 성숙해 보이는 이유도 이것 때문일지 모른다.

"신호가 전달되는 경로가 이렇게 미엘린화되는 것, 그러면서 점차 단단해지는 것은 청소년들이 조금씩 더 성숙한 행동을 하고, 충동을 더 잘 조절하고, 집중력이 향상되는 이유 중 하나일 수 있습니다. 하지만 한편으론, 그 모든 걸 잃어버린다는 게 너무 안타깝다고 생각되지 않으세요? 어른이 되면 그런 걸 속에다 꼭꼭 감추는 경향이 있죠. 집에 갈 때까진 펼쳐놓질 않아요. 가끔은 그 시기의 특징들을 좀더 간직할 수 없다는 게 너무 안타까워요."

분열이냐, 통일이냐

UCLA의 좁은 신경학 연구실에서 한 젊은 남자가 컴퓨터 세 대를 동시에 모니터하고 있었다. 그가 마우스를 클릭하자 오른쪽 컴퓨터 화면이 밝아지면서 뇌의 윤곽선이 나타났다. 그 가운데를 띠처럼 두른 넓은 가로줄은 맥이 뛰듯 붉은 빛을 냈다. 그러다가 붉은색이 서서히 희미해지기 시작했다. 십대의 뇌를 설명하던 사람은 그 붉은색이 뇌의 좌우 반구를 잇는 뇌량(腦梁)이라는 신경섬유의 넓은 띠에서 미엘린이 증가하는 속도를 나타낸다고 말했다.

화면에 나타난 뇌의 모습은 7세부터 16세까지 살아 있는 사람의 뇌를 정기적으로 스캔해서 합성한 것이었다. 처음에는 신경섬유의 띠에서 미엘린화가 맹렬하게 일어나다가 점차 안정된다. 화면도 밝은 붉은색에서 차츰 색조가 어두워진다. 컴퓨터 시뮬레이션이라는 마법 같은 기술 덕분에, 청소년기 뇌가 시냅스를 매끈하게 연결하고 얽히고 구겨졌던 것을 펴서 더 효율적이고 빠르고 정밀한 뇌로 자라나는 과정을 지켜볼 수 있게 되었다.

이곳에서 진행하는 연구는 뇌에서도 그중 중요한 영역들—언어를 이해하고 조리 있게 말할 수 있도록 도와주는 베르니케 영역의 좌우 구역—을 잇는 뇌량의 한 부분에서 진행되는 미엘린화에 초점을 맞추고 있었다.

신경섬유 2억 개로 이루어진 뇌량은 뇌의 좌우 반구를 나누는 분계를 가로질러, 세상에 대한 전혀 다른 두 시각을 통합시켜준다.

간질발작이 심할 경우 증세를 완화시키기 위해 뇌량을 절단하는 경우가 있다. 그런 수술을 받은 사람을 분할뇌(分割腦) 환자라고 부르는데, 간질 증세는 완화되지만 여러 가지 기이한 행동을 함으로써 뇌량의 역할을 극명하게 드러내준다. (아주 어려서 뇌의 적응력이 뛰어난 시기에는 간질이나 종양 때문에 한쪽 반구를 완전히 제거하더라도 심각한 결함이 나타나지 않는 경우가 많다. 예를 들어 좌반구가 제거되어도 우반구가 언어 기능을 대부분 넘겨받는데, 나이든 뇌에서는 불가능한 놀라운 능력이다.)

분할뇌 환자의 경우 뇌의 좌우 반구는 각각 아무 이상이 없는데 그 둘을 이어주는 다리, 즉 뇌량이 끊어진 것이다. 여러 과학자들, 그중에서도 특히 로저 스페리와 마이클 가자니가라는 두 신경학자는 이젠 고전적 사례가 되어버린 일련의 실험을 통해 이로 인한 기행을 관찰했다. 예를 들어 가운데가 나뉜 탁자에 앉아서 왼쪽 눈으로는 컴퓨터 화면의 왼쪽에 나타나는 사물만을 볼 수 있고, 오른쪽 눈으로는 오른쪽만을 볼 수 있다고 가정해보자.

화면 왼쪽에 숟가락 그림이 깜빡일 경우 분할뇌 환자는 뇌의 오른쪽 부분과 이어진 왼쪽 눈으로만 그것을 보게 된다. 그런데 우뇌에는 언어 인식 영역이 적기 때문에, 그는 아무것도 보지 못했다고 말할 가능성이 높다. 그는 자신이 본 것을 이름 붙여 말할 수가 없고, 그렇기 때문에 그의 뇌는 아무것도 못 보았다고 결론을 내린다.

하지만 우뇌가 조종하는 왼손을 뻗어 탁자 밑에 마련된 다양한 사물들 중에서 지금 본 것을 집으라고 해보면 흥미로운 일이 일어난다. 거의 예외 없이 숟가락을 집어들기 때문이다. 우반구가 숟가락이라는 이름은 댈 수 없었지만 어쨌거나 촉각 기능에 해당되는 형체 인식은 할 수 있었고, 그래서 숟가락을 집어드는 것이다.

이런 분할뇌 환자들은 한 손으로는 옷을 벗으려 하고 또 한 손으로는 입으려 한다거나, 재미있어 보이는 책을 한 손으로 집어들었다가 그것을 읽을 수 없는 뇌의 다른 쪽에서 책을 들고 있는 게 지루하다고 판단하면 다시 내려놓는다고 알려져 있다. 간단히 말해서, 뇌의 좌우를 이어주는 뇌량이 없으면 전체적인 뇌의 의사소통은 기껏해야 요행이거나 마구잡이가 될 뿐이다.

그리고 만약 UCLA의 자료화면에서 시사한 대로, 청소년의 어느 시점까지 뇌의 대표적인 언어 영역인 베르니케의 좌우 구역이 이렇게 중요한 뇌량의 협부를 가로질러 하나로 완전히 이어지지 않는다면, 그건 뭘 의미할까?

언어의 두 가지 측면

폴 톰슨과 엘리자베스 소웰이라는 두 젊은 신경학자의 연구가 이 질문에 답한다. 검은머리에 얼굴도 소년처럼 동안인 톰슨은 영국 출신으로 옥스퍼드에서 라틴어와 그리스어를 전공한 후, 수학으로 박사학위를 받았다. 소웰은 심리학에서 우연히 뇌스캔 쪽으로 관심을 돌리게 되었고, 신경과학계의 중심으로 높이 평가받는 UC샌디에이고에서 박사학위를 취득했다. 두 사람은 최근에 과학전문지에 논문을 발표했는데, 내가 UCLA에서 봤던 십대의 뇌발달에 대한 자료화면도 그들의 연구결과를 바탕으로 구성된 것이었다.

미엘린화 자료화면의 기초가 된 톰슨의 연구에서는 베르니케 영역의 왼쪽과 오른쪽을 연결해주는 뇌량의 섬유세포에서 '들불이 번지듯' 미엘린화가 진행되다가 청소년기에 접어들어 13세에서 14세로 넘어가는 동안 현저하게 차분해진다는 사실을 발견했다.

베르니케 영역 사이의 연결 상태가 향상되는 게 뭐가 그렇게 중요한 걸까? 예전에는 뇌에서 언어를 관장하는 대표적인 영역이 단 두 개뿐이라고 생각했다. 그중 하나인 브로카 영역은 귀 위쪽에 자리잡고 있는데, 1861년에 폴 브로카라는 프랑스 외과의사가 살아생전 '탄'이라는 말밖에 하지 못했던 어떤 남자의 시신을 해부하던 중에 발견했다. 브로카 영역에 이상이 생기면 어휘를 찾고 만드는 데 어려움을 겪는다. 내 경우엔 여기에 해당되는 사례를 아주 가까운 곳에서 볼 수 있다. 남편의 브로카 영역 근처 혈관에 작은 마디―해면상혈관종(cavernous angioma)―가 생겨서, 이게 어쩌다 한 번씩 발동을 하면 남편은 몇 분 동안 어처구니없고 뜬금없는 한두 마디의 말, 이를테면 램프니 자동차니 하는 말밖에 하지 못한다. 드물게 일어나는 그런 순간에도 남편의 언어 이해 능력엔 아무 이상이 없다. 앉으라고 얘기하면 그렇게 한다. 그것은 그의 다른 대표적인 언어 영역, 즉 베르니케 영역이 여전히 아무 문제 없이 잘 돌아가고 있기 때문이다.

뇌에서 좀더 뒤쪽에 위치한 베르니케 영역은 언어는 이해하는데 의미 없는 말밖에 하지 못한 어느 환자를 연구하던 카를 베르니케에 의해 1876년에 발견되었다. 이 두 곳이 중요한 언어 영역이라는 것은 분명하지만, 지난 몇 년 사이에 언어의 여러 측면들, 예를 들면 야채나 연장 이름과 관련 있는 특별한 영역들이 거의 백 군데나 새롭게 발견되었다. 그리고 브로카와 베르니케 영역도 거기서 더 나뉜다고 한다. 말하자면, 베르니케 영역의 어떤 부분들은 말의 높낮이 같은 언어의 감정적인 측면을 이해하는 것이 전문이고, 또다른 부분들은 '해리는 샐리를 사랑한다'와 '샐리는 해리를 사랑한다'의 차이점 같은 구문 이해에 집중하는 식이다.

일반적으로 베르니케 영역의 왼쪽 구역―대부분의 오른손잡이들이 우세한―이 어휘를 듣고 그것이 의미하는 바를 이해하는 데 더 중요하다고 여겨진다. 오른쪽으로 자리만 바뀐 같은 위치에 놓인 나머지 구역에서는 더 큰 그림, 이를테면 문장의 서체나 구성, 또는 톰슨의 표현을 빌리자면 "에밀리 브론테처럼 글을 쓰는" 능력 등을 취급한다. 이런 기술이 연습에 따라 향상되는 것은 분명하지만, 언어와 관련된 기능을 더욱 고차원적으로 일관되게 구사하기 위해서는 이 두 구역 사이에 매끄러운 정보 전달능력이 필수라고 여겨진다. 그리고 톰슨은 이런 능력의 향상이 청소년기 뇌의 언어 영역에서 일어나는 미엘린화와 관련이 있다고 믿는다.

"열 살짜리에게 주말에 했던 일을 글로 써보라고 하면 전보 형식의 단문이 되기 쉽습니다. 나는 여기에 갔다, 나는 이것을 했다. 그런데 십대 후반이 되면 같은 주제라도 감정이 많이 포함되고 구성이 향상되죠."

청소년기 뇌의 미엘린화와 관련된 변화들은 베르니케와 말솜씨에서 끝나지 않는다. 최근에 톰슨은 논리와 관련이 있는 두정엽 피질(parietal cortex)과 신경섬유가 연결된 뇌량은 일곱 살이 되어야 비로소 미엘린화가 시작된다는 사실을 발견했다.

"두정엽 피질은 수학이나 논리적인 사고, 또는 십자말풀이 등을 할 때 특히 활성화됩니다. 그리고 사춘기 때 이 영역의 백질 부피가 커지는 것처럼 보입니다. 앞뒤가 딱 맞죠. 어린아이들에게 대수를 가르치진 않잖아요."

몬트리올 신경연구소의 젊은 체코 출신 과학자인 토마스 파우스는 기드에게서 받은 뇌스캔 사진 111장을 바탕으로 청소년기에 여전히 미엘린화가 진행되는 더욱 중요한 뇌 영역들을 찾아냈고, 그 내용을 최근 『사이언스』에 발표했다. 그중 궁상다발(arcuate fasciculus)이라고 불리는 곳은 앞에서 살펴본 중요한 두 언어 영역—브로카와 베르니케 영역—사이의 고리를 형성하고, 또다른 영역은 자판을 보지 않고 치거나 신발 끈을 빠르게 묶는 것처럼 정교한 근육운동에서 핵심적인 역할을 한다고 알려진 영역들을 함께 연결한다.

이렇게 점진적인 미엘린화가 유전적으로 미리 예정되어 있는 것인지, 아니면 나중에 진행되는 것인지는 아직 확실치 않다. (다시 말해서, 더 복잡한 문장을 구사하기 때문에 궁상다발의 지방이 자라는 것인지, 아니면 미엘린화되면서 지방이 먼저 자란 다음에야 그 결과로 문장이 현란해지기 시작하는 것인지.) 하지만 얼마 전까지만 해도 대체로 '완료되었다'고 생각했던 청소년기의 뇌에서 근본적인 구조가 이 정도 수준으로 변화한다는 사실에는 신경과학자들조차 놀라움을 금치 못한다. 파우스는 이렇게 말했다.

"십대들이 달라지는 게 뇌구조의 기본적인 변화 때문이라거나, 그것이 반영된 결과라고 생각한 사람은 이제껏 아무도 없었습니다. 이건 정말 대단히 새로운 발견이죠."

하지만 발달중인 십대의 뇌에서 진행되는 미엘린화엔 일장일단이 있다. 뉴런이 미엘린으로 완전히 덮이면 훨씬 효율적으로 변하고, 속도가 빨라진다. 하지만 그만큼 잃는 것도 있다. 뉴런은 전에 비해 더 경직된다. UCLA의 톰슨이 얘기하듯이, 아이의 나이가 어릴수록 청소년이나 성인에 비해 외국어를 훨씬 쉽게—그리고 모국어 억양의 영향을 받지 않고—받아들이는 이유도 여기에 있을지 모른다. 미엘린화가 완료되면 뇌의 언어 영역은 더 전문화되면서 자주 듣는 언어에 훨씬 더 민감해지고 다른 외국어에는 덜 민감해지는데, 추거니는 그런 사실에 비춰볼 때 "고등학교 때 외국어를 배운다는 건 바보 같은 결정이 아니겠느냐"고 물었다.

톰슨과 소웰은 기드가 사춘기 때 증가하는 것으로 확인한 회백질 가운데 일부는 미엘린화를 원활하게 만들어주는 아교세포의 증가일지도 모른다고 생각한다. 톰슨이 말했듯이, 십대의 뇌에서는 '아교세포의 과잉' 상태도 일어나는지 모른다. 그리고 그런 과잉 상태에서 핵심적인 뇌 영역 사이의 연결이 매끈해지는 것처럼, 청소년기의 뿌연 안개가 걷히면서 더 뚜렷한 길이 드러나는 건 너무나 당연할 것이다. 소웰은 이렇게 설명했다.

"이를테면 A에서 B로 가는 길 다섯 개를 아는데 그중에서 어느 길을 택해야 할지 우왕좌왕하다가 가장 효율적인 경로를 알게 되고, 그 패턴이 강화되면서 미엘린화되고 고정되는 것이라고 할 수 있습니다."

"접수했어!"

신경과학자가 아니더라도, 부모나 선생님, 심지어 아이들도 이런 안개와 그로부터 차츰 길이 뚜렷해지는 것을 충분히 인식하고 있다. 십대를 거치는 동안 아이들은 (행운이 따라준다면)

글짓기, 늦는다고 집에 전화하기, 숙제를 제때 제출하고, 젖은 수건은 빨래통에 넣고, 심지어 배구 경기에서 서브하는 법이나 리포트를 컴퓨터로 작성하는 법을 배우는 것에 이르기까지 다양한 분야에서 조금씩 능숙해지고, 점점 더 수월하게 해낸다. 여기저기 널려 있던 그림 조각들이 하나씩 제자리를 찾으면서 전체적인 그림이 이해되기 시작한다.

뉴욕에 있는 중학교에서 오랫동안 교사생활을 해온 스탠리 브림버그는 개인의 경험도 중요하고, 가정환경도 중요하고, 아이의 성격과 좋은 교육이 중요하다는 건 틀림없지만 그와 동시에, 대단히 근본적인 또다른 뭔가가 일어나는 것처럼 보인다고 말했다. 가끔 보면, 일 년 남짓한 동안에 아이들이 모든 분야에서 상황을 '접수하기' 시작한다는 것이었다.

"그게 한 가지 분야였다면, 그러니까 갑자기 숙제를 잘해온다거나 뭐 그런 종류의 변화였다면 경험 때문이라고 생각했을 거예요. 그런데 이전까진 받아들이지 못했던 온갖 종류의 일들이 맞아떨어지기 시작할 때가 있거든요. 앉았던 자리를 정돈하고, 알아서 숙제를 하고, 옆길로 빠지는 일 없이 질문에 대답도 하고, 시간과 공간적인 면을 통틀어 모든 일들이 동시에 일어나는 것처럼 보이니까, 저로서는 여기에 뭔가 신경학적인 원인이 있는 게 아닐까, 어떤 시냅스가 연결됐거나 뭐 그런 게 아닐까 싶은 거죠."

도시 외곽의 학교에서 30년 넘게 수학을 가르친 웬디 쿼크는 아이들이 어느 날 안개에서 벗어난 듯이 수학의 추상적인 개념을 '이해하는' 모습을 수없이 지켜봤다. 개중에는 수적인 감각을 타고난 듯한 아이들도 있지만, 대부분은 비슷한 시간표를 따르더라는 것이다. "대부분은 6학년 때 시작되고, 일단 시작되면 비약적으로 발전하기도 하죠."

그녀가 대략 계산했을 때 아이들의 약 50퍼센트 정도가 6학년을 마칠 무렵이면 융통성 없이 단단한 '구상적 개념'에서 추상적이고 상징적인 사고의 단계로 접어들기 시작한다. 그래서 아직 그 수준에 도달하지 못한 아이들에게 추상적인 개념을 설명할 땐 구체적인 예를 들었다. "한 아이에게 X를, 또다른 아이에게는 Y의 역할을 맡겨서, 교실 앞쪽에 나와 방정식을 몸으로 연기하게 했어요. 그 아이들은 눈으로 봐야 하니까요."

중학교 2학년쯤 되면 그런 기발한 방법을 동원할 필요가 줄어든다. 쿼크가 생각하기에 그때쯤에는 거의 80퍼센트 정도는 수학의 추상적인 개념을 제법 확실하게 이해한다. 그렇다면 이런 사고의 도약은 어디서 나오는 걸까?

"좋은 교육, 부단한 노력─공부를 열심히 해야죠─과 훌륭한 두뇌에서 나옵니다. 하지만 뇌가 발달해서그런 것 같기도 해요. 교사들끼리 휴게실에 모이면 아직 '그 수준'에 도달하지 못한 애들에 대해 얘기하거든요. 그런데 얼마 안 있으면 어느새 거기에 도달해 있는 거예요. 그런 모습을 보고 있으면 놀랍기 그지없죠."

감정과 이성이라는 측면에서 '그 수준'에 도달하는 것도 부모들이 보기엔 단계별로 이루어지는 것 같다. 열다섯 살짜리 딸을 키우는 코니는, 워낙에 말솜씨도 뛰어나고 분석적이긴 했지만 청소년기에 접어들면서 급격하게 그 능력이 향상되는 딸의 모습이 거의 경이적이었노라고 고백했다. 코니로서는 딸의 상수질판이 미엘린화되고 있다는 생각은 해본 적이 없겠지만, 감정적인 영역과 이성적인 영역을 연결하는 능력이 점점 증가하는 건 분명했다.

"중학교에 올라가기 전엔 집에 오면 하는 얘기들이 주로 단편적인 것들이었어요. 친구들에 대해 얘기할 때도 아무개는 못됐다거나 아무개는 나쁜 애라는 식이었거든요. 그런데 중학교에 들어가니까 그게 달라지더라고요. '아무개는 못됐는데, 왜냐하면 엄마랑 막 싸웠다는 거야.' 아니면 '줄리는 자기 언니의 대입시험 성적에 대해 막 자랑하는데, 내가 보기엔 자기는 자신이 없어서 그런 것 같아. 그러니까 마음속의 뭔가가 그렇게 만드는 거지.' 이런 식으로 자신의 감정과 일어난 일 사이에 있는 보이지 않는 선을 파악하기 시작하는 거예요. 뭔가를 보는 거죠."

코니는 자신의 딸이 '지나치게 분석적인' 엄마와 아버지에게서 영향을 받았을 거라고 생각한다. 하지만 유전적으로 그런 경향을 지니고 태어났을지—게다가 환경적으로 다듬어지고—는 몰라도, "여덟 살 때까지는 그렇지 않았는데 나이가 더 드니까 그러더라고요. 그런 모습이 점진적으로 진행되는 걸 보면서, 이게 뇌와 무슨 관계가 있다는 생각이 들었어요."

이렇게 많은 부모들과 교사들이 오래 전부터 짐작해온 것들은 UCLA의 톰슨을 비롯한 많은 신경과학자들에 의해 실제로도 맞는 것으로 드러나고 있다. 십대들의 뇌는 언어와 운동 조절, 충동에 이르기까지 거의 모든 영역에서 변화를 겪는다. 그런 변화들은 십대들이 이 세계와 어떻게 관계를 맺고, 이 세계는 또 그들과 어떤 식으로 관계 설정을 하는가와 관련이 있을 수밖에 없다고 톰슨은 말했다.

"뇌에서 일어나는 변화는 기능적인 측면에서 어떤 결과를 낳아야만 합니다. 십대들은 언어를 다르게 처리하고, 아마 위험을 판단하는 방식도 다를 겁니다. 우리는 그런 것들이 변화중인 중추신경계의 작용이라는 걸 알고 있습니다. 청소년들의 뇌는 포효하며 일어서고 있는 것입니다."

회백질이여 안녕

톰슨은 또다른 뇌의 디지털 자료화면을 보여주었다. 이번에도 십대들의 변화하는 뇌를 컴퓨터로 합성한 것이었는데, 대상이 된 십대들의 나이가 16세 이상으로 더 많았다. 컴퓨터 영상에서도 분명하게 확인할 수 있었지만 이 시기는 청소년들의 뇌가 새로운 뉴런 가지를 더는 얼기설기 뻗지 않고 오히려 숲 전체를 베어내는, 그중에서도 전두엽의 뉴런을 정리하는 데 전념하는 때이다.

청소년기가 진행됨에 따라 뇌 속의 회백질이 막대한 규모로 사라진다는 사실—세포의 가지들과 시냅스를 대대적으로 잘라버린다는 사실—이 밝혀지고 있다.

기드가 사춘기의 초반부에 전두엽에서 일어나는 회백질의 폭발적 성장을 발견하는 동안, 톰슨의 UCLA 동료인 소웰은 16세 이후에 특히 전두엽에서 두드러진 회백질의 놀라운 감소를 확인했다. 소웰과 톰슨의 최근 추산치에 따르면, 12세에서 20세 사이에 회백질은 평균 7~10퍼센트 감소하고, 크기가 작은 영역에서는 감소 정도가 많게는 50퍼센트에 이른다고 한다.

톰슨은 얼마 전에 뇌 속 깊숙한 곳에 자리잡고 있으며 운동을 조절하는 미상핵(caudate)이라는 조그만 구조의 경우, 8세 무렵부터 11세에 이르는 청소년 초반기에 20퍼센트에 달하는 회백질을 제거하고 13세를 전후하여 막대한 양의 조직을 상실한 후 원숙한 수준에 이른다는 사실을 발견했다.

"미상핵은 연구가 활발한 분야입니다. 무의식적이고 기계적인 운동을 관장하는 곳으로, 피아노나 자전거, 체조처럼 한번 배우면 자동적으로 나오는 그런 종류의 동작들이 해당됩니다. 아마 각 분야의 전문가들도 동의하리라 생각하는데, 이런 것들을 일찍 배워서 이 영역의 세포를 자극할 경우 나이가 들어서도 기술을 그대로 간직하게 되죠."

실제로 일선 체육 교사들과 얘기를 나눠보면 다들 여기에 동의한다. 미상핵이니 뇌구조의 정리니 하는 용어는 생소하더라도, 나이가 어릴 때 근육을 최대한 다양한 방식으로 사용해야 하고, 어떤 기술은 청소년 초반기가 되면 몸에 완전히 굳어진다는 생각은 전혀 새로울 게 없었다. 24년 동안 체육을 지도해온 론 에드워드는 성인들도 당연히 몸을 이용한 새로운 기술을 배울 수 있다고 말했다. 하지만 단순히 특정한 종목의 스포츠가 아니라 움직임과 관련된 다양한 종류의 기술을 "일찌감치, 자물쇠를 채우듯 확실하게 익혀서, 원만하고 유연한 신체를 단련하기에는" 아이 때가 가장 효과적이고 유익하다고 했다. 열여섯 살 때 축구를 시작해서 스물셋인 지금은 실업팀에서 활약하고 있는 호세도 6~12세 사이에 축구를 배운 사람이 훨씬 유능하고, '훨씬 천부적인 선수'가 되는 경우가 많다고 말했다.

더 수려하고, 차분하고, 조용해진 뇌

청소년기의 일정한 시점에 뇌가 만개해서 정점에 이르고 나면, 소웰의 연구에서 확인했듯이 삭감과 축소 그리고 전문화에 돌입한다. 정신없고 산만하던 십대의 뇌가 속도를 조금 늦추면서 차분해지기 시작하는 것이다. 더욱 전문화되고 운영이 용이하며 관리 상태가 뛰어난 정원을 꾸미게 되는데, 이를테면 보르네오의 정글이 분재로 변한다고 할 수 있다.

과학자들의 연구에 따르면, 청소년기에 제거되는 연접부의 상당 부분은 뇌를 자극하고 흥분시키는 것들이다. 뉴런에서 분비되는 화학물질로 뇌신경 간에 정보를 전달하는 신경전달물질은 인접한 뉴런에 다양한 영향을 미칠 수 있어서, 흥분시킬 수도 있고 차분하게 만들 수도 있다. 인접한 뉴런을 자극하는 데에는 글루타민산염(glutamate)이라는 뇌의 화학물질이 작용할 때가 많다. 그런데 대다수 신경학자들이 생각하듯이 글루타민산염을 방출하는 연접부가 청소년기에 제거된다면(일부의 추산에 따르면 흥분성 시냅스와 억제성 시냅스의 비율은 청소년기를 거치는 동안 7 대 1에서 4 대 1로 변한다) 청소년들의 뇌 자체도 근본적으로 침착해진다고 말할 수 있다. 톰슨의 표현을 빌리자면, "정신 사나운 음악의 볼륨이 약간 낮아지는" 것이다.

부모들이야 익히 알고 있는 것이다. 쌍둥이 형제를 둔 엘런은 아이들이 청소년기에 접어들었을 땐 "너무나, 정말 너무나 시끄러웠는데" 지금은 대학에 들어간 두 아이가 어찌나 차분해졌는지 놀라울 지경이었다고 토로했다. 뇌에서 일어나는 현상에 대해서는 알 도리가 없지만, 겉으로 보기엔 깜짝 놀랄 만한 변화였다는 것이다.

"내 어깨를 다독이면서 진정하라고 한다니까요. 아니 그애들이 나한테 그러리라고 누가 생각인들 했겠어요?"

당사자인 아이들도 뒤를 돌아보면서 행동의 변화와 발전을 인정할 때가 많다. 고등학교 졸업반인 제시카는 1학년 후배들이 '있는 대로 소리를 지르고 싸우면서 천방지축 뛰어다닌다'는 생각이 들면 스스로도 깜짝 놀라곤 한다. 역시 졸업반인 요나도 온몸에 피어싱을 하려고 했던 2년 전을 돌이켜보면 '너무나 쓸데없고 어리석었다'는 생각이 든다.

완벽하게 통제된 연구실 환경 속에서 신경과학자들은 발달중인 십대의 뇌에서 일어나는 감축과정이 어떤 목적을 달성하는지 정확히 규명해내고 있다. 이미 감축이 일어나는 장소를 확인한 것만으로도 그 과정이 뇌의 중요한 기능, 이를테면 억제 조정과 단기기억, 또는 경쟁하는 다른 정보가 있을 때 필요한 정보를 유지하는 능력 등을 정밀하게 조정하는 것과 관련이 있음을 알아냈다. 원숭이와 인간은 모두 이런 영역들—예를 들면 컴퓨터 화면의 어느 지점에서 불이 깜빡였는지를 정확하게 기억할 수 있는 능력—이 전전두엽 피질에서 일어나는 시냅스의 감축과 궤를 같이해서 향상된다. 그러므로 시냅스의 과잉이 이런 종류의 기술을 습득하는 데에는 중요해도, 그 기술을 더 정밀하게 가다듬고 완벽하게 익히는 것은 청소년 후반기의 감축과정에 의해서만 가능할지 모른다. 피츠버그 대학의 데이비드 루이스는 대부분의 경우 십대 후반은 되어야 이런 능력이 성인 수준에 도달한다고 말했다.

실제로 청소년기에 해당하는 원숭이의 뇌활동을 연구하고 있는 루이스 같은 과학자들은 최근에 밝혀진 광범위한 변화조차도 십대들의 역동적인 뇌를 완전히 설명하지는 못할 것이라고 확신한다.

루이스는 최근 연구에서 십대들의 뇌가 뇌세포들의 커뮤니케이션을 도와주는 몇몇 중요한 신경전달물질의 변화 외에, 대뇌피질의 구체적인 억제성 시냅스의 효율성이라는 지표에서도 미묘한 변화를 보인다는 사실을 확인했다.

루이스에 따르면, 청소년기에 전전두엽 피질에서 최고점까지 상승했다가 차츰 감소해서 성인 수준으로 안정되는 도파민이 그중 대표적이다. 핵심적인 신경전달물질로 손꼽히는 도파민은 다른 신경전달물질들을 조절해주는 역할을 할 때가 많다. 그런데 만약 도파민의 수준이 지나치게 낮거나 높으면—최근 들어 도파민은 스트레스를 받으면 증가하는 것으로 밝혀졌다—그런 조절 신호들이 끊어질 수 있다.

도파민 수치의 변화는 전전두엽 피질의 시냅스가 대대적으로 감축되는 과정이 완료된 이후에도 계속될지 모른다. 이 말은 십대들의 뇌가 중요한 리모델링을 거의 마친 이후에도 한참 동안 도파민의 변화가 계속해서 뇌를 뒤흔들지 모른다는 뜻이다.

"네 살짜리와 열 살짜리의 행동은 누구나 구별할 수 있죠. 하지만 뇌는 분명히 그후에도 계속해서 변화하고, 행동에서도 그에 따른 변화가 수반됩니다. 능력의 깊이와 넓이, 이 두 가지를 모두 향상시키는 방향으로 회로가 개량된다고 말할 수 있겠죠."

소웰은 뇌가 청소년기라는 긴 시간 동안 그토록 유연한 상태를 고수하다가 끝 무렵에 가서야 비로소 굳어지는 이유는 틀림없이 진화와 관련이 있다고 확신한다. 그녀의 지적처럼 만약 우리의 뇌가 완전히 조직되어 지나치게 빨리 고정된다면 환경과 상황을 불문하고 생존에 필요한 것들을 배울 여지가 남지 않을 것이다.

감정의 브레이크

패트릭 러셀이 십대들의 뇌와 뉴런을 다른 관점에서 보기 위한 과학실험에 참여해 맥린 병원의 뇌스캐너 속에 처음 들어간 건 열세 살 때였다. 스캐너는 신속하게 사진을 찍었고, 뇌의 구조가 아니라 살아 있는 뇌가 다양한 과제를 처리하는 동안 사용하는 산소의 양을 측정했다.

뇌는 막대한 양의 에너지를 소비한다. 전체 몸무게에서 차지하는 비율은 2.5퍼센트에 불과해도 사용하는 에너지는 20퍼센트에 달한다. 뇌를 스캔한다고 하면 일반적으로 구조를 측정하지만, 활동중인 뇌가 빨아들이는 혈액중의 산소량을 잴 수도 있다. 이렇게 설정된 스캐너를 특별히 기능성 자기공명영상장치, 또는 간단하게 fMRI라고 부른다.

fMRI를 이용해서 말끔한 결과를 도출해내는 것은 일반 MRI보다도 더 까다롭다. 하지만 많은 신경과학자들은 뇌의 작용을 실시간으로 관찰하는 것만이 미세한 단계에서 뇌가 어떻게 작용하는지 확실하게 이해하는 유일한 방법이라고 확신한다.

패트릭이 참가했던 연구에서는 실제로 놀랍고도 예기치 못한 결과가 나왔다. fMRI에 들어간 어린 십대 아이들에게 두려움에 찬 누군가의 얼굴을 보여주자, 그 표정을 이해하기 위해 뇌가 움직였을 때 가장 환하게 불이 들어온 부분은 어른들이 감정의 복잡한 뉘앙스를 파악하려 할 때 사용하는 전두엽이 아니었다. 어린 십대들의 뇌에서는 전두엽이 아닌 편도핵(amygdala)이라는 곳에 불이 들어왔는데, 이는 뇌의 가운데쯤에 있는 '아몬드(扁桃)모양의 덩어리로 공격/도피, 분노, 또는 "나는 엄마를 증오해!" 같은 본능적인 반응에서 핵심적인 역할을 담당하는 부분이다.

이번 연구를 진행하는 맥린 병원의 데보라 위르겔런-토드는 이보다 앞서 어른을 대상으로 같은 실험을 실시했다. 그리고 어른들의 뇌는 두려움에 찬 누군가의 얼굴을 보았을 때 예상했던 대로 전두엽을 동원했다. 다양한 상황에서 '왜'와 '어떻게'를 따지고 "잠깐! 내가 왜 두려워해야 하지? 이게 도대체 뭔데? 이런 걸 전에도 본 적이 있었나?"라고 묻는 부분이 바로 전두엽이다.

그렇다면, 패트릭의 뇌는 왜 다르게 움직이는 걸까? 위르겔런-토드를 포함한 일부 과학자들은, 패트릭의 뇌가 어른과 다른 부분에서 감정을 처리하는 이유는 전두엽의 시냅스가 완전히 연결되지 않았기 때문이라고 믿는다. 만약 십대들이 두려움처럼 중요한 사회적인 신호를 뇌의 이성 본부가 아닌 대표적인 감정 본부에서 처리한다면, 십대들이 가끔씩 과잉반응을 하고 느닷없이 감정적으로 폭발하는 듯이 보이는 이유를 여기서 찾아볼 수 있지 않을까?

위르겔런-토드는 "그렇다"고 생각한다. 어른들은 충동에 재갈을 물리고 감정에 브레이크를 걸고 논리적으로 판단할 수 있게끔 도와주는 전두엽이라는 부분으로 반응하는 반면에, 십대들은 그렇지 않을 때가 많다.

그녀는 자신의 연구가 아직 결정적이지 않다는 사실을 분명히 했지만 다른 연구에서도 한 가지 흥미로운 차이점이 발견됐다. 십대들, 그중에서도 십대 초반의 아이들은 감정을 처리할 때 뇌에서 악어와 더 비슷한 편도핵을 활용하는 경향이 있을 뿐만 아니라 애초부터 감정을 잘못 파악해서, 예를 들면 두려움을 분노로 분류할 때가 많았다. 그들은 표정을 잘못 읽었고, 혼란에 빠졌다.

십대들의 정신적 뒤범벅이라고 부를 만한 단서를 포착한 또다른 연구가 최근에 발표됐다. 샌디에이고 주립대학의 로버트 맥기번과 그의 동료들은 사춘기가 시작되는 11~12세 즈음에 감정 파악 속도가 심하게는 20퍼센트나 떨어진다는 사실을 발견했다. 느려진 반응 시간은 몇 년간 지속되다가 18세가 되어서야 정상 수준을 회복하는데, 맥기번은 리모델링—시냅스의 폭발적인 성장에 따른 감축과 정리 작업—이 진행되는 동안 청소년들의 "전두엽 회로가 상대적으로 비효율적"으로 변한다는 것을 보여주는 발견이라고 말했다.

이런 일련의 발견들은 십대들이 성인들과는 전혀 다른 시각으로 세상을 본다는 현실적인 가능성을 제기한다. 그들에겐 사회적 신호를 정확하게 분류할 경험이 부족하고, 제 기능을 완전히 수행해서 전후의 맥락(저 사람이 나한테 인상을 쓰는 건 내가 싫기 때문이 아니라 머리 모양이 마음에 안 들거나 상사한테 꾸지람을 들었기 때문일 거야)을 제공해줄 전전두엽 피질이 없기 때문에 세상을 늘 정확하게 이해하지 못할 수도 있다. 위르겔런-토드는 이렇게 말했다.

"아이들이 우리가 하는 말을 우리가 의도한 대로 듣지 않을 수도 있다는 걸 염두에 두어야 합니다."

이것도 물론 부모들에겐 새삼스럽지 않다. 수잔은 두 아이가 모두 십대인데, 청소년기가 시작되자 모든 면에서 제법 똑똑한 아들녀석이 "도무지 말귀를 못 알아듣는 것 같더라"고 했다.

"가게에 가서 이것저것을 사고 철물점에 들러서 오라고 하면, 하는 건 그중에서 하나뿐이에요. 그래서 이젠 가게에 가서 이것 하나만 사오라고 시키죠. 도대체 왜 그러는지 모르겠어요. 딴생각을 해서 그런가요?"

위르겔런-토드는 연구를 통해 알게 된 사실이 집에서 두 아이를 키우는 데 도움이 됐다고 말했다. 우리는 아이들의 겉모습이 어른과 비슷해지면 행동도 어른스러워지리라고 기대하는 경향이 있지만, 항상 그렇게 되는 건 아니다.

"예전엔 딸아이한테 그릇은 설거지통에 넣고 머리 좀 빗고 옷가지를 치우라고 시켰는데 애가 그중 하나만 하면 화를 내곤 했어요. 하지만 지금은 그렇게 많은 정보를 머릿속에 담으리라고 기대하지 않아요. 아이는 한 가지만 하고, 저도 이제는 그것을 당연하게 생각합니다. 요즘은 열네 살짜리들 중에도 대학교 축구선수처럼 크고 원숙해 보이는 아이들이 있어요. 하지만 그 아이들의 전전두엽 피질은 아직 원숙한 단계에 이르지 못했죠. 사람들은 고등학생에겐 올바른 정보만 제공해주면 옳은 결정을 내릴 거라고 생각합니다. 그런데 그 아이들의 뇌는 기능하는 방식이 우리와 다르거든요."

패트릭은 청소년기를 거치면서 자신의 뇌가 변했다는 걸 알았다. 총 5회에 걸쳐 맥린 병원에 와서 뇌스캔을 받은 3년 사이에, 비록 정확한 원인이나 방식은 알 수 없지만, 좀더 차분해지고 절제력과 집중력이 향상되었다는 것이다.

고등학교 2학년인 패트릭은 학교 밴드부에서 튜바를 연주하고, '모든 종류의 음악'을 사랑한다. 여전히 화가 날 때가 있지만(특히 밴드부원들이 자신의 파트를 연습하지 않을 때) 예전처럼 "뚜껑이 열리거나 주먹을 내리치고 싶은" 욕구는 느끼지 않는다. "감정을 좀더 잘 조절하는 법을 터득했어요."

그 3년 동안 겉모습도 많이 달라졌다. 뇌스캔을 처음 받았던 열세 살 땐 키가 "120센티미터나 될까 말까" 했다고 농담처럼 얘기하는 패트릭은 지금 키가 167센티미터로 아주 호리호리하다.

패트릭의 뇌스캔 사진의 사본을 보관해온 아버지는 아이가 몸만 큰 게 아니라는 데 동의했다. "이렇게 자랐다는 것도 놀랍지만, 그 동안의 뇌스캔 사진을 쭉 보면 저도 차이를 알 수 있을 정도예요. 패트릭의 뇌는 더 많은 것을 담고 있어요. 그건 더, 뭐랄까 더……"

시냅스의 연결이 매끄러워지고 속도가 빨라진 뇌를 갖게 된 패트릭이 아버지가 찾지 못하는 말의 뒷부분을 재빨리 이어준다. "복잡해졌다고요?"

"그래, 바로 그거야. 지난 3년 동안 패트릭의 뇌가 더 복잡해졌다는 건 저도 알 수 있다니까요. 자, 한번 보세요."

행동과 생물학

많은 신경과학자들은 뇌발달과 행동 사이의 관계를 대체로 당연시했다. 예를 들어 몬트리올 신경연구소의 파우스의 경우, 모국인 체코의 과학계에서는 늘 장기간의 프로이트적 정신분석보다 생물학 차원의 심리학에 더 비중을 뒀기 때문에 어려서부터 개인에게 일어나는 일과 그 사람의 뇌에 일어나는 일이 밀접하게 연결되어 있다는 생각을 갖게 됐다고 한다.

하지만 그 밖의 사람들에게 뇌를 다루는 생물학과 청소년—또는 그 누구라고 하더라도—의 행동을 연결한다는 건, 이젠 이 분야의 대표격이 된 사람들에게조차 생소한 개념이다.

노스다코타에서 의대를 졸업한 기드는 캔자스에 위치한 메닝거 클리닉이라는 곳에서 일을 시작했는데, 그곳에서 강박장애로 오래 시달려온 부유한 젊은 남자를 진찰하게 되었다. 강박장애가 있는 사람들은 두려움을 떨쳐내기 위해 손가락을 일정한 패턴으로 두드리거나 손을 계속 씻어야 한다고 느낀다. 남자는 강박장애를 치료하기 위해 과거를 거슬러 올라가 원인을 찾아보기도 하고 프로이트를 동원하고 배변훈련을 받았을 때의 정황까지 따져봤지만 전혀 나아지지 않았다는 것이다.

그러다 기드는 메닝거의 피닉스 지원으로 파견되어 응급실에서 근무하게 되었다. 어느 날, 22구경 권총으로 자살을 시도해서 뇌에 심각한 손상을 입은 젊은 코카인 중독자가 실려왔다. 다행히 목숨은 건졌고 몸도 정상을 회복했지만, 기드가 캔자스에서 담당했던 환자와 똑같은 강박장애가 일어났다.

"그전까지 멀쩡하던 남자였는데, 뇌의 어느 부분에 물리적 손상을 입고 난 후 강박장애가 일어난 거였어요." 기드는 말했다.

그리고 얼마 후, 캔자스에서 담당했던 남자에게 새로 나온 항우울제—뇌의 세로토닌 수치를 조정해주는—를 처방했더니 몇 주 만에 한결 나아졌다는 소식을 들었다.

"어떤 직감 같은 게 들더군요. 이런 모든 인간됨의 특징이 뇌에서 일어나는 현상과 관련이 있겠다는 생각이 들었습니다. 정신역학적 이론에서도 배울 것은 아직 많습니다. 저도 아동정신의학자인 만큼 그 이론들을 활용하고요. 하지만 인간 행동의 생물학적 근거를 살펴봐야 할 때라는 생각이 들기 시작했습니다. 분명히 말씀드리지만 처음부터 이런 생각을 했던 건 아니었어요. 오히려 반대편 입장이었죠. 하지만 명백해 보였습니다."

그런 일이 있고 얼마 지나지 않아 기드는 국립보건원으로 자리를 옮겨, 지금은 사우스캐롤라이나 의대에 있는 아동정신의학자 마커스 크루세이의 뇌스캔 연구팀에 합류했다. 정신장애가 있는 아동의 뇌발달 지도를 작성한다는 게 프로젝트의 목적이었고, 기드는 아동과 청소년기의 정상적인 발달에 대해 최대한 많은 것을 배우겠다는 자세로 연구에 임했다.

하지만 찾아낸 것은 아무것도 없었다. 정상 아동의 뇌에 대해서는 장기간에 걸쳐 체계적인 연구가 진행된 적이 없었고, 거기에는 윤리적인 이유도 포함되어 있었다. 장애 아동의 뇌를 스캔하는 데에는 그것을 가장 필요로 하는 이들을 돕는다는 그럴듯한 명분이 가능하다. 하지만 제아무리 좋은 취지라 해도, 정부산하기관에서 아무 문제도 없는 아이를 강력한 MRI 스캐너에 반복적으로 노출시킨다는 것은 훨씬 곤란한 문제였다.

뇌스캐너, 혹은 MRI는 X선과는 달리 DNA를 손상시킬 수 있는 이온화 방사선을 사용하지 않는 대신, 뇌 내 물분자의 수소원자에 강력한 자기장을 가한 뒤 방출되는 고주파를 이용해서 컴퓨터로 2차원 영상을 그려낸다. 스캐너 속으로 사람이 들어가면 강력한 자기장이 뇌 속의 수소원자를 정렬시킨다. 그런 다음 고주파에 의해 위아래로 움직이던 원자들이 다시 자리를 잡는데, MRI는 원자가 정상적인 위치로 돌아갈 때 발생시키는 에너지를 측정한다. 그 값이 입력되면 컴퓨터가 뇌구조의 윤곽선을, 기드의 표현을 빌리자면 "성장중인 살아 있는 인간의 뇌를 대단히 정확한 그림"으로 그려낸다.

기드에 의하면 그 과정이 세포의 기능에 미치는 "영향은 전혀 확인된 바 없다"고 한다. 환자들에 비해 훨씬 많이 자기장에 노출되는 MRI 촬영기사들을 검사해봐도 건강이 악화되었다는 징후는 발견되지 않았다. 하지만 국립보건원의 윤리위원회에서 정상 아동에게 스캐너를 사용해도 되겠다는 확신을 갖게 된 것은, 여성 기사들이 임신한 상태에서 스캐너 촬영을 했어도 출산 관련 문제의 발생률이 일반에 비해 더 높지 않다는 조사 결과 때문이었다. 그렇게 해서 1991년에 국립보건원은 처음으로 정상 아동을 대상으로 한 장기적인 뇌스캔 연구를 시작했다. 기드는 MRI의 사용이 사실상 "청소년 신경과학의 새 장을 열었다"며 의미를 부여했다.

정상인 뇌 연구가 추진되는 동안 미국 국립정신건강연구소를 이끌었던 스티브 하이먼 하버드대 부총장은 그 연구가 필연적이었다고 말했다. 스캐닝 도구가 더욱 발달하고 다양한 범위의 뇌를 비교할 수 있는 새 컴퓨터 프로그램이 개발되면서 시기가 맞아떨어졌다는 것이다.

"과학계에 종사하는 우리 같은 사람들은 종종 새로운 아이디어가 세상을 발전시킨다고 거창하게 말하지만, 가끔은 새로운 기술이야말로 정말 중요한 공헌을 하죠."

국립보건원은 현재 이 방면에서 가장 방대한 연구를 진행하고 있는데, 태어난 지 2주 된 갓난아기부터 21세 된 성인까지 총500명에 달하는 다양한 연령층의 뇌를 7년에 걸쳐 정기적으로 스캔할 뿐만 아니라 인지 기능을 테스트하고 구강 상피세포 채취를 통해 유전자까지 검사하는 1600만 달러 프로젝트가 바로 그것이다.

맥린 병원의 생물통계학자인 닉 랭은 모든 뇌스캔 자료를 그래프로 정리해서, 아동기부터 청소년 후반에 이르기까지 뇌의 정상적인 성장지도를 작성하는 초유의 프로젝트를 담당하고 있다. 그는 이제 막 궤도에 진입한 프로젝트에 대해 이렇게 설명했다.

"소아과에 가면 연령별로 정상적인 팔다리의 성장치를 그린 표가 붙어 있잖아요? 그것과 비슷한 표를 만든다고 보시면 됩니다. 다만 뇌발달 상태를 그린다는 게 다를 뿐이죠."

랭은 얘기를 마무리하면서 이렇게 덧붙였다.

"발달중인 인간의 뇌 지도가 완성되면, 연구자들이나 의사들이 정상적인 15세 아이의 뇌가 어떤 상태여야 하는지를 알 수 있게 될 겁니다."

그런데 뇌 연구에는 까다로운 문제가 하나 있었다. 기드가 작은 규모로 진행했던 것처럼, 같은 아이들의 발달중인 뇌를 몇 년에 걸쳐 반복해서 관찰하지 않으면 결과에 혼선이 빚어질 수 있다는 것이다. 뇌는 겉으로는 똑같아 보여도 상당한 차이가 있을 수 있다. 두 아이가 열세 살로 나이도 같고, 성별도 같고, 지능지수까지 같아도 일정한 뇌 영역의 크기에서 많게는 50퍼센트까지 차이가 날 수 있다.

연구자들이 무엇보다 원하는 것은 일탈을 파악할 수 있도록 정상의 범위를 찾아내는 것이라고 랭은 말했다. "정서적으로 문제가 있는 15세 아동의 뇌를 관찰하면서 그 문제가 구조적이어서 전전두엽 피질에 큰 문제의 소지가 있는 것인지, 아니면 그저 기분이 변덕을 부리는 것이어서 다른 쪽에서 해법을 모색해야 하는지"를 알 수 있어야 한다.

물론 십대들의 행동을 이해하는 게 결코 단순한 일일 수는 없다. 하이먼은 "정상적인 십대를 완전히 이해하려면 감정 조절이라는 측면에 대해 더 많은 것을 알 필요가 있다"고 말했다. 즉 외부의 영향력, 마음속에서 일어나는 기분의 줄다리기, "짜증의 주기에서 낙관의 주기"로 변화시키는 유전과 환경의 다양한 영향력 등의 미세한 차이를 알아야 한다는 것이다. 그의 말처럼, "르완다와 가자 지구, 또는 미국 중서부에 동일한 생물학적 유기체를 가져다놓으면 저마다 각기 다른 종교를 갖게 되고, 그것은 완전히 다른 행동양식을 이끌어낼 것"이다.

유전적 요인이 크다고 생각되는 정신분열증 같은 질병의 경우, 일란성 쌍둥이가 동시에 그 병을 일으킬 확률은 50퍼센트이다. 이 말은 쌍둥이 가운데 한 명이 정신분열증일 때 나머지 한 명이 정상일 확률도 50퍼센트라는 뜻이다. 그렇다면 결정적인 요인은 환경일까? "이 나머지 50퍼센트는 어디에 기인하는 걸까요? 우리도 아직 경계선이 어디에 놓여 있는지는 모릅니다."

그러면서도 하이먼은 새롭게 밝혀지고 있는 연구결과들이 십대가 왜 그런 식으로 행동하고, 무엇이 그들을 서로 비슷하게 만들며, 이전의 아동기나 이후의 성인기와 구분되게 하는지 이해할 수 있는 중요한 첫걸음이라고 말했다.

"왜 청소년들은 담배나 술, 각종 중독에 더 취약할까요? 왜 청소년들이 그런 것들을 빨리 시작할수록 중독이 더 심한 걸까요? 우울증이 이렇게 많이 발생하는 이유는 무엇이며, 왜 여자아이들 쪽이 더 많을까요? 정신분열증은 왜 생기는 걸까요? 왜 어떤 아이들은 학습장애로 탈선하고 그것이 그들의 감옥이 돼버리는 걸까요? 왜 어떤 아이들은 반사회적 단체를 만들어 범죄자의 길로 접어드는데, 다른 아이들은 학자가 될 준비를 시작하는 걸까요? 그리고 뇌가 감정이입 능력을 발달시킬 준비가 된 것처럼 보이는 이유는 어디에 있을까요?" 그는 자신의 열한 살짜리 딸이 슬슬 "청소년이 될 준비"를 하고 있다며 질문을 연이어 쏟아냈다.

"다른 사람들과의 관계라는 측면에서 뇌가 변하는 이유는 뭘까요? 이 모든 것들이 청소년기에 일어납니다. 여덟 살짜리가 주변 사람들과 세상에 대해 느끼는 의무감과 열네 살 짜리의 시각이 그렇게 다른 건 무엇 때문일까요? 열네 살짜리도 완전히 성숙한 건 아니지만, 그래도 확실히 다르거든요."

과학도 아침 식탁에 앉은 평범한 십대처럼 다듬어져야 할 부분이 아직 많지만, 새로운 연구들이 조각을 맞춰서 완전한 그림을 완성해가고 있으며 점점 속도가 빨라질 것이라고 하이먼은 말했다.

"청소년기에 학습과 경험에 수반되어 뇌가 폭발적으로 성숙한다는 건 분명합니다. 궁극적으로 과학자들은 문제가 생겼을 때 개입할 수 있을 만큼, 도움이 될 수 있을 만큼 충분한 사실을 밝혀낼 수 있기를 바랍니다. 하지만 무엇보다 정상의 기준부터 마련해야겠죠."

6

동물들의 사춘기

침팬지, 그리고 인간

청소년기에 접어든 플레처는 야심한 시각에 메릴랜드에 있는 집에서 몰래 빠져나와 거의 10킬로미터를 달려 포토맥 강으로 가서, 헤엄을 쳐 작은 섬에 닿았다. 그곳에서 먹을 걸 구해서 먹고, 강낚시를 하는 사람들에게서 샌드위치를 얻어먹었다. 정신없이 찾아 헤맨 끝에 수색대가 섬에 웅크리고 있는 플레처를 발견했을 때, 녀석은 굶주리고 더럽고 화가 난 상태였다.

플레처는 붉은털원숭이다. 메릴랜드 국립보건원 동물센터의 스티브 수오미 소장은 내가 조금 다른 종류의 청소년기, 즉 영장류들의 사례를 듣기 위해 찾아갔을 때 플레처의 이야기를 들려주었다. 동물들—쥐부터 붉은털원숭이까지—에게도 아동기와 성년기 사이에 뚜렷이 구분된, 나름대로 청소년기라고 할 만한 시기가 있다. 우리네 인간의 긴 청소년기의 뿌리를 여기서 찾아볼 수 있을지 모른다. 그리고 십대 자녀를 둔 부모들이라면 그 시기의 동물들에게서 나타나는 행동이 놀라우리만치—안심이 되거나, 오히려 심란할 수도 있겠지만—익숙해 보일지도 모른다.

국립보건원 동물센터 주변으로는 포토맥 강 인근의 아름다운 전원 풍경이 멀리까지 펼쳐져 있다. 워싱턴 DC 근교에서는 아프리카 사바나와 가장 비슷하다고 할 만한 곳이었다. 유머감각이 없고 말이 속사포처럼 빠르긴 해도, 원숭이에 대한 열정만은 누구에게도 뒤지지 않는 수오미 소장은 지난 17년간 이곳에서 네 세대 일흔 마리의 붉은털원숭이들을 관리하고 관찰해왔다. 우리가 있던 곳에서 그리 멀지 않은 정글짐*에서는 어린 암컷 세 마리가 햇볕을 쬐며 한가롭게 앉아 있었다. 한쪽에 자리잡은 호수에는 가운데의 섬까지 작은 다리가 이어져 있는데, 우리의 십대에 해당하는 사춘기 원숭이들이 자꾸만 그 섬으로 헤엄쳐가다가 겁에 질려 오도가도 못하는 상황이 벌어지면서 만든 것이라고 했다. "보트를 가져다가 노를 저어서 녀석들을 구출해 와야 했거든요."

수오미가 얘기하고 있는데 호리호리해 보이는 회색 원숭이가 어슬렁어슬렁 옆을 지나갔다. 그 암컷은 걸음을 멈추더니 위를 흘깃 쳐다보고는 가던 길을 다시 갔다.

"저건 몰리예요. 스물여섯 살로 최고령이고, 우두머리 암컷이

---

* jungle gym. 유치원 등에 있는 철골로 조립해 만든 놀이시설.

죠. 무리를 통솔하고, 다툼이 벌어지면 중재도 합니다."

붉은털원숭이들은 엄격한 모계중심 사회를 이루고 산다. 수오미는, 몰리와 직계인 원숭이는 그 덕에 높은 사회적 지위를 얻지만, 몰리가 죽게 되면 "가족 전체가 지배력을 잃는다"고 설명했다.

원숭이 중에서 가장 지능이 높은 것으로 알려진—조이스틱을 이용해서 간단한 비디오게임도 할 수 있다—붉은털원숭이들은 가장 성공적인 영장류이기도 하다. 인도가 원산지여서 인도원숭이라고도 하는 이들은 열대우림과 사바나, 사막 근처에서도 살수 있는 방법을 터득했다. 붉은털원숭이들은 구세계의 원숭이인데, 이는 이들이 아프리카나 아시아에서 들어왔으며 남미 원산의 신세계 원숭이에 비해 인간과 더 비슷하다는 뜻이다. 구세계 원숭이 가운데 일부—꼬리 없는 유인원 종류인 오랑우탄이나 고릴라 등—는 인간과 DNA가 98퍼센트나 일치하고, 침팬지의 경우는 99퍼센트에 달한다. 붉은털원숭이는 유전자의 약 95퍼센트를 인간과 공유하고 있다.

우리와 이렇게 비슷한 원숭이들은 청소년기를 어떻게 보낼까? 지나치게 의인화를 할 필요는 없겠지만 이들에게도 십대라고 이름 붙일 만한 독특한 행동이 나타날까?

"물론이죠. 그리고 그 모습은 너무나, 너무나 흥미로워요."

수오미는 붉은털원숭이의 경우 청소년기가 훨씬 빨리 지나가기는 해도, 인간의 십대들과 거의 비슷한 궤적을 보인다고 했다. 비슷한 신경내분비계와 비슷한 호르몬 변화를 겪는 만큼, 이들 역시 우리 인간의 십대들처럼 "폭발적인 성장이 두드러지고, 그때가 되면 정신없이 자란다." 인지능력의 성장도 뚜렷하고, 그 기간을 거치면서 추상적인 사고가 발달하는 것도 인간의 경우와 같다. 사춘기 이전의 붉은털원숭이는 정사각형 하나와 원 두 개 사이의 차이를 아는지 보기 위한 '다른 것 찾기 테스트'에서 고전을 면치 못한다.

"그러다 사춘기에 들어서면 그걸 할 수 있어요. 과일사탕을 상으로 주기만 하면요. 인간의 십대들이랑 아주 비슷하고, 뇌의 성장 패턴도 흡사하죠. 원숭이들도 편도핵―뇌에서 감정을 조절하는 일종의 센터―같은 부분들과 전두엽을 잇는 시냅스가 많아지거든요. 상황 조절 능력이 더 나아집니다."

암컷의 경우 만 3세가 될 무렵, 수컷은 4세 때 사춘기가 시작된다. 그때까지는 친구들과 어울리며, 말 그대로 빈둥거린다. 태어난 지 여섯 달 무렵이 되면 대개 어미와 보내는 시간은 20퍼센트에 불과하고, 그 나머지 시간엔 또래들과 어울려 노는 걸 선호하기 시작한다. 어린 원숭이들이 권력투쟁과 서열, 연대를 형성하거나 싸움이 일어났을 때 일가친척에게 도움을 호소하는 것 같은 성공전략을 배우는 건 바로 이때라고 수오미는 말했다. "이를테면 중학교로군요." 내가 말하자 수오미는 웃으며 맞장구를 쳤다. "작은 마을과 아주 흡사하죠."

사춘기가 되면 암컷과 수컷 사이에 간격이 벌어진다. 암컷 원숭이들은 친구들과 놀던 것을 갑자기 중단하고 어미나 친척 관계에 있는 다른 암컷에게로 돌아가 몸단장이며 새끼 돌보는 법

등을 배운다. 수컷은 무리를 떠난다. 자발적일 때도 있지만 무리로부터 미움을 사서 나이든 암컷에게 쫓겨나기도 한다. 사춘기의 수컷 원숭이들은 패거리를 지어 먹을 것을 약탈하고 싸움을 벌이다 다른 무리에 합류하는데, 여러 포유류에게서 반복적으로 관찰되는 이런 행동양식은 근친간 번식을 방지하기 위한 것으로 보인다. 사실 플레처가 포토맥 강의 섬으로 도망을 친 것도 이 때문이었다.

수오미는 원숭이들의 타고난 성격과 초기의 경험이 큰 역할을 하게 되는 게 바로 이 시점이라고 말했다. 공격적인 원숭이라면 너무 빨리 무리에서 축출당해 패거리와 어울리다 죽거나, 성급하게 다른 무리의 수컷 지도자 자리를 빼앗으려다 목숨을 잃을 수도 있다. 그렇기 때문에 수줍은 성격의 원숭이가 더 나은 생활을 할 때도 있다. 이들은 덜 성가시기 때문에 나이든 암컷들도 더 오래 참아주고, 더 성숙된 상태에서 야생으로 발을 내딛게 된다. 수오미는 씩 웃으며 이렇게 덧붙였다. "신사답게 사는 게 결국 득이 될 때도 있다니깐요."

하지만 사춘기의 수컷 원숭이가 일단 무리를 떠나면 사망률이 40~50퍼센트에 이른다. "어린 수컷들이 살기엔 꽤나 험한 세상이죠."

근처의 작은 건물로 간 우리는 위생 가운과 마스크를 착용한 후 원숭이 보육실 안으로 들어갔다. 바구니들이 줄지어 있고, 그 안에는 조그만 회색 원숭이들이 보드라운 천으로 감싼 막대에 묶어놓은 젖병에서 젖을 빨고 있었다. 막대기 젖병이 원숭이들의 대리모인 셈이었다.

그런 모습이 조금 안쓰러워 보였지만, 수오미는 막대 젖병이 키운 원숭이들이 또래 친구들 사이에서만 자란 원숭이보다 오히려 더 낫다고 말했다. 어미와의 접촉이 차단된 원숭이에게 끼치는 파괴적인 영향력을 밝혀낸 해리 할로의 수제자답게 수오미는 거기서 한 발 더 나아가 열악한 양육이나 불완전한 유전에 기인한 그런 나쁜 영향력들을 과연 반전시킬 수 있는지, 어떻게 하면 가능한지에 대해 연구를 계속하고 있다. 수오미가 관찰한 붉은털원숭이 중에서 얌전한 성격을 타고나는 것은 약 20퍼센트라고 한다. 그런 성격은 행동에서도 드러나지만—아주 쉽게 놀란다—코르티솔이라는 스트레스 호르몬의 혈중농도를 측정해봐도 알 수 있다. (20퍼센트라는 수치는 하버드 대학의 제롬 케이건이 천성적으로 수줍은 어린 아동들을 연구하면서 찾아낸 비율과 일치한다.)

그리고 약 10퍼센트는 다른 원숭이보다 더 충동적이고 공격적이다. "어리석은 일들을 저지르고, 싸움에도 많이 휘말리죠." 이들은 진정효과가 있어서 항우울제의 주성분으로 쓰이는 세로토닌이라는 신경전달물질의 수치가 더 낮은 경향이 있다. 충동적인 원숭이들에겐 친구가 거의 없는데, 놀이가 점차 공격으로 발전하기 때문이다. 이들은 사회적인 예법을 배우지 못하고, 나이든 암컷의 심기를 건드려서 일찍 쫓겨난다. 그리고 또 20퍼센트는 우울증의 경향이 있다. "여기에 해당되는 원숭이들은 어미가 짝짓기를 하러 가버리면 몸을 공처럼 둥글게 말고 울어요."

이 원숭이들은 심박수와 일부 신경전달물질의 수치가 정상보다 높은데, 항우울제를 처방하면 한결 나아진다.

수오미는 이런 패턴을 관찰해보면 유전자와 어려서의 양육에 따라 이후 청소년기의 상당 부분이 결정될 수 있다는 게 분명하지만, 결과는 중간에 달라질 수도 있다고 말했다. 그의 연구에서는 타고난 유전적 특성이 바람직하지 못한 경우라도 부모의 세심한 양육—이것은 대체로 부모 역할을 해주는 주체가 일관된 입장을 갖는 경우를 뜻한다—이 뒷받침되면 그런 결함이 어느 정도 경감될 수 있다는 것을 일관되게 보여준다.

대리모가 키우거나 심지어 막대 젖병이 키운 원숭이라고 해도 또래 친구들 사이에서만 자란 원숭이에 비하면 훨씬 잘 지낸다. 또래 속에서 자란 원숭이들은 애착심이 약하고, 신체적으로는 문제가 없어 보이지만 훨씬 경직된데다 스트레스에 민감하다. 특히 스트레스가 증가하는 사춘기가 되면 그런 경향이 더 두드러진다. 그리고 기회가 되면 "과음을 하는 경향이 있다".

수오미를 포함해서 영장류를 연구하는 사람들은 이런 종류의 연구결과를 인간에게, 복잡한 뇌를 지니고 고등학교의 미묘한 정치학에 노출되는 우리의 십대들에게 그대로 적용하는 것은 무리가 있다고 경고한다. "원숭이가 털이 보슬보슬하고 꼬리가 달린 작은 인간은 아니잖아요." 그렇기는 하지만 원숭이 연구가 우리 아이들이 청소년기를 통과한다는 게 어떤 의미인지에 대해 약간의 통찰력을 제공하는 것은 사실이다. "이들의 발달 패턴에서 의미를 찾아볼 수는 있죠." 수오미는 자신도 천성적으로 수

줍음이 많은 십대였지만 운동과 음악, 그리고 최종적으로 원숭이에 관심을 갖게 되면서 생겨난 '모임들'을 통해 유전적인 성향을 극복할 수 있었다고 말했다.

그가 말하고자 했던 요점은 초기의 경험—좋든 나쁘든—이 뇌를 바꾸고, 이후의 행동 특히 청소년기의 행동에 엄청난 영향력을 미칠 수 있다는 것이다. 어려서 가졌던 어떤 종류의 경험은 뇌의 물리적인 구조뿐만 아니라 미세하게 조정되는 신경전달물질의 기능에도 지속적인 효과를 발휘할 수 있다고 그는 믿는다. 유전적인 구성이 그리 바람직하지 못하거나 양육환경이 열악한, 또는 그 두 가지가 겹친 원숭이의 경우 처음에는 전혀 문제가 없는 것처럼 보일 때가 많지만, 사춘기에 이르기까지 어떤 식으로든 도움을 주지 않으면 문제가 더욱 두드러지게 나타날 수 있다.

"사춘기에 도달하게 되면 이 원숭이들은 어른들의 세계에서 뭔가를 해보려 하는데, 그 행동이 서투르기 때문에 말썽을 일으키게 됩니다."

짝짓기를 해야 할 때

미네소타 대학에서 행동생태학을 가르치는 앤 퍼시는 침팬지에게서 붉은털원숭이와 유사한 패턴을 발견했는데, 약간 차이가 있었다. 아직 정확한 이유는 밝혀지지 않았지만 침팬지의 경우 무리를 떠나는 것은 사춘기의 암컷들이다. 이들은 근처의 다른 침팬지 무리에서 짝을 찾아야 하는데, 그곳에서 이미 가정을 이룬 암컷들이 어리고 예쁜 것들을 가까이 두고 싶어하리라는 보장이 없으므로 위험한 도박일 수밖에 없다.

"인간들에게서도 볼 수 있는 현상 아닌가요? 정략결혼을 하고 시어머니에게 모든 권한이 있는 인도나 중국의 처녀들을 생각해 보세요."

퍼시는 탄자니아의 곰베 국립공원에서 10년 넘게 침팬지를 연구했는데, 야생에서는 측정에 어려움이 있지만 침팬지들도 청소년기라고 부를 만한 뚜렷한 시기가 있다고 말했다. 암컷은 일곱 살 전후에 사춘기의 첫 징후인 성징을 보이지만 어른 수컷과 짝짓기를 할 정도는 아니다. 번식은 열 살 이후에 하는 게 일반적이다. 수컷들도 여덟 살 정도가 되면 고환이 커지기 시작하지만, 새끼를 갖는 것은 일반적으로 열세 살 전후이다.

침팬지의 폭발적 성장이 인간만큼 두드러지지는 않을지 몰라도, 퍼시는 침팬지들에게도 사춘기를 나타내는 뚜렷한 행동의 변화가 있다고 말했다. "청소년기를 어떻게 정의하건 간에, 이들이 어른으로 인정받기 훨씬 전에 성호르몬이 분비되면서 행동이 달라지는 긴 기간이 나타납니다." 예를 들어 어린 수컷들이 사춘기에 접어들면 나이 많은 수컷에게 매력을 느끼고, 처음에는 으름장에 혼도 나지만 그들과 어울리고 싶어한다.

"어른 수컷 무리를 향해 가던 어린 수컷 한 마리가 같이 가자며 자꾸만 제 어미를 돌아보던 게 기억납니다. 이들은 어미와 같이 있는 걸 좋아하고, 어떤 어미는 터벅터벅 그 뒤를 따라가기도 합니다."

하지만 어른 수컷들과 합류하기 위한 마지막 도약에 앞서 사춘기의 수컷 침팬지들은 점점 강해지는 자신들의 힘을 시험한다. 그 방식은 보는 사람들을 불편하게 만든다. 어른 수컷들에게서 본 공격성을 좇아 하는 건지, 사춘기가 되면 어린 암컷들을 마구잡이로 때리기 시작해서 나중에 자신이 원할 때면 언제든 짝짓기를 할 수 있을 정도로 그들을 제압한다.

"심란하고 끔찍한 모습이죠. 가끔 다 함께 둘러앉아 털을 고르는 모습을 보면 참 평온해 보이는데, 이런 위협이 늘 그 밑에 잠재해 있는 거예요."

이처럼 침팬지와 인간의 청소년기가 유사해 보이기는 하지만 (바라건대, 여자를 마구 때리는 것은 제외하고) 퍼시는 몇 가지 뚜렷한 차이가 있다고 말했다. 가장 놀라운 건 현대에 들어와 우리 아이들의 사춘기 연령이 낮아졌다는 점이다. 영양상태의 개선도 일조 했겠지만, 100년 전에 비해 여자아이는 만 2년쯤 앞서 사춘기에 접어든다. 100년 전 여자아이들의 평균 초경 연령은 15세였는데 지금은 13세로 낮아졌다. 퍼시는 사춘기 연령이 낮아짐으로써 머리와 몸 사이에 일종의 '단절' 현상을 겪게 되었다고 말했다.

"과연 뇌가 그 속도를 따라가고 있는지, 생각해봐야 해요."

지능의 산실?

인간들에게 유아기와 청소년기는 왜 그렇게 길어졌을까? 18년 동안, 때로는 훨씬 더 오랫동안 어른들의 보호를 받고 그들에게 의존해 사는 것에는 구체적으로 어떤 의미가 있을까? 침팬지만 하더라도 11년이나 12년이면 어미와 떨어져서도 너끈히 자기 앞가림을 하며 살 수 있다.

많은 진화인류학자들은 인간의 경우에만 이 단계가 이렇게 길어진 이유는, 사회가 너무나 복잡하게 진화했고 사냥과 약탈 기술이 정교해짐에 따라 인생의 거의 3분의 1에 달하는 기간을 할애해야만 생존 기술을 터득할 수 있기 때문이라고 생각한다. 하지만 여전히 원시적인 사회를 이루고 살아가는 부족들을 보면 힘이나 체구가 큰 비중을 차지하지 않을 경우 아이들이 어른 못지않게 정교한 사냥 기량을 발휘한다는 반박도 만만찮다. 이런 시각을 가진 과학자들은 비교적 긴 인간의 수명과 균형을 맞추기 위해 청소년기가 유난히 길게 진화한 것이라고 주장한다. 인간이 감자라는 영양가 높은 뿌리식물을 캐낼 만큼 지능이 발달하고 더 오래 살기 시작하면서, 신체적으로 더 발달하고 사회적으로도 더 안정되어 번식이 더 성공적일 때까지 번식 시기를 늦추는 게 이치에 맞았다는 것이다.

미시건 대학의 인류학자 배리 보긴은 지금처럼 위협적이지 않고 현대적인 청소년기가 어떻게, 그리고 왜 나타나게 되었는지에 대해 의견을 제시한다. 그는 이 모든 것이 인간의 폭발적 성장과 관련이 있다고 믿는데, 그런 시기가 우리를 맹렬한 번식자이자 성공한 종(種)으로 만드는 데 일조했다는 것이다. 우리 인간을 지금의 모습으로 만들어준 건 이렇게 길고 구체적인 시기를 가진 청소년기라는 게 보긴의 생각이다.

보긴의 시각에 따르면 청소년기에 일어나는 폭발적 성장은 남자와 여자에게 다르게 작용하고, 거기에는 그럴 만한 이유가 있다. 폭발적으로 성장하는 시기는 여자가 남자보다 빠르다. 대부분의 여자아이들은 8세 전후에 호르몬 분비가 활발해지면서 신체에 변화가 나타나기 시작한다. 음부에 털이 자라고 가슴도 봉긋해진다. 거기서 약 4년이 지나 평균 12~13세 무렵이 되면 여자아이들은 사춘기에 들어가는데, 초경이 그 즈음이다. 그 시기에 여자아이들은 제법 어른처럼 보이기 시작하므로 성인 여성들은 변화를 알아차리고 이들이 알아야 하는 것들, 특히 아이와 번식에 관련된 것들을 하나씩 가르쳐준다.

하지만 월경은 해도 완전한 번식 능력을 갖게 되는 것은 대부분 훨씬 나중의 일이다. 17세는 돼야 일정 기간 태아를 안전하게 지탱할 수 있을 만큼 골반 뼈가 자란다. 그리고 그보다 더 중요한 것은 배란이다. 보긴의 표현을 빌리자면, 그때까지는 배란이 '마구잡이'라서 주기가 일정하지 않기 때문이다. 여자는 월경주기의 약 80퍼센트가 배란기를 포함해야만 번식력을 갖는다고 여겨지며 그 시점은 대략 19세 전후인데, 이 점은 문화 속에서 간과되지 않고 생활에 그대로 반영되었다.

"세계 어디서나, 식민지 때부터 오늘날의 과테말라에 이르기까지 시대를 막론하고 여자가 첫 아이를 갖는 것은 평균 19세입니다. 빼고 더할 것도 없이, 그냥 그래요."

보건은 시간차가 그만큼 생겨난 것은 우리 사회가 더 복잡해졌기 때문이라고 확신했다. 인간이 진화하면서 여성이 자녀들에게 더 복잡한 기술을 가르치기 위해서는 더 많은 시간이 필요해졌다. 번식력이 없는 여자아이가 겉으로는 충분히 여성답게 보임으로써 나이든 여성들이 이들을 무리에 포함시키는 때와 이들이 성공적으로 번식을 시작하는 때 사이의 격차는 이들에게 더 나은 엄마가 되는 법을 배울 시간을 준다. 그리고 그것은 학습의 기간을 연장시킨 초기 호모 사피엔스들에게 진화의 이점으로 작용했다.

사실 인간은 번식과 관련해서 엄청난 성공을 거두었다. 침팬지의 영아 생존율이 36퍼센트에 불과한 데 반해, 인간은 60퍼센트이다. "이 지구가 인간으로 넘쳐나는 데에는 다 이런 이유가 있어요."

한편, 남자아이들은 여자와는 정반대의 패턴을 따른다. 폭발적인 성장이 일어나기 훨씬 전에 생식능력을 갖는 것이다. 평균적으로 남자아이들은 14~15세에 첫 몽정을 경험하면서 정자를 만들어내지만, 근육이 다 자라는 것은 16~17세 이후이다. 그렇기 때문에 호르몬이 넘쳐나는 이 아이들이 어른의 행동을 주시하고 이를테면 사냥꾼들 주변에서 얼씬거리기도 하지만, 보건의 표현을 빌리자면 아직 '겁쟁이 꼬마'처럼 보이기 때문에 그다지 위협적으로 느껴지지 않는다.

"어리석은 행동을 할 수도 있지만, 그렇다고 해도 성인 남자들은 이들을 제거하는 대신 그저 웃어넘기죠."

보건은 자신의 주장이 하나의 가설에 불과하다는 걸 인정하면서도, 자신이 판단했을 때 타당한 건 이것뿐이라고 말했다.

"청소년기는 인간사에서 상당히 최근의 현상입니다. 그리고 그것이 발달된 것은 종의 생존 메커니즘이었기 때문이에요."

그렇다면 오늘의 청소년기에 대해서는 어떤 생각을 가지고 있을까? 우리가 진화의 뿌리에서 너무나 멀어졌다는 건 분명한 사실이니까. 입시에 찌들고 MTV에 빠진 오늘날의 이 기나긴 청소년기는 어디에 기인한 것일까?

보이는 그대로, 문화가 무대를 장악한 걸까? 보긴은 이렇게 말했다.

"지금 우리에게 일어나는 모든 것은 생명문화적(biocultural) 현상입니다. 많은 것들이 여기에 해당되죠."

역사적인 야만인

실제로 현대에 들어와 십대들이 왜 그렇게 행동하는지 판단해 볼 유일한 방법은, 이들이 생명문화적인 환경 속에서 이렇게 저렇게 움직이고 변화하는 걸 바깥에서 관찰하는 것뿐이었다. 대다수 발달심리학자들은 필연적으로 분노에 찰 수밖에 없고 끝도 없는 청소년기라는 현대의 이 시각이 스탠리 홀에게서 시작됐다고 본다. 심리학 교수이자 프로이트의 친구이기도 했던 그는 1904년에 자신의 저서를 통해 십대란 본질적으로 원시적인 야만인이며, 감정에 휘말린 채 예의바르고 어른스러운 행동이라는, 결코 피할 수 없지만 고달픈 길 위에 서 있는 존재라고 주장했다.

그후로 십대들을 이해하려는 여러 시도들이 있었지만, 기껏해야 혼란스런 메시지만을 줄 뿐이다. 버지니아 주 레스턴에 사는 십대 여덟 명의 삶을 풍부한 일화를 곁들여 연대기적으로 담아낸 패트리셔 허시의 『그들만의 부족 A Tribe Apart』에서는 이들을 "거리감이 느껴지고, 도무지 알 수 없고, 막연하게 위협적인" 고독하고 우울한 패거리로 묘사했다. 데이비드 브룩스는 프린스턴 대학에 진학이 확정된 청소년들―그는 이들이 엘리트 사회에 편입해 들어간다고 생각했다―을 취재한 『애틀랜틱 먼슬리』의 기사에서 그들을 예의바른 로봇이라고 표현했다. "기능을 향상시키는" 활동에 전념하도록 주변의 지도 속에서 살아온 그들은 "똑똑하고, 도덕적으로 진실되며, 놀랄 만큼 부지런한……조직적인 아이들"이라는 것이었다.

토머스 하인은 『미국 십대들의 영락 The Rise and Fall of the American Teenager』이라는 훌륭하고 신랄한 책에서 십대라는 말이 1940년대에 새로운 마케팅 연령대가 절실히 필요했던 광고계에서 만들어냈음을 추적하였다. 이 책에 따르면, 십대의 정의는 산지사방으로 방향을 바꿨으며, 당시의 문화적 필요에 따라 이리 구부리고 저리 비틀린 인위적인 발명품이다. 고대 스파르타에서는 상류층 가문의 소년들에게 도둑질과 노예 다루는 법을 가르치는 가정교사들이 따로 있었다. 인디언들은 사춘기 소년들을 산으로 보내 청소년으로서의 비전, 어쩌면 활과 화살에 대한 꿈 같은 것을 기다리게 했고, 초경의 징후를 보이는 소녀들은 오두막에서 악령을 정화하게 했다. 가난한 십대 소녀들은 섬유공장에서 하루에 열네 시간씩 일하고, 좀더 부자인 경우엔 노예로 친구들에게 대여했던 게 그리 오래 전 일이 아니다. 보다 가까운 예를 들더라도, 아프가니스탄의 열네 살짜리들은 총을 들고 싸웠다. 하인은 서구화된 우리 시대의 십대들을 "성취도나 능력에 관계없이 할당된 미성숙의 형량을 채워야 하는" 쇼핑몰의 응석받이 쥐나 다름없다고 봤다. 그는 이렇게 주장했다

"많은 개인들에게 그렇게 긴 교육과 탐구와 유예된 책임의 시기는 대단한 선물이었지만, 또다른 개인들에겐 축복이 되지 못했다."

성숙 스케줄

그렇게 바깥에서 안을 들여다봄으로써 십대들을 이해하려는 시도 가운데 최대의 규모라면 1995년에 시작되어 교회에 나가는 집단과 로큰롤 클럽에 출입하는 집단의 십대 9만 명을 정기적으로 관찰하고 있는 미국 청소년보건 프로젝트를 들 수 있다. 소아과의사이자 미네소타 대학의 교수이며, 이 프로젝트의 자료

를 분석해온 로버트 블럼은 메시지가 뒤섞여 있기는 여기도 마찬가지라고 말했다.

대부분의 십대―약 80퍼센트―들은 그 시기를 무난하게 넘긴다. 하지만 이런 성공 여부는 빈부나 인종처럼 좀처럼 바꿀 수 없는 특징이 아니라 더 평범한 것, 이를테면 그들을 보살펴줄 어른이 최소한 한 명은 있는지, 그리고 학교생활에 잘 적응하는지 같은 것에 달려 있다고 블럼은 말했다. 미니애폴리스의 길거리 노숙 아동부터 캄보디아의 난민에 이르기까지 다양한 십대들의 적응력을 연구한 메이스텐은 이렇게 단순한 것들을 '일상의 마법'이라고 부른다.

그런데 십대들의 성패가 생물학의 영향을 받을 수 있음을 보여주는 단서들이 나타났다. 지난 몇 년 동안 청소년들을 대상으로 한 연구에서 가장 일관되게 반복된 결과라면 평균에서 벗어나 성숙이 늦거나 일찍 성숙한 아이들이 곤경에 빠질 때가 가장 많다는 것이다. 예를 들어 신체발달이 늦은 남자아이들은 목소리가 갈라지고 체구가 왜소해서 자긍심이 낮은 경향이 있다. 그런데 남녀를 불문하고 또래보다 훨씬 일찍 성숙할 경우 술과 마약에 손을 대고 일찍 성관계를 가질 가능성이 더 높다.

사실 미국의 십대와 관련된 우려할 만한 통계자료들은 최근 들어 한결 나아졌다. 십대의 출산율을 예로 들면 여타 선진국에 비해 여전히 높은 수준이기는 하지만, 1999년에는 기록적인 최저치를 나타냈다. 2000년에 조사한 고등학교 1학년의 흡연율도 1996년에 비해 떨어졌다. 블럼의 조사에 따르면 십대의 75퍼센트가 종교를 갖고 있으며, 우상이 누구냐는 질문에 부모라고 대답했다. 우상이라니!

하지만 또다른 장기 프로젝트에서 수집한 자료를 분석한 미네소타 대학의 마사 에릭슨은 오늘날의 청소년들이, 강력해진 마약과 에이즈와 교내 식당과 거리의 폭력에 노출된 그 아이들이 "서부개척시대 이후로 그다지 나아지지 않은 상황"에 처해 있다고 말했다. 그들은 여전히 지킬 박사와 하이드 씨 같은 모습을 유지하면서, 일부는 수능의 최고점을 갈아치우고 또다른 일부는 교내 총기사건으로 목숨을 잃은 친구들의 장례식에 참석한다. 블럼의 조사에 따르면 미국에서 한 해 동안 총기나 칼이 사용된 폭력사건에 연루된 십대 청소년이 530만 명, 즉 네 명에 한 명꼴이었다. 중학교 1학년의 20퍼센트와 고등학교 2학년의 60퍼센트가 성관계를 경험했고, 10퍼센트는 매주 술을 마신다. 에릭슨은 이렇게 말했다.

"하나의 집단으로 봤을 때 이들은 분열된 것처럼 보입니다. 이렇게 양극화 현상이 나타나고 있어요."

그리고 인류학과 심리학, 사회학적 요인이 뒤섞여 전혀 뚜렷하지 않은 시계(視界) 속으로 신경과학이 합류했다. 이들의 새로운 발견, 새로운 방정식, 새로운 시점이 어떤 십대들이 비상하고 어떤 십대들이 추락하는지를 가늠하는 데 도움을 줄 수 있을까? 어째서 어떤 아이들은 엑스터시라는 마약을 삼키는데, 어떤 아이들은 미적분을 풀며 희열을 느끼는지 설명해줄 수 있을까?

블럼은 새로운 시각이 도움이 될 것이라고 말했다.

"신경과학자들이 청소년들의 뇌신경 발달에 대해 밝혀내는 것들은 더없이 매력적일 뿐만 아니라, 존경심까지 자아냅니다. 10년 전만 해도 이런 건 찾아볼 수 없었죠. 저는 이제 향후 10년 동안 신경과학이 이 분야의 선구자가 될 거라고 생각합니다. 신경과학은 청소년들을 둘러싼 논쟁을 송두리째 바꿔놓을 거예요. 정책이나 입법에 미치는 파장도 엄청날 테고요. 그것은 아이들을 보는 우리의 시각을 완전히, 그리고 영원히 바꿔버릴 겁니다."

7

위험한 도전

무엇이 이들을 자극하는가?

나와 같은 골목에 사는 열다섯 살 난 여자아이. 발레교습소에서 자주 봤던, 키도 제일 크고 예쁘고 동작도 제일 우아했던 그 애가 나이 많은 오빠와 성관계를 갖기 위해 한밤중에 창문으로 몰래 빠져나가다 붙들렸다.

동네 어귀에 사는 열세 살짜리 남자아이. 항상 조금 헝클어진 머리에, 난간을 타고 내려가고 벽을 타고 올라가는 고난도 스케이트보드 묘기로 감탄을 자아냈던 그 아이는 나이든 형들과 어울려 술을 마시고 마리화나를 피우고는 한밤중에 창문으로 몰래 들어오다 들켰다.

바보 같은 짓을 저지르는 십대들. 이건 어제오늘의 얘기가 아니다. 하지만 왜 그런 행동을 하는 걸까? 그리고 왜 어떤 아이들은 그런 행동을 다른 아이들보다 더 많이 하는 걸까?

　십대들, 그중에서도 어린아이들에게 왜 그렇게 위험천만한 행동을 하느냐고 물어보면 어처구니없을 정도로 앞뒤가 맞지 않는 얘기들을 늘어놓는다. 그 열세 살 남자아이는 콘크리트로 만든 스케이트보드 트랙 위를 질주하다 몸을 날려 공중제비를 하고 다시 트랙의 반대편을 향해 전속력으로 질주하며 한나절을 보냈다. 헬멧도 쓰지 않은 그 아이에게선 반항기가 약간 느껴졌고, 그렇게 노는 이유는 단지 "너무 재미 있기 때문"이라고 했다. 틈만 나면 진흙투성이 산악자전거를 타고 절벽과 계곡을 달린다는 열네 살짜리 남자아이는 그저 "하고 싶어서"라고 대답했다.

　그래도 나이가 조금 많은 십대들은 아무리 현실성이 없다고는 해도 위험한 행동에 대해 나름대로 논리적인 이유를 대곤 한다. 열일곱 살인 제시카는 얼마 전에 다녀온 졸업여행에서 반장을 맡았지만, 지도교사들이 쓰는 바로 옆방에서 오후 내내 마리화나를 피웠다. "내가 나약하다는 느낌이 들 때 모험을 하는 것 같아요. 그런 느낌을 잊고 싶기 때문에 그걸 마음속에서 털어낼 뭔가를 하는 거죠. 가끔은 제 한계를 시험해보고 싶어요. 한계가 너무 많다는 생각이 들거든요. 결과에 대해서도 조금은 생각하지만, 그걸 무시하거나 스스로에게 확신을 주는 거예요. 이유는 상관없이 그런 결과가 나한테는 적용이 안 될 거라고요. 왜냐면 나는 내가 하고 싶은 것을 해야 할 필요가 있으니까."

　시카고 대학 진학이 확정됐을 만큼 똑똑한 열여덟 살 남자아이는 자신도 비슷한 생각을 한 적이 있으며, 얼마 동안 근처 가게에서 자잘한 것들을 슬쩍하곤 했다고 털어놓았다.
"스스로 실력이 뛰어나다고 생각하죠. 자신에게는 아무 일도 일어나지 않을 거라고요."
또다른 열일곱 살 여자아이는 "조금은 스릴 있게" 살 필요가 있다고 말했다. 무리를 떠나 살 다른 곳을 찾아야 했던 붉은털원숭이 플레처처럼 이 여자아이도 "저 밖으로 나가 세상을 배우고 내가 설 자리가 어딘지를 발견해야" 했다고 말했다. 그리고 그건 일부러, 혼자서, 새벽 2시 30분에 마을의 우범지대를 걷는 걸 의미하기도 했다. "짜릿하고 스릴 있고 좋았어요. 아드레날린이 마구 솟구치죠. 제 한계가 어디까지인지를 모르겠고, 그걸 알아보고 싶어요. 제가 뭘 할 수 있는지를요."
그 아이의 친구인 바네사는 시를 쓰는데, 자신은 '감정적인 모험'을 감행할 필요가 있다고 말했다. "고등학교에서는 튀는 옷을 입고, 교내 식당에서 피하는 게 좋은 쪽을 지나가는 것도 큰 모험이 될 수 있어요. 그런데 저는 가끔씩 그렇게 하는 걸 즐겨요. 관행이나 고정관념에 반항하고 싶거든요. 이를테면, 아름다움에 대한 우리 사회의 개념도 협소하기 그지없어요. 제가 그렇게 하는 이유는 단지 무슨 일이 벌어질지 보고 싶어서예요."

십대들의 모험에 대해선 적잖은 것들이 알려져 있다.
우선, 대부분의 십대들이 멍청한 짓을 많이 하는 반면에 진짜로 곤경에 빠지는 것은 일부에 불과하다. 나머지 대부분은 아무 탈 없이 지낸다.

실제로 위험한 행동의 상당 부분은 정상일 뿐만 아니라 필요하다는 게 심리학자들의 생각이다. 샌프란시스코의 청소년 정신의학자이며 『모험의 낭만The Romance of Risk』의 저자인 린 폰턴은 부모들이 모든 모험을 한 묶음으로 묶어 생각하기조차 끔찍하고 무서운 것으로 취급하고 비난하는 것은 잘못이라고 말했다. 어떤 부모들은 아예 눈을 딱 감고 숨조차 쉬지 않는다.

하지만 많은 아동심리학자들은 우리 아이들도 원숭이 플레처와 다를 바 없이 자아 정체성과 자신에게 맞는 역할을 찾기 위해 불확실한 일들을 해볼 필요가 있다고 말한다. 부모들은 다만 그런 일들이 정상적인 범주 내에 있을 때와 한계를 훨씬 벗어났을 때를 판단해야 하는데, 이 판단이 까다로운 건 아이들에 따라 달라질 때가 많기 때문이다. 어떤 아이들에겐 교내 연극의 오디션을 보거나 고등수학 과목을 수강하는 걸로 충분하다. 그런가 하면 산악자전거로 계곡을 넘고, 마을의 우범지대를 걸어가고, 맥주를 단숨에 들이켜야 하는 아이들도 있다. 폰턴을 비롯한 전문가들은 다양한 분야에서 실험—심지어 약간의 술과 마약까지—을 해본 십대들이 장기적으로 봤을 때 완벽하게 스스로를 억제한 아이들보다 더 잘 적응할 때가 많다고 말했다. 폰턴은 샌프란시스코의 언덕에 위치한 그녀의 사무실에서 나에게 다음과 같이 말했다.

"이런 걸 우리는 모험의 행동화*라고 부르면서, 그 전부를 나

---

* acting out. 실현 가능성이 없는 무의식적 소망이나 충동을 억제하지 않고, 그것에 수반되는 감정을 의식하지 않고 그대로 행동에 옮기는 것.

쁜 것으로 취급해왔죠. 하지만 위험을 마다 않는 것은 발달에 필요한 정상적인 도구입니다. 십대들은 모험을 통해 자신의 정체성을 규정해가거든요."

앞에서도 언급했듯이 임신처럼 일정한 피해가 뒤따르는 행동이 미국에서는 최근 하향곡선을 그리고 있는데, 사회와 학교가 합심해서 계도 노력을 기울이기 때문인 것 같다. 하지만 그 밖의 위험한 행동은 걱정될 만큼 빈번하며, 폭력과 성병 관련 분야에서 특히 두드러진다. 해마다 성관계를 갖는 십대 네 명 가운데 한 명이 성병에 걸린다. 에이즈 바이러스에 새로 감염되는 사람—1년에 약 2만 명—가운데 25세 미만이 거의 절반에 달한다. 십대들의 폭력 행위—칼을 쓰거나 주먹다짐을 하는 등의 행위—는 다소 줄어들었지만, 다수의 희생자를 낳는 사건—아이들이 교내에서 반자동소총을 난사하는 사건—은 증가했다.

"오늘날의 십대들에게 가장 다른 점은 아무래도 환경일 듯싶습니다." 템플 대학의 심리학자 래리 스타인버그는 이렇게 말했다. "스트레스는 예전엔 상상도 못 했던 수준으로 청소년들의 감정과 지적인 원천을 혹사시키고 있습니다. 사춘기는 일찍 찾아오고, 마약은 더 강력하고, 에이즈라는 것도 생겨났죠. 그런데 어른들의 도움은 예전보다 못해요. 십대들의 위험 인식 능력은 똑같은데 그걸 적용해야 하는 상황은 훨씬 위험해진데다 어른들의 지도와 관심은 줄어든 형편이죠."

그렇기 때문에 오늘날의 십대들은 오로지 자신의 판단, 혹은 또래의 판단에만 의존해야 할 때가 많다. 그런데 이 또래의 압력이라는 것조차 우리가 생각하는 것과 다를 수 있다. 얼마 전에 실시된 연구에서는 십대들이 친구들로부터 부추김을 받는 게 아니라, 자신들이 하고 싶은 일을 하는 친구들을 의도적으로 고른다고 주장했다. 이를테면 자신이 원하는 방향으로 가는 버스에 올라타는 것이다. 마약을 하는 십대인 데니스는 고등학교에 올라갔을 때만 해도 다양한 부류의 친구를 사귀었지만, 어느 순간 자신처럼 술을 마시고 마약을 하고 싶어하는 아이들과 어울리기로 결심했다. "공부 같은 걸 하고 싶어하는 아이들은 무시하기 시작했어요."

십대들이 멍청하거나 위험한 일을 저지르는 건 자신들은 죽을 리가 없다거나 적어도 20대까지는 충분히 살 거라고 생각하기 때문이라는 믿음도 오래 전부터 우리 사회에 자리를 잡아왔다. 스스로를 불사조처럼 생각한다는 것이다.

하지만 십대들의 위기의식에 대한 첫번째 프로젝트를 막 끝마친 UC샌프란시스코의 심리학자 수잔 밀스타인은 십대들이라고 해서 반드시 자신을 불사조로 생각하는 것은 아니며, 최소한 다른 연령대에 비해 그 경향이 두드러지는 건 아니라고 말했다. 이들도 다양한 두려움을 느낀다. 자신의 죽음, 부모님의 죽음, 다치는 것, 성적이 떨어지는 것, 무리에서 따돌림을 당하는 것도 두렵다. 대부분의 십대들은 아무 생각 없이 돌아다니면서 위험에 몸을 내맡기는 게 아니다.

가끔 십대들은 다른 가능성을 인식하지 못하기 때문에, 감정적이고 스트레스가 심한 상황에서 서투른 결정을 내릴 수도 있다. 하지만 겉으로 보이는 것과는 달리 십대들은 뭐가 됐든 그 순간에 자신이 지닌 지식과 기술을 동원해서 생각이라는 걸 한다.

"나이 어린 여자아이는 남자친구를 잃지 않을 유일한 방법은 그와 자는 것뿐이라고 진심으로 믿을지 모릅니다. 그게 그 아이가 추구하는 사회적 이익인 셈이죠." 밀스타인은 이렇게 말했다. 어른들만큼은 아니겠지만, 십대들도 "누구나 그렇듯이 비용과 이익을 따져본다"는 것이다.

신경과학으로 본 모험

오랫동안 십대들과 그들의 위험한 행동을 논할 때 신경과학은 대화에 끼지 못했다. 그러던 것이 이제는 변하고 있다.

넬슨 같은 일부 신경과학자들은 뇌과학이 청소년기의 위험한 행동에 대한 단서를 이미 제공했다고 생각한다. 십대들이 창문으로 집을 빠져나갈지, 성관계를 가질지, 마약을 할지를 판단할 때 사용하는 대표적인 도구가 전전두엽이기 때문이다. 앞에서 얘기했지만 뇌에서도 이 부분은 이를테면 경찰 역할을 해서 "멈춰!"라고 소리친다. 그런데 최근의 연구결과들이 주장하듯, 청소년기에 이 부분의 발달이 완료된 상태가 아니라면 "그것은 청소년들이 자신의 행동이 야기할 결과를 예측하지 못할 수도 있다는 뜻"이라고 넬슨은 말했다.

피츠버그 의대의 소아과의사이자 아동정신의학자이기도 한 론 달은 십대들의 모험과 의사결정에 연구의 초점을 맞추고 있다. 그는 동료들과 함께 장기간에 걸친 뇌스캔을 통해 사춘기를 지나면서 의사결정 방식이 달라지는지, 달라진다면 어떻게 달라지는지를 규명한다. 이를 위해 그들은 컴퓨터게임을 하는 십대들의 뇌를 스캔해서 위험을 어떻게 평가하는지 측정한다. 게임 속에서 위험도가 높은 선택을 하면 사이버머니가 주어지지만, 전체적으로는 위험도가 낮은 안전한 선택을 해야 이익이 가장 크도록 구성되어 있다.

이 실험을 통해 답을 찾아내려는 문제는 여러 가지이다. 사춘기에 접어든 지 제법 된 열세 살짜리는 아직 사춘기가 시작되지 않은 열 살짜리에 비해 더 위험한 게임 전략을 구사할까? 만약 그렇다면 이런 변화의 원인은 뭘까? 이들을 위험한 행동에 더 개방적으로 만드는 건 호르몬이나 다른 신경전달물질 때문일까, 아니면 십대의 뇌구조가 변하기 때문일까?

아직 완전한 데이터는 나오지 않았지만 초기의 결과만으로 판단했을 때 "의사결정의 몇몇 측면들은 사춘기 때 변하는 것처럼 보인다". 사춘기란, 달의 표현을 빌리자면 "열정이 점화되는 시기"인데, 흔히 생각하는 낭만적인 열정뿐만 아니라 "일정한 종류의 목표를 달성하고자 하는 강한 열망"까지를 모두 포함한다. 사춘기에는 일부 감정의 강도가 증가된다. 사춘기는 원인이야 뭐가 됐건 "감정이 날뛰는" 시기인 것이다.

"십대들은 스릴이 있으면 약간의 두려움은 감내하는 것처럼 보입니다." 달은 이렇게 말했다. 실제로 "보상체계의 어떤 측면이 어느 정도 위험이 따를 때조차 이들의 선택과 결정을 흥분이 가중되는 방향으로 기울어지게 만드는" 것처럼 보인다.

일각에서는 십대 때 분출하는 테스토스테론이나 에스트로겐이 그들의 선택을 치우치게 만든다고 생각한다. 그럴 수도 있겠지만 달은 지금까지의 연구로 미루어볼 때 단순히 호르몬의 영향이라고 보기엔 훨씬 복잡한 과정이며, 도파민—신경세포 사이에 정보를 전달하고 그것에 영향을 미치는 대표적인 뇌 화학물질—이라는 신경물질이 관여하는 것을 포함해서 동기부여와 보상에 관련된 몇몇 신경중추 사이의 복잡한 상호작용이 결부되어 있을 것이라고 믿는다.

스릴, 스릴, 더 짜릿한 스릴!

도파민은 파킨슨 병—뇌 깊숙이 위치한 흑색질(黑色質)이라는 부위의 신경세포에서 도파민 형성이 저하됨으로써 운동장애가 나타나는 중추신경계의 퇴행성 질환으로, 노인들에게서 주로 나타난다—에 미치는 효과로 잘 알려져 있다. 그렇다면 십대들의 뇌에서 도파민이 하는 역할은 과연 뭘까?

답은 스릴이다. 근육의 움직임을 원활하게 해주는 역할 외에 도파민은 뇌의 쾌감-보상 회로라고 알려진 것과 밀접한 관계를 맺고 있는데, 이 회로는 뭔가 좋아하는 것을 갖게 될 때, 뭔가 기분 좋은 일이 있을 때 활성화된다. 그리고 도파민 수치의 상승으로부터 얻게 되는 좋은 기분은 우리가 같은 일을 다시 하게 되는 이유 가운데 하나이다.

당연한 말이지만, 우리는 생존 확률이 높아지는 보상 추구 방향으로 진화해왔다. 우리가 성관계를 갖는 이유는 그로 인한 느낌이 좋기 때문이고, 우리가 뭔가를 먹는 것은 그 음식의 맛과 향, 그리고 포만감을 즐기기 때문이다. 최근 들어, 경우에 따라 우리가 일정한 위험을 감수하는 것도 진화의 역사 속에서 그런 위험이 우리의 생존 확률을 높여주었기 때문이라고 주장하는 학자들이 많다.

런던의 한 연구실에서는 실험에 자원한 20대 초반의 젊은 남자 여덟 명이 컴퓨터 앞에 앉아 작전사령관이라도 된 듯이 전쟁 시뮬레이션 게임을 하고 있었다. 그들은 단계가 올라갈수록 난이도가 높아지는 그 게임에서 성공할 경우 상금을 받기로 되어 있었다.

그들이 적을 무찌르며 용감하게 전진하는 사이, 연구자들은 방사능 추적물질을 주사한 후 PET스캔을 이용해서 뇌 화학물질의 수치를 측정했다. 그리고 신경전달물질 가운데 하나가 쾌감-보상 회로와 관련된 뇌의 중앙 부위에서 대단히 활발하게 움직이고 있음을 발견했다. 그 신경전달물질이 바로 도파민이었다.

그 연구에 참여했던 런던 임페리얼 대학의 정신의학자 폴 그래스비에 따르면 그때 주사한 방사능 추적물질은 뇌의 도파민 수용체와 결합한다고 알려진 것이었다. 그 추적물질이 도킹할 장소를 찾지 못한다는 건 도파민이 이미 결합해서 그곳에 자리를 잡았기 때문이라고 간주되었다. 1998년에 『네이처Nature』에 발표된 당시의 연구는 보상과 위험을 감수하는 살아 있는 인간의 뇌에서 도파민의 역할을 확인한 최초의 사례로 꼽혔다.

물론, 단일한 신경전달물질의 활동을 분리해내는 것은 결코 쉬운 일이 아니다. 1940년까지만 해도 알려진 신경전달물질은 한두 개에 불과했지만, 지금은 확인된 것만 수십 개이다.

"우리는 매우 작은 신호들을 추적하고 있는데, 하나의 신경전달물질과 복잡한 인간의 행동, 이를테면 암벽등반이나 무단결석 같은 행동을 일대일로 연결하는 데에는 늘 위험이 따르죠."

그래스비는 이렇게 말했지만, 일정한 위험을 감수하는 쪽으로 기울어진 '성향이나 경향'과 도파민을 이어주는 일련의 공통된 증거가 나와 있다는 것은 인정했다.

십대들의 뇌에서 도파민의 수치가 정확하게 어느 정도인지는 아직 모르는데, 아무래도 PET스캔처럼 부담스러운 기술에 의해서만 측정이 가능하기 때문이다. 그렇지만 아동기와 성인기 사이에 도파민이 전반적으로 감소하기 때문에 십대들의 도파민 수치는 대부분의 성인에 비해 여전히 훨씬 높은 상태라고 보는 게 타당하다고 과학자들은 말한다. 그리고 뉴욕 브룩헤이븐 국립연구소의 신경과학자 노라 볼코프에 따르면, 도파민 수치가 그렇게 높기 때문에 청소년들이 다양한 자극에 취약한 상태가 된다고 한다. 그리고 음주와 마약을 비롯해서 새로운 경험이나 위험을 추구하는 행동이 십대에 들어서면서 가파르게 상승하기 시작하는 이유 가운데 하나일지도 모른다. 그렇게 보면 십대들은 벼랑 끝으로 나가려는 충동과 그곳으로 갈 수단을 모두 갖고 있는 셈이다.

도파민은 뇌에서 다양하게 작용한다. 다년간 도파민을 연구해 온 볼코프는 코카인과 헤로인, 니코틴, 알코올, 암페타민*, 그리고 어느 정도까지는 마리화나도 포함한 거의 모든 중독물질을 동물실험에 사용했더니, 도파민의 분비를 급격히 증가시키거나 시냅스 내의 잔류 시간을 늘임으로써 뇌 내 보상중추의 도파민 수치를 증가시키는 것으로 나타났다고 말했다. 그리고 예를 들어 측좌핵** 같은 부분에서 쾌감 회로 속의 도파민 세포가 자극되면 '행복하고 안락한 느낌'을 갖게 된다고 덧붙였다.

게다가 도파민은 신경과학자들이 '부각성(salience)'이라고 부르는 것, 즉 뭔가 중요한 것을 인식해서 행동을 취하는 능력과 결정적인 관계가 있는 대뇌피질 부위에서 작용하는 것으로 알려져 있다. 볼코프는 부각성을 이렇게 설명해주었다.

"지금 막 고기 한 점을 먹었는데, 그 고기 한 점이 나에게 중요하거나 소중하지 않다면, 그건 부각되는 게 아니겠죠."

---

* 강력한 중추신경 흥분제로서 비만이나 우울증, 파킨슨 병, 간질 등의 치료에 사용되지만, 메스암페타민인 필로폰은 사회문제가 되기도 한다.
** nucleus accumbens. 보상효과나 중독약물에 따른 동기부여에 관여하는 부분으로, 각종 중독성 약물이 뇌에서 작용하는 부분은 주로 전두엽, 시상하부, 중뇌, 그리고 이 측좌핵이라고 한다.

그런데 몹시 허기진 상태여서 고기 한 점이 갖는 의미가 새로워진다면, 도파민이 대뇌피질을 뒤덮어 세포를 자극하며 현안이 발생했으니 뭔가 행동을 취하라는 메시지를 보낸다. 일부 학자들은 이런 작용을 '오류 탐지'라고 부르기도 한다. 도파민의 수치는 우리가 뭔가 새로운 것, 가려내야 하는 것에 직면했을 때 올라간다. 이건 좋은 걸까, 나쁜 걸까? 저 사람은 친구일까, 적일까?

우리 뇌 속의 신경전달물질이 다 그렇듯이, 도파민도 복잡하게 피드백을 한다. 도파민이 증가하면 일정한 방식으로 행동하라고 자극이 생길지도 모른다. 이를테면 마약을 하거나, 과속을 하거나, 상관없는 남의 일에 참견을 하게 될 수도 있다. 그리고 그런 행동은 다시 도파민의 수치를 더 증가시킨다. 롤러코스터를 한번 타고 나면, 또다시 타고 싶어지는 것과 같다.

하지만 도파민의 수치가 지나치게 높아질 수도 있다. 그것을 볼코프는 '대량 폭탄 투하'라고 부르는데, 대부분의 마약중독자들이 이런 사태를 야기해서 도파민 뉴런을 과도하게 자극할 수 있다. 이런 상황이 벌어지면 뇌에서는 도파민 수용체―이를테면 휙휙 지나가는 도파민이라는 공을 낚아채기 위해 뇌세포 밖에 나와 있는 분자의 조그만 야구장갑들―의 수를 실질적으로 줄임으로써 그 효과를 둔화시키려고 시도한다. 십대에는 스트레스를 받기 쉬운데, 최근에 스트레스가 높아져도 도파민 수용체의 수가 감소될 수 있다는 결과가 발표됐다. 그렇게 되면 뇌의 도파민 수치가 줄고 그것을 높이려는 절박한 필요가 발생함으로써 십대들이 마약을 더 복용하거나, 가속페달을 더 세게 밟게 되는지도 모른다.

또 지나치게 민감하거나 둔한 도파민 시스템을 가지고 태어나 다양한 종류의 위험한 행동을 추구하거나 위험을 회피하도록 유전적으로 결정된 사람들도 있을 수 있다고 볼코프는 말한다.

"새로운 것과 모험이 인간의 도파민을 자극한다는 데에는 이견이 없습니다. 그것은 또 자연이 새로운 것에 주의를 기울이고 그것이 긍정적인지 부정적인지를 파악하라고 인간에게 부여한 시스템이기도 하죠. 그리고 십대들은 아무래도 그렇게 추리고 분류할 새로운 것들이 훨씬 더 많잖아요."

론 달이 말했듯이, 사춘기라는 게 '하나의 현상'이 아니라 몸과 뇌에서 일어나는 다수의 변화라는 걸 기억해야 한다. 청소년기에 감정이 격해지고 모험을 감수하려는 경향이 증가하는 것은 십대들의 인지기능 저하와는 무관하게 일어날 가능성이 농후하다. 만약 그렇다면, 여자아이들의 사춘기가 백 년 전에 비해 2년 앞당겨졌다는 사실—그리고 일반적으로 남자아이들에 비해 약간 빠른 것—이 오늘날의 십대 아이들을 '특히 더 취약한 상태'로 만들고, 그중에서도 특히 일찍 성숙하는 아이들의 위험을 고조시킬 수 있다고 달은 말했다. 달이 '시스템간 조정'이라고 부르는 것이 일어나기 전까지, 그러니까 전두엽이 개입해서 "자자, 진정해!"라고 말하기 전까지, 사춘기는 마냥 스릴을 추구하는지도 모른다. 달은 이렇게 말했다.

"그렇게 되면 운전자는 없이 엔진만 돌아가는 셈이죠."

애타게 새로운 것을 찾아

켄터키 대학의 심리학자 마이클 바르도는 다년간 쥐의 도파민 시냅스를 관찰해왔다. 그에 의하면, 쥐도 우리 인간처럼 새로운 것에 끌린다고 한다. 심지어 쥐들에게조차 일정한 수준의 모험은 정상이며, 또 필요하다는 것이다. 낡고 익숙한 장난감들이 있고 익숙한 냄새가 밴 방과 낯선 향기가 풍기고 한 번도 보지 못한 플라스틱 미끄럼틀이 있는 방 중 하나를 선택할 경우 쥐들은, 사춘기건 아니건 거의 언제나 낯선 공간으로 그 분홍색 코를 들이민다.

"우리는 생물학적으로 새로운 것을 즐기도록 프로그램되어 있습니다. 새로운 먹을거리를 찾아내고 새로운 사람을 만나고 어디에 위험이 도사리고 있는지 알아내는 것도 다 그 때문이죠. 적응 방식의 하나이며, 자연스러운 것입니다."

바르도는 이런 현상의 원인을 정확히 규명하기 위해 쥐에게 도파민을 차단하는 약을 투여했다. 그리고 또다른 쥐 몇 마리는 뇌수술을 통해 아예 도파민 형성 체계를 제거해버렸다. 그런 다음 선택하게 했다. 낡고 익숙한 식당과 모퉁이에 새로 생긴 식당, 어디를 택할 것인가. 도파민이 고갈된 쥐들은 거의 예외 없이 익숙한 메뉴를 선택했다. 다시 말해, 뇌 속 깊숙한 곳에 자리 잡고 도파민을 형성해 보상중추로 보내는 세포들이 활성화되지 못하자 쥐들은 이렇다 할 동기부여를 받지 못했다.

인디애나 대학의 조지 레벡과 함께 진행한 또다른 실험에서

바르도는 복잡한 전극장치로 쥐의 뇌에서 도파민의 수치를 측정할 수 있었다. 이번에도 역시 위험을 무릅쓰고 새롭고 낯선 장소로 들어가면 뇌의 도파민 수치가 급증했는데, 보상회로 영역 가운데 한 곳인 측좌핵에서 특히 두드러졌다. 바르도는 이 모든 것이 "위험 감수에 결정적인 신경전달물질"이라는 도파민의 역할을 강화시킨다고 말했다.

바르도를 비롯한 여러 과학자들은 쥐―그리고 인간―의 세계가 대략 모험을 감행하는 부류와 인습을 고수하는 부류로 나뉠 수 있다고 생각한다. 모든 쥐들이 새로운 것에 매력을 느끼기는 하지만, 사춘기건 어른이건 일부는 거의 언제나 새것을 선택하는 데 반해, 또다른 일부는 어쩌다 한 번씩만 있던 곳을 벗어난다. 바르도는 그렇게 모험심이 강한 부류는 만들어지는 게 아니라 태어나는 것일지도 모른다고 믿는다. 위험을 감수하는 것도 몸무게나 키처럼 개인마다 차이가 있다고 그는 말했다.

존 F. 케네디 2세가 해질녘에 비행 계획도 없이 다리가 아픈데도 자신의 비행기를 몰고 이륙했다가 바다에 추락하자, 한 언론에서는 다음과 같은 헤드라인을 뽑았다. '케네디 가의 비극, 위험 감수 유전자와 관련 있다―이스라엘 전문가'.

바로 그 전문가인 리처드 엡스타인은 예루살렘에 위치한 헤르조그 병원의 연구소장이며, 1996년 1월에 새로운 것을 추구하는 사람들은 뇌를 도파민에 반응하도록 만드는 특별한 종류의 유전자를 지닌 사람이라는 연구결과를 발표했다. 그런 사람들은 도파민 4(D4) 수용체 유전자의 변종을 지녔는데, 소심한 사람들의 그것에 비해 약간 더 길다.『뉴욕 타임스』 1면에 소개되기도 했던 그의 이론은 그 긴 유전자가 '비교적 긴 수용체 단백질을 생성'하며, 그렇게 큰 수용체는 뇌가 도파민에 어떻게 반응할지에 어떤 식으로든 영향을 미친다는 내용이었다. 설문조사를 해봐도 스스로를 '충동적이며, 성격이 급하고, 호기심이 많고, 낭비가 심하다'고 대답하는 경우는, 긴 유전자 타입이 짧은 유전자 타입에 비해 훨씬 더 많았다.

하지만 몇 달 뒤에 발표된 또다른 연구—미국과 핀란드에서 진행된—는 이전의 결과를 정면으로 부인하는 듯이 보였다. 여기서는 스릴을 추구하는 행동과 D4라는 더 긴 수용체 유전자 사이에 어떤 연관성도 발견하지 못했다.

그렇다면 과연 무엇이 진실일까?

엡스타인은 새로운 것을 추구하는 경향이 유전에 근거를 두고 있음을 확신했다. 다년간에 걸친 일란성 쌍둥이 연구에 따르면, 키의 경우 약 80~90퍼센트가 유전된다고 한다(여기에 섭생이 영향을 미칠 때도 많다). 그리고 새로운 것을 추구하는 성격이 약 50퍼센트는 유전성이라는 것을 일관되게 확인했다. 이 말은 일란성 쌍둥이가 한 명은 대도시 뉴욕에서 자라고, 한 명은 아이오와 농촌에서 자란다고 해도, 위험 감수와 관련해서 같은 특징을 보일 확률이 대단히 높다는 뜻이다. 하지만 엡스타인은 어느 한 유전자에 그 특징을 모두 귀착시키는 것에 대해서는 점점 회의적이 되고 있다. 얼마 전에 메타 분석을 완료했는데, D4 수용체와 관련된 최근의 연구를 모두 검토해봤더니 결과가 각양각색이었다는 것이다. 어떤 연구에서는 연결 고리를 찾아냈고, 또 어떤 연구에서는 찾아내지 못했다.

이는 유전자를 발견하는 것이 얼마나 어려운 작업인가를 단적으로 보여준다. 단일한 유전자를 고도로 복잡한 행동―이를테면 번지점프를 하려는 욕구―에 꿰맞추려는 노력은 거의 언제나 실패로 돌아갔다.

하지만 다른 사람은 몰라도 엡스타인만큼은 포기해야 한다고 생각하지 않는다. 그는 새로운 것을 추구하는 특징은 인간의 가장 기본적인 본능, 즉 접근-기피 본능에서 파생된 것이라고 말했다. 이런 특징은 설문조사만 해봐도 쉽게 파악될 뿐만 아니라, 먹이사슬의 고하를 막론하고 모든 생명의 절대적인 구성요소이다. 예를 들어 기피를 확인하기는 아주 쉽다.

"물에 식초를 약간만 풀어도 짚신벌레들은 얼씬도 안 합니다." 그러면서 엡스타인은 하버드 대학의 심리학자 제롬 케이건의 유명한 연구에 대해 들려주었다. 케이건은 어린아이들에게서 같은 모습을 발견했는데, 그중 일정한 비율은 유치원을 방문한 손님처럼 새로운 것에 끌렸지만 또다른 그룹은 그런 변화를 주저하고 피했다. 엡스타인은 이런 근본적인 특징들이 유전과 관련이 있을 가능성이 높다면서, 그런 유전적 근거에 도파민이 관련된 것을 믿어 의심치 않는다고 말했다. 그리고 더욱 절제된 행동의 경우 또다른, 보다 침착한 신경전달물질인 세로토닌과 관계가 있을 가능성이 있다고 덧붙였다.

하지만 설사 유전적 근거가 확인된다 하더라도 그것만으로 전체를 설명할 수 없다는 점은 엡스타인도 인정했다. 케네디 가문의 일부가 대단히 위험한 행동을 추구하는 성향을 지녔을지는 몰라도, "정치적인데다 파티가 일상적인 삶"을 산다는 점도 간과해서는 안 된다고 그는 지적했다. 즉 어떤 유전자를 지녔는가보다 그것을 어떤 식으로 활용하는가의 문제라는 것이다. 똑같이 새로운 것을 추구하는 사람이라고 해도, 이런 환경에서라면 특수부대에 자원해서 테러범을 색출하는데, 저런 환경이었다면 알코올중독자가 됐을지도 모른다. 엡스타인은 이렇게 말했다.

"그런데 그중 하나는 사회적으로 용인되고, 하나는 그렇지가 못하죠."

위험이 클수록 더 신중하게

뉴욕에 있는 커다란 지하 연구실에서 린다 스피어는 사춘기 쥐들을 대상으로 수십 가지 실험을 실시해왔다. 뉴욕 주립대의 심리학 과장인 스피어는 사춘기 쥐들이 왜 그런 이상한 일들을 하는지 밝혀내는 데 많은 시간을 투자했다.

내가 사춘기의 쥐들이 인간의 십대만큼이나 이상한 행동을 하는 걸 보기 위해 스피어의 연구실을 찾은 건 어느 늦가을 아침이었다. 조교가 흰쥐 한 마리를 조심스럽게 꺼내더니, 위가 덮인 통로 두 곳과 덮이지 않은 통로 두 곳이 연결된 나무 구조물—바닥에서 약 1미터 높이—이 있는 방으로 데려갔다. 스피어는 모든 쥐들이 높은 곳을 두려워하고, 일반적으로 사춘기의 쥐들도 공중에 뜬 미로를 전혀 좋아하지 않는다고 설명했다. 옆방에 연결된 TV 화면으로 쥐들의 움직임을 관찰하고 있자니, 사춘기의 그 암컷은 즉시 위가 덮이지 않은 통로로 나갔다. 하지만 그곳에 머물지는 않았다. 1~2초도 못 돼 돌아서더니 위가 덮인 공간에서 분홍색 코를 벽에다 박은 채 대부분의 시간을 보냈다.

사춘기의 쥐들이 어른 쥐에 비해 위험을 감수할 확률이 오히려 더 낮을 때도 있다고 스피어는 말했다. 어른 쥐들은 위가 뚫린 통로로 훨씬 더 서슴없이 나간다는 것이다.

그런데 가끔은 정반대의 상황이 벌어진다. 또다른 실험에서는 모래를 채운 작은 플라스틱 통에 쥐를 집어넣었다. 스피어는 일반적으로 사춘기의 쥐들이 모래상자를 조금도 두려워하지 않으며, "어른 쥐에 비해 훨씬 더 모험적"이라고 설명했다. 과연, 그 쥐는 너무나 태연하게 과일맛 사탕이 묻어 있는 곳으로 곧장 달려갔다.

스피어는 위험을 감수하려는 의지가 더 크면서도 정말로 두려운 상황에서는 더 신중한, 이런 특징들의 기이한 결합이 사춘기 쥐들의 전형적인 모습이라고 말했다. 행동하기가 너무 겁이 나면 사춘기 쥐들은 오히려 더 경계한다. 그런데 위험이 적당한 수준인 경우에는 어른들보다 훨씬 더 많은 모험을 감행한다. (스피어는 사춘기 쥐들이 어른 쥐나 아이 쥐에 비해 더 사교적이고 새로운 것을 추구하는 일관된 경향이 있다는 것도 밝혀냈다.)

스피어는 이런 모순을 설명할 길은 진화로 눈을 돌리는 것뿐이라고 말했다.

"모든 포유류는 똑같은 문제에 직면합니다. 의존에서 자립으로 넘어가야만 하는 것이죠. 그런데 또 그 과정에서 제 부모와 짝짓기를 하지 않을 어떤 장치를 마련해야 해요."

이를 위해 대부분의 종에서는 암수 가운데 한쪽이 사춘기 때 짝짓기를 위해 제가 있던 곳을 떠나 다른 무리에 합류한다. 그리고 그런 행동에 추진력을 싣기 위해서는 모험에 대한 약간의 매력이 필수적이라는 게 스피어의 설명이다. 야생 상태의 쥐들은 사춘기에 접어들어야만 굴 밖으로 코를 내밀고 주변을 헤매기 시작한다.

하지만 바깥은 두렵다. 사춘기의 어린 쥐들은 먹이를 찾는 데도 능숙하지 못하고, 힘도 세지 않으며, 포식자에겐 꼼짝을 못한다. 신중하지 않으면 바로 목숨을 잃게 된다.

"그러므로 종의 이익과 사춘기 개개인에게 이익이 되는 것이 반드시 일치하는 건 아니죠." 스피어가 말했다. 사춘기 쥐들—그리고 비슷한 행동이 적용되는 범위 내에서는 인간의 십대들 역시—은 "위험을 감수하는 경향의 증가와 경계심"이라는 기이한 조합의 특징을 지녀야만 한다.

스피어가 사춘기에 대해 본격적으로 생각하기 시작한 것은 연구—마약이나 스트레스나 알코올에 대한 동물 반응 연구—를 하면서 작성하던 대부분의 발달곡선이 사춘기에 접어들면 지독히 혼란스러워진다는 걸 깨달은 1980년대부터였다. 곡선은 완만한 형태를 보이다가 쥐들이 인간의 십대에 해당하는 나이가 되면 "사방으로 요동치듯 뻗어나가서" 스피어를 좌절에 빠뜨리고 난감하게 만들었다. "사춘기의 그 동물들이 그렇게 악을 올리기 시작해서 관심을 갖게 된 거예요."

좌절감이 박차가 된 덕분에 스피어는 새롭게 등장하는 십대의 뇌과학이라는 분야에서 가장 포괄적이라는 평가를 받은 논문을 발표했다. 그녀는 십대들의 뇌―쥐건 원숭이건, 아니면 사람이건―가 더 어리거나 나이가 많은 뇌와 다른 점이 실제로 수십 가지라는 사실을 밝혀냈다. 그녀는 논문에서 이렇게 말했다.

"뇌의 리모델링은 다양한 종의 사춘기에서 발견된다. 그리고 본 연구는 사춘기의 뇌가 더 어리거나 나이가 많은 뇌와 확연히 다르다는 인식에서 출발하여, 그런 차이점 가운데 일부가 사춘기에 전형적으로 나타나는 행동과 관련 있는 뇌신경 영역들에서 발견된다는 점까지 초점을 달리하여 조명하고 있다."

그리고 스피어는 청소년들의 뇌가 다른 시기의 뇌와 가장 다른 점은 도파민과의 관련성에 있다고 확신한다. 도파민의 수치는 아동기에 정점에 이르렀다가 청소년기를 거치는 동안 감소하는 것이 일반적이다. 하지만 그러면서도 뇌의 핵심 영역 가운데 최소한 한 곳에서는 여전히 증가하는데, 그곳이 바로 전전두엽 피질이다. 평생 필요한 연접부를 형성하며 뒤늦게 발달되는 그 영역에서 도파민이 증가하면, 뇌는 균형을 유지하기 위해 측좌핵을 비롯한 나머지 뇌의 보상회로에서 도파민의 수치를 떨어뜨린다.

뇌의 보상회로에서 도파민의 수치가 떨어진다는 것은 청소년들의 행동과 관련해 어떤 의미가 있을까? 스피어는 상당히 많은 의미가 있다고 믿는다. 전체적으로 봤을 때 보상회로에서 도파민이 결핍된 십대들은 우리가 느끼는 그런 '짜릿함'을 얻기 위해 더욱 자극적으로 행동할지도 모른다는 것이다. "이를테면 그들은 같은 값으로 더 많은 것을 얻으려 할지도 모르죠."

아동 뇌스캔 전문가인 B. J. 케이시도 도파민과 청소년기 사이에 어떤 관계가 있을지 모른다는 점에 동의하고, 특히 전두엽에서 작용하는 도파민의 효과에 주목한다. 상황을 인식하고 더욱 신속한 행동을 취하도록 도와주는 역할을 하기 때문에 도파민은 특히 청소년기에 전전두엽 피질에서 특별한 방식으로 기능할지도 모른다. 그것이 전두엽 속으로 퍼져나가면 십대들은 '새로운' 것을 인식하고, 그것이 중요하다거나 '부각'된다고 판단할 경우 곧바로 행동을 취할지 모른다. 케이시는 이렇게 말한다.

"진화를 거치면서 행동을 촉발하는 뭔가를 지니는 것, 순간을 포착하게 도와주는, 이를테면 짝을 쫓아가게 만들어주는 어떤 힘을 갖는 게 중요했을지 모릅니다."

위험을 찾아서

몇 년 전, 바르도의 연구팀에서는 중산층 고등학생들을 상대로 설문조사를 실시했다. 그들은 '비행기 밖으로 몸을 던지고 싶었던 적이 있다'거나 '위험한 물건을 보면 두려움이 든다' 같은 문항을 통해 학생들을 높은 위험감수 집단과 낮은 위험감수 집단으로 분류했다. 그런 다음 학창 시절 내내 학생들을 추적 관찰했고, 그 결과를 분석한 연구진들은 높은 위험감수 집단의 마약 복용 가능성이 10배나 더 높다는 사실을 발견했다. 마약 복용은 전문가들이 오늘날의 청소년들에게 가장 일상적인 위험감수의 형태가 되었다고 지적하는 행위이다.

텍사스 대학의 신경약물학자 스콧 레인은 지난 몇 년에 걸쳐 높은 위험감수자로 분류된 십대 남녀 서른 명을 연구했다. 이들은 구속된 전력이 있고, 11~12세 무렵부터 마약을 시작해 계속 복용하고 있으며, 가출을 했고, 학교를 중퇴한 아이들이다.

레인의 연구팀에서는 어떻게 보면 인생과 흡사하다고도 할 수 있는 게임을 구성했는데, 의사결정 연구에 자주 사용되는 전형적인 실험이었다. 게임의 목적은 최대한 많은 돈을 모으는 것이었고, 두 개의 버튼 가운데 하나를 선택할 수 있었다. 안전 위주의 버튼은 딸 수 있는 금액이 적고, 어떤 경우에는 돈을 돌려줘야 했다. 또다른 버튼은 75센트—그 게임에선 상당히 많은 돈이었다—를 받을 수 있었지만 잘못될 경우 더 많은 돈을 지불할 수도 있는 선택이었다. 게임은 장기적으로는 더 안전하고 예측 가능한 선택을 했을 때 이익이 훨씬 크도록 구성되었다.

수천 번도 넘는 시도를 통해 높은 위험감수자 집단의 결과와 더 적정한 범위 안에서 모험을 거는 다른 청소년 집단의 결과를 비교해봤더니 결론은 분명했다. 높은 위험감수자 집단의 아이들은 더 위험한 전략을 선택했고, 돈도 제일 많이 잃었다. 레인의 표현을 빌리자면, 이들은 "보상에 지나치게 민감"했다. 게임에서 이기면 이들은 같은 버튼을 네다섯 번 계속해서 눌렀는데, 그 전략이 효과가 없어지더라도 바꾸지 않았다. 반면에 이들의 대조군은 보다 신속하게 안전한 전략으로 '되돌아왔고' 최종 결과에서도 앞섰다.

레인은 "이렇게 보상에 민감한 것, 그리고 과도하게 위험을 감수하는 것은 분명히 도파민과 관련이 있다"고 확신한다. 레인의 연구팀에서는 낮은 위험감수자가 술을 마실 경우 높은 위험감수자로 돌아설 수 있음을 보여주는데, 술은 여러 가지로 영향을 미치지만 그중에서도 도파민의 수치를 증가시키는 것으로 알려져 있다(스피어는 알코올을 투여했을 때에만 사춘기 쥐들이 평소에 두려워하던 미로에 나온다는 것을 확인했다).

인간의 행동에 환경이 중요한 역할을 한다는 것은 분명하지만, 레인의 연구를 보면 같은 가정에서 자란 형제라도 위험을 감수하는 데는 차이를 나타냈는데, 이는 생물학적으로 뭔가 어긋났을지도 모른다는 또하나의 단서라고 그는 말했다.

"극단적으로 높은 위험감수자들의 경우 도파민 체계에 조절이상이 있다고 말할 수 있습니다."

하지만 그는, 조절이상이 지나치게 많은 도파민에 기인하는지, 아니면 지나치게 적은 도파민 때문인지에 대해서는 확신하지 못했다. 어느 경우든 뇌는 균형을 잡으려고 할 것이다. 지금 상황에서 확실한 것은, 일반적으로 청소년들이 어른에 비해 위험을 감수하는 경향이 높으며, 청소년들 중에서도 일부가 다른 아이들에 비해 더 큰 위험을 감수하게 만드는 뭔가가 있다는 것, 이들로 하여금 가속페달을 더 힘껏 밟게 만드는 어떤 요인이 있다는 것 정도이다.

"하나의 신경전달물질을 어떤 복잡한 행동과 결부시키기는 대단히 어렵습니다. 그건 사실상 지나친 단순화니까요." 레인은 그 점을 인정하면서도 이렇게 덧붙였다. "하지만 결국에는 이 복잡한 그림맞추기에서 도파민이 적어도 한 조각은 차지하는 것으로 판정되리라는 게 제 생각입니다."

과학자들은 정상적인 뇌의 작용을 이해함으로써 극단적으로 위험한 행동과 파괴적인 결정에서 십대들을 보호할 방법을 찾고 싶어한다.

켄터키 대학의 행태과학자 톰 켈리는 그러한 노력의 일환으로 십대 시절에 높은 위험감수자 또는 높은 자극추구자로 분류되었던 남녀를 한자리에 모았다. 켈리는 이제 모두 18세 이상이 된 이들에게 암페타민이라는 중독성 약물을 주고, 아찔한 버스 질주 장면이 나오는 〈스피드〉 같은 영화를 보여주거나 광란의 오토바이 추격전이 포함된 비디오게임을 하게 했다. 켈리는 한 스릴이 다른 스릴을 대체할 수 있는지, 스릴 만점의 영화를 보는 데에서 오는 짜릿함이 어떤 식으로든 암페타민의 효과를 둔화시키거나 대체할 수 있는지를 알아보려 했다. 그런 다음에는 운동과 언어 능력을 평가하는 시험을 실시했다. 켈리가 이 시험을 통해 알고자 하는 것은 "높은 위험감수자들이 더 안전한 대안에 의해 이미 자극을 받았을 경우 암페타민의 영향을 덜 받고, 시험에서도 더 좋은 성적을 낼 것인가"이다.

그는 이런 연구가 위험감수 수준이 파괴적일 정도로 높은 아이들을 파악하는 데 도움이 되길 희망한다. 그와 동료들이 실시한 이전의 연구에서 높은 자극을 추구하는 십대들은 더 나이가 들었을 때 암페타민과 같은 마약에 더욱 민감해지고, 그런 것을 좋아한다고 대답할 가능성이 훨씬 높은 것으로 나타났다. 다시 말해서 "마약에 더 취약한 아이들이 있을지 모르고, 바로 이들이 우리가 더 많은 시간을 할애해서 돌봐야 하는 대상일지 모른다"는 것이다. 켈리는 안전하지 않은 스릴을 사실상 대체해줄 보다 안전한 대안을 확실하게 밝혀낼 수 있으면 좋겠다고 말했다.

아이들이 위험을 감수한다는 것, 일부는 그 정도가 더 높다는 것, 그렇다면 "그들이 더 친사회적인 방식으로 위험을 감수할 수 있게 해야 한다는 것"을 인식하는 게 중요하다고 바르도는 덧붙였다.

이들에게 실수를 허하라

너무나 많은 교육자들과 부모들, 심지어 일부 아이들조차 십대들을 위한 긍정적인 모험의 상당 부분이 제거되었기 때문— 일례로 요즘은 뗏목을 만들어 강을 타고 흘러가는 아이들을 거의 볼 수 없다—에 이제 십대들이 모험을 할 수 있는 방법은 너무나 제한적이고, 대부분은 성관계나 마약처럼 불법적인 것들뿐이라고 우려한다. "이 시대의 반항아들은 게을러요." 열여섯 살이라는 한 여자아이는 이렇게 말했다. "요즘에는 위험을 감수한다고 해봐야 고작 마약뿐이거든요."

남편은 인구가 5천 명인 작은 시골마을에서 자랐다. 남편이 어린 시절에 감행했다는 '위험한 행동들'은 요즘의 기준으로 보면 기이하기 짝이 없다. 그는 마을친구들과 다 부서진 낡은 자동차로 인적 없는 시골길에서 400미터 직선구간 경주를 벌이곤 했다. 물론 위험한 일이었다. 하지만 길에는 다른 사람이 거의 없었기 때문에 위험의 정도는 대체로 가벼웠다. 개와 함께 숲속으로 들어가 몇 시간씩 돌아다니기도 했다. 방향을 가늠할 수 없을 정도로 깊이 들어가기도 했다. 아무도 그가 어디에 있는지 몰랐고, 모든 결정은 그의 몫이었다. 가끔은 소구경 소총으로 다람쥐 사냥도 했다.

그에 비하면 남부 캘리포니아 해변에서 자란 내 환경은 훨씬 활기에 넘쳤다. 십대 시절에는 우리 고등학교도 공부를 꽤 열심히 하는 학교였는데도 마리화나와 마약과 섹스가 넘쳐났다.

그렇기는 하지만 그때는 선택의 폭이 더 넓었던 것 같았고 마약이나 보드카가 아니라도 스릴 넘치는 일들이 많았다. 실제로 우리는 태평양의 거대한 파도 위에서 온갖 위험을 감수하며 사춘기 초반을 보냈다. 항상 시험공부만 한 건 아니고, 해변에도 나갔다. 부모님들은 우리가 어디에서 뭘 하는지에 대해 막연히 짐작만 하실 뿐이었다. 우리는 몇 시간씩 집채만 한 파도에 몸을 실었는데, 파도가 얼마나 어마어마했던지 지금 생각해도 몸서리가 쳐질 정도이다.

많은 사람들이 오늘날에는 그렇게 정상적으로 위험 감수의 성향을 분출할 통로가 너무 적다고—그리고 일반적으로 성공을 향한 길이 너무 제한적이라고—걱정한다. 워싱턴 DC 외곽의 부촌에서 고등학교 교사로 오래 근무해온 어떤 분은 학교에서 폭력과 마약 복용이 증가하는 현상을 설명하면서, 요즘 아이들이 더 심각한 문제에 빠지는 것처럼 보이는 이유를 자신은 알고 있다고 말했다. "제가 보기엔 의문의 여지가 없습니다. 보통 아이들에게 학교가 불가능한 공간이 돼버렸기 때문이에요. 성공적인 십대가 될 수 있기에는 선택의 폭이 너무 좁은 겁니다."

십대들과 얘기를 나눠봤더니 같은 생각을 토로하는 아이들이 많았다. 열여섯 살 난 여자아이는 아이들이 마약에 손을 대는 이유가 부분적으로나마 세상이 너무 흑백의 이분법으로 나뉘고, 좋은 성적이 성공의 유일한 척도라는 것에서 좌절감을 느끼기 때문이라고 말했다. 마약은 불가능해 보이는 게임에서 탈출할 손쉬운 방법이었다.

"하버드에 진학하지 못하면 마약중독자에 낙오자가 될 것만 같다는 거죠. 중간은 없는 것처럼 보여요. 사람들은 좋은 대학에 들어가야 한다고 귀에 못이 박히도록 얘기하죠. 훌륭한 사람이 되는 것, 좋은 결혼생활이나 행복한 가정을 일구는 것에 대해서는 얘기하는 법이 없어요. 온통 성적, 성적, 성적뿐이죠. 그리고 실수를 할 여지를 주지 않아요."

국립보건원의 기드도 동의했다. 아동정신의학자로서 그는 상류층 가정에서 자라고 학업성적도 뛰어난 아이들이 오로지 하나의 길밖에 보지 못하기 때문에 감정적으로 장애를 일으키는 경우를 수없이 봐왔다.

그는 축구팀에 선발되지 못해서 좋은 대학에 들어갈 기회가 사라졌다고 겁을 내는 열여섯 살짜리의 사례를 들려주었다. 단 한 번의 좌절을 '돌이킬 수 없는 실패'로 받아들인 그 아이는 화장실에서 공황장애를 일으켰다. 열일곱 살인 어떤 남자아이는 재능 있고 야심만만한 요즘 애들에게 드물지 않은 삶을 살아왔다. 공부도 열심히 하고, 운동선수로도 활약했다. 모두 최고의 대학에 진학하기 위해서였다. 친구들과 어울려 놀 시간이 없었고, 사소한 모험이나 작은 실수 하나도 스스로 용납하지 않았다. 그렇게 1년이 흘렀을 때 그 아이는 여전히 상위권이었지만 더 이상 1등은 아니었다. 그는 자신의 인생이 끝났다고 믿기 시작했다. 그러자 옴짝달싹할 수가 없었다. 간단한 숙제조차 할 수 없었고, 깊은 우울의 수렁에 빠져들었다. 물론 자식을 생각하는 마음이었겠지만 아이의 부모는 주로 '우울증이 얼마나 오래 지속될지', 그것이 좋은 대학에 진학하는 데 걸림돌이 되지나 않을지에 대해서만 걱정했다. 기드는 이렇게 말했다.

"과중한 학업 스트레스로 성공의 길, 좋은 직업을 얻을 길이 단 하나뿐이라고 생각하기 때문에 미쳐버리는 아이들이 있습니다. 그 아이들은 두렵기 때문에 진정한 위험을 감수하려 들지 않아요. 하지만, 그렇기 때문에 그들은 스스로 판단하는 법을 배우지 못합니다. 제가 걱정하는 건 그 점이에요. 저는 아이들이 인생의 교훈을 어떤 식으로든 일찍 배울 필요가 있다고 생각하거든요. 아이들은 위험을 감수할 필요가, 때로는 실수를 저지를 필요가 있습니다."

8
농담 알아듣기

마침내 뉘앙스를 이해하다

조금 썰렁하지만, 내가 제일 좋아하는 우스갯소리가 있다.

두 노인이 벤치에 앉아 있는데, 그중 한 사람이 이렇게 말했다. "여보게, 내가 새 보청기를 꼈는데, 이게 아주 최고급이야. 얼마나 좋은지 몰라."

"그거 잘됐구먼." 다른 노인이 말했다. "어떤 건데?"

"어, 5시 30분이야." 첫번째 노인이 대답했다.

바보 같은 농담이라는 건 나도 안다. 이 얘기를 한 이유는 이것도 십대들의 뇌성장과 관련이 있기 때문이다.

지나고 보니 부모의 마음속엔 영롱하게 각인되는 순간들이 있는 것 같다. 아이가 까꿍놀이에서 처음으로 웃었을 때, 혼자서 처음으로 윗도리 단추를 제대로 채웠을 때, 막대사탕 같은 모양이나마 처음으로 꼼꼼하게 나무를 그렸을 때. 부모의 마음은 다 똑같아서 나도 그런 순간들이 짜릿했다. 그런데 어찌 된 영문인지 가장 짜릿한 순간은 나중에 찾아왔다. 그건 사춘기에 접어든 아이들이 미묘하게 반어적인—그리고 유치한—농담을 알아들었을 때였다.

오래전부터 남편과 내가 썰렁한—그리고 솔직히 말해서 지나치게 뻔한—농담을 아무리 해대도, 우리 애들은 대개 묵묵부답으로 일관했다. 그러던 어느 날, 뭔가 달라졌다. 예의 저 썰렁한 보청기 유머를 했더니 무슨 소리냐는 듯한 텅 빈 시선 대신, 알아들었다는 빛이 감돌면서 눈에서도 살짝 광채가 나고, 분명하고도 또렷하게 "하!" 하고 웃었다. 사춘기의 징후들이 막 나타나기 시작할 즈음의 일이었다.

그것이 내겐 청소년기가 시작된다는 진정한—그리고 이 경우에는 반가운—표지판이었고, 어른들과 세상에 대한 시각을 공유하고 인식의 공감대를 형성했다는 증거였다.

정도의 차이는 있겠지만 대부분의 부모들은 평범한 십대들의 내부에서 뭔가—그것도 많이—변하면서 미묘한 농담을 이해할 뿐만 아니라 추상적인 사고와 타인의 감정을 이해할 수 있게 된다는 것을 잘 알고 있다. 그러나 "어떻게 해서 그렇게 되는지에 대해서는 거의 생각해본 적이 없다"는 한 엄마의 말처럼, 그런 과정은 익숙하면서도 대체로 당연시된다.

십대 사내아이만 셋을 둔 한 엄마는 열여섯 살 무렵이 되자 이 세계와 자신에 대해 '더 넓은 시각'을 갖는 것 같더라고 말했다.

"열두 살짜리 막내는 아직도 세상을 보는 눈이 대단히 좁아요. 늘 1차원적으로 생각하죠. 그런데 열여섯 살짜리는 상황을 보다 크게 조망하는 능력이 있어요. 예를 들어, 더는 자기가 신이 이 세상에 내려준 선물이라고는 생각하지 않죠. 뭐랄까, 근사하다는 것을 더 폭넓게 정의할 수 있게 됐다고 할까요."

한 엄마는 남을 배려하는 마음이 점점 커지는 딸의 모습에 감명을 받았다. 아이의 라틴어 선생님은 토요일에 쉬지도 않고 학생들의 시험공부를 도와주었고, 아이들은 돈을 모아 선생님께 큰 선물을 사드렸다. "사소한 것일 수도 있지만, 몇 년 전만 해도 일어나지 않았을 일이라고 생각해요. 아이들은 선생님이 자신들을 위해 희생했다는 걸 진심으로 이해하는 것처럼 보였고, 그렇기 때문에 뭔가 보답을 하고 싶었던 거예요. 어떤 면에선 이타적인 행동이었다고 볼 수 있죠. 그건 다른 사람이 뭘 원하는지에 대해 생각할 수 있는 능력이거든요." 열세 살부터 스물일곱 살까지 자녀 넷을 둔 한 엄마는 자신이 봤을 때 "지적인 능력이 폭발하기 시작"하는 건 일반적으로 열여섯 살 무렵이라고 말했다.

십대들 스스로도 그런 변화를 인식할 때가 많다.

"어떤 건물 옆을 지나다가 '임대'라고 써 붙인 걸 보면서 생전 처음으로 전에 없이 이상한 생각들을 했던 게 기억나요." 사라는 열여섯 살이었다. "그냥 건물로만 생각한 게 아니라 뭐랄까, 누군가는 저 글씨를 써 붙여야 했을 테고, 누군가는 건물을 지어야 했을 텐데, 아마 저렇게 완성되기까지는 수십 명의 노력이 투입됐겠지, 뭐 그런 생각이요. 그리고 이 세상이 얼마나 큰지, 그 속에 얼마나 많은 사람들이 살고 있는지를 진정으로 깨달은 건 그때가 처음이었어요. 그러자 이런 생각이 들기 시작하더라고요. 그 속에서 내게 꼭 맞는 자리는 어딜까?"

브라운 대학에 진학할 예정인 열일곱 살이 된 에릭은 지난 1년여 동안 자신의 뇌가 "더욱 논리적으로 생각하게 됐으며, 추상적인 사고력이 향상되고" 잠재된 관계를 파악하는 능력을 갖게 됐음을 느낄 수 있었다고 말했다.

"예를 들어 뉴런 같은 것을 생각할 때도 그냥 아주 작은 것쯤으로 생각하고 말 수도 있지만, 어떻게 그 작은 뉴런에서 분노와 행복처럼 엄청난 것들이 나오는지에 대해서도 생각할 수 있잖아요. 최근에는 커다란 것들이 수많은 작은 것들로 이루어져 있다는 생각을 많이 해요. 한 가지 생각을 수많은 분야에 적용하는 것 같기도 한데, 전에는 그랬던 기억이 없거든요. 지금은 연관성을 따질 수 있고, 연관지어보는 것도 좋아해요. 가끔은, 무언가를 생각하고 있으면 그냥 기분이 좋아요."

역시 열일곱 살인 이언은 자신의 정신세계가 전에 없이 도약하는 것 같다고 말했다. 무술 유단자인 이언은 일정한 공격을 방어하는 새 기술을 배우게 되면 이제는 다양한 종류의 공격에 그 기술을 어떻게 적용할 것인지를 순간적으로 파악할 수 있다고 했다. 몇 년 전만 해도 자신을 '나무토막'에 비유했던 그가 지금은 육체와 정신이 함께 움직이는 것을 느낀다. "말하자면 수학 문제를 풀 때 굳이 쓸 필요가 없이 암산으로 할 수 있다는 걸 깨닫게 되는 것과 같아요."

이 모든 건 어디서 나오는 걸까? 기하를 어느 정도 배우면 이 세계의 보이지 않는 상관관계를 갑자기 터득하게 되는 걸까? 텔레비전 시트콤을 몇 시간 보고 나면 바보 같은 농담을 이해하게 될까? 대뇌피질의 외딴 협곡 깊숙이 자리잡고 있던 어떤 시냅스가 갑자기 벌떡 일어나 앉아 "하!" 하고 웃는 걸까?

지난 30년 동안 학계에서는 십대들의 인지와 감정의 발달경로를 정확하게 규명하기 위한 노력을 아끼지 않았다. 십대들이 농담 속의 미묘한 반어법을 이해할 뿐만 아니라 정의라는 개념 뒤의 뉘앙스와 '어쩌면' 이라는 말이 품은 회색빛 그림자를 이해하는 것은 언제, 어떻게 가능한 걸까? 또한 위험과 인생, 그리고 이런저런 판단을 내릴 때 인지능력이 뒷받침된 새로운 사고과정을 어떻게 이용할까? 저 차를 타야 되나? 저 녀석과 친구가 되어야 하나? 광란의 파티에 가야 되나? 나는 누구지?

하버드 대학의 심리학자 커트 피셔는 지난 몇 년 동안 십대들의 인지와 감정의 발달과정을 개략적으로 정리해왔다. 그는 그 과정의 추이가 뇌의 물리적 성장을 대체로 고스란히 반영한다고 말했다.

피셔를 비롯한 여러 학자들은 EEG라고 부르는 뇌파측정기를 이용해서 다양한 연령대의 두개골 외부에 발생하는 전기에너지를 측정해왔는데, 여러 문화권을 막론하고 아동기의 일정한 시기에 신경에너지가 뚜렷하게 높아지는 '폭발적 성장' 이 보인다고 입을 모아 말한다. 피셔에 따르면 대략 4, 8, 11주, 4, 8, 12개월 그리고 2, 4, 7, 11, 15, 19세 때 일어나는 이런 폭발적 성장이 "인지능력의 발달 시기와 일치한다"는 것이다. 피셔는 인간이 일정한 기술을 습득할 때, 이를테면 아기가 장난감이 숨겨진 곳을 기억한다거나 십대가 농담을 이해하는 그런 순간에 폭발적 성장이 일어난다고 확신한다.

이런 생각은 어떤 면에서 감성과 지적 능력이 단계별로 발달한다고 주장했던 장 피아제의 이론과 맥을 같이한다. 예를 들어, 5~6세 정도가 되면 대부분의 아이들은 짧고 뭉툭한 유리잔과 길고 홀쭉한 잔에 같은 양의 액체가 담길 수 있다는, 이전까지는 받아들이지 못했던 개념을 이해하기 시작할 것이다. 피아제는 아이들이 사춘기에 가까워지면서 보다 추상적으로 생각하게 된다고 믿었다. 정의와 정직 같은 개념을 논하고, 역의 논리를 펼치고, 말장난을 이해하고, 행간에 감춰진 비아냥을 감지할 수 있다는 것이다.

피셔는 『인간 행동과 발달하는 뇌 Human Behavior and the Developing Brain』라는 책에서 이 과정을 설명했는데, 11~12세의 아동은 정직함을 '대체로 진실한 성품'으로 이해하지만, 14~16세 정도가 되면 더욱 추상적이면서 이분법적 경향이 감소된 논리를 갖추게 되고, 그러면서 사회적인 거짓말의 가치도 이해하게 된다. 부모가 상반된 두 시각을 보일 때 십대 초반의 아이라면 위선자라고 생각할지도 모르지만, 십대 후반 정도 되면 두 의견이 동시에 진실일 수도 있다는 걸 이해하고 각각의 근거를 저울질해보기 시작한다.

어느 학자보다 이 주제를 깊이 탐구한 피셔는 정상적인 환경에 노출되어 있다면 인지력과 감성이 성장하는 단계가 뇌의 폭발적 성장, 즉 '신경회로의 재조직'과 상관관계를 갖는다고 확신한다. 그는 기드가 사춘기 때 회백질이 폭발적으로 성장한다는 사실을 발견했을 때도 전혀 놀라지 않았다. 뿐만 아니라 앞으로도 신경과학계에서 많은 발견이 잇따를 것이라고 생각한다.
"뇌의 성장과 인지력 및 감성의 성장 사이에는 매우 분명한 상관관계가 있습니다."

십대들에 대해, 그들이 뭘 알고 있는지에 대해 깨닫게 되는 방법 중에는 우리의 의사와 관계없이 던져지는 것도 있다. 몇 년 전 교내 총기사건들이 한바탕 줄지어 일어난 후, 미국은 혼란에 휩싸였다. 에릭 해리스와 딜런 클레볼드는 컬럼바인 고등학교에서 총기를 난사해 학생 12명과 교사 1명을 숨지게 했다. 너새니얼 브라질은 13세 때 자신이 가장 좋아하던 교사를 총으로 쐈다. 마이클 카닐은 14세 때 학생 3명을 쏴 숨지게 했다. 14세의 미첼 존슨은 11세에 불과하던 앤드루 골든과 함께 교사 1명과 학생 4명의 목숨을 앗아갔다. 킵 킨켈은 15세 때 자신의 부모와 두 명의 학생을 죽였다.
이 아이들을 어떻게 이해해야 할까? 이 아이들의 인지능력과 감성은 어느 단계까지 성장했을까? 우리는 이들을 어떻게 다뤄야 할까? 혼란의 와중에 다양한 조처들이 취해졌다. 플로리다와 켄터키 같은 몇몇 주에서는 이들을 성인과 똑같이 재판에 회부했다. 또다른 주에서는 청소년으로 취급해서 아직 행동에 완전한 책임을 질 법적 지위를 갖추지 못했다고 판단했다.

그렇다면 십대들은 무엇을 언제 느끼는 걸까? 이들의 뇌는 무엇을 언제 알게 될까? 자신의 행동이 끔찍한 결과를 낳을 수도 있다는 걸 알게 되는 건 언제일까? 십대들의 총기사건처럼 극단적인 경우에 범죄의 위중함이 성인에 못지않다는 건 틀림없지만, 그렇다고 해서 그 아이들의 사고력과 감정선 역시 성인 수준이라는 뜻일까? 자신이 누군가를 총으로 쏘면 그 사람이 죽는다는 걸, 영영 죽게 된다는 걸 알게 되는 건 정확히 언제일까?

2001년 3월에 아직도 얼굴에서 아이 티가 가시지 않은 윌리엄스는 호리호리한 체구에 미소를 띤 채, 자신이 다니던 캘리포니아 교외의 한 고등학교에서 22구경 권총을 난사했다. 학생 2명이 숨지고 13명이 부상을 당한 그 사건이 있은 후, 국립보건원 뇌장애 임상연구소의 대니얼 R. 웨인버거 소장은 『뉴욕 타임스』에 탁월한 글을 기고했다.

총을 발사하는 십대들에게 어떤 문제가 있는지 이해하려면 십대들의 뇌를 생물학적으로 이해해야 한다. 15세 아이의 뇌는 아직 다 자라지 않았으며, 올바른 판단과 충동의 억제에 결정적인 역할을 하는 전전두엽 피질이라는 곳은 특히 미성숙된 상태이다.

살다보면 누구나 화가 날 때가 있다. 복수하고 싶은 욕망을 느끼기도 한다. 이런 감정에서 나오는 충동을 제어하는 능력이 바로 전전두엽 피질의 기능이다……전전두엽 피질이 능률적인 관리자로서의 역할을 제대로 하기 위해서는 몇 년에 걸친 생물학적 연마의 과정이 필요하다. 15세 아이의 뇌는 장기적인 계획을 위해 충동을 억누르는 생물학적 기제를 갖추지 못했다.

그렇다고 해서 범죄 행위의 죄가 감해지는 것은 아니고, 끔찍한 사건의 충격이 덜해지는 것도 아니다. 하지만 산타나 고등학교에서 총을 쏜 그 학생에게는, 다른 청소년들처럼 미성숙한 자신의 뇌만이 홀로 남겨졌을 때 죽음을 부를 수 있는 그런 상황에서 그를 보호해줄 사람들, 또는 제도적인 장치가 필요했다.

예상 가능한 일이겠지만 그의 글은 엄청난 반향을 불러일으켰고, 세상에는 15세 아이들이 수백만 명이나 있지만 다들 누군가에게 총을 쏘지 않고도 잘만 지낸다고 반박한 사람들도 있었다. 정신의학과 교수라고 신분을 밝힌 한 독자는 이렇게 주장했다.

"근세까지만 해도 보통 생물학적으로 성숙되는 13세 무렵이면 아이들은 성인으로 취급되었다. 벤저민 프랭클린은 12세 때 견습화가가 되었는데 그렇다면 그의 뇌는 미래를 설계하기에 충분할 만큼 발달되었던 게 분명하다……그릇된 행동을 신경학적으로 그럴듯하게 포장하는 것은 교양 있는 논의와 우리 사회의 바람직한 관계에 해악을 끼친다."

과연 교내 총기사건들을 놓고 전전두엽과 그것의 미성숙을 비난할 수 있는지에 대해선 아직 판단이 잘 서지 않는다. 새로운 뇌과학과 복잡한 인간의 행동을 직접 연결하는 것은 오해의 소지가 많고, 웨인버거조차 기고문에서 문화, 환경, 폭력적인 미디어, 비정상적인 행동에 대한 책임의 부재, 제 기능을 못하는 가정 등이 "교내 총기 난사라는 비극적인 사건에서 모두 한몫을 했을지 모른다"고 강조했다.

이들은 무엇을 아는가? 그리고 언제 아는가?

십대들이 과연 무엇을 알고, 또 몇 살에 알게 되는지가 아직 미제로 남아 있다는 것은 명백한 사실이다. 그렇기는 하지만 최근에 발생한 일련의 폭력사건, 그리고 십대에게 부모 동의 없이 낙태를 허용할 수 있는 연령은 언제인가를 비롯한 산적한 난제로 정책 입안자들은 고민에 고민을 거듭하고 있다.

아직 풀리지 않은 이 문제를 해결하기 위해 노력하고 있는 또 한 명의 학자가 바로 래리 스타인버그다. 맥아더재단의 '청소년 발달 및 아동범죄 네트워크' 소장을 맡고 있는 심리학자 스타인버그는 십대들이 뭘 알고 언제 아는가에 대해 우리가 미리 알 수 있는지, 예를 들어 13세의 브라질이 교사를 총으로 쏘기 전에 '자제할 수 있었을지' 등과 관련해서 법정에 제공할 자문 지침을 마련하고 있다.

이 작업의 일환으로 그는 피츠버그 의대의 엘리자베스 코프먼과 함께 필라델피아와 피닉스 지역에서 중범죄로 기소된 전력이 있는 십대 1200명을 대상으로 지적 성숙 상태를 연구했다. 두 사람은 십대들이 논리적인 판단을 할 수 있는 시점이 평균적으로 언제인가를 정확히 규명해내려 노력하고 있다.

과연 그 마법 같은 순간은 언제 나타날까? 최종 분석이 나오지는 않았지만 코프먼은 16세와 17세 사이쯤에 '성숙의 경계선'이 그려질 가능성이 있다고 말했다.

"그런 전환은 사실상 17세 때 시작된다고 생각합니다. 차이를 알기 시작하는 건 바로 그때죠."

성숙함에 대한 정의를 내리기 위해 두 사람은 이전의 연구에서 개발된 모델을 부분적으로 활용했는데, 뉴저지와 펜실베이니아 중산층 고등학교의 '정상' 청소년 800명을 대상으로 실시했던 연구도 포함되었다. 대상 집단은 남녀 비율을 고르게 안배했고 다양한 인종을 아울렀다. 그런 다음 인종 구성비가 유사한 200명으로 구성된 성인 대조군과 결과를 비교해봤다.

십대들과 성인들에겐 세 가지 구체적인 영역에서 사고와 행동을 판단해볼 설문이 주어졌다. 그 세 가지란 자신에 대한 책임감(어느 정도까지 자신을 신뢰하고, 자신의 판단에 의존하고, 또래의 압력에 저항할 수 있는가)과 앞을 내다보는 시각(행동의 결과를 미리 생각해보고 타인에게 미칠 수 있는 영향력도 생각해볼 수 있는 능력이 있는가), 그리고 자제력(얼마나 충동적이며, 감정을 자제할 능력이 있는가)이었다.

이런 능력이 있는지, 그리고 그 정도는 어떤지를 판단하기 위해 기존의 테스트를 통해 일정한 행동과의 상관관계가 반복적으로 확인됐던 표준 심리학 문항이 사용되었다. 참가자들은 다음과 같은 문항에 스스로 판단해서 답을 했다. "고된 일은 전혀 재

미가 없다고 생각한다. O | X" "지도자가 아니라면 일의 진행 방식에 대해 제안을 해서는 안 된다. O | X" "더 재미 있는 일이 생기면 대체로 하던 일을 중단한다. O | X" "미래에 원하는 바를 손에 넣을 수 있다면 당장의 행복은 포기할 수 있다. O | X"

"집단으로 봤을 때 청소년들이 성인 대조군에 비해 성숙도가 떨어지며, 앞을 내다보는 시각과 충동을 조절하는 능력도 부족하다는 사실을 확인했습니다." 코프먼은 실험 결과를 설명해주었다. "물론 청소년 자제를 둔 분들이라면 거창하게 연구를 하지 않아도 알 수 있는 거라고 말씀하시겠지만, 정책을 수립할 때는 그것을 뒷받침할 확실한 근거를 제시해야 하거든요."

연구 결과, 사고가 성숙해지는 가장 큰 변화는 중학교 2학년에서 고등학교 1학년 사이에 생겨나는 것으로 드러났다. 그리고 대개 여학생이 남학생보다 훨씬 빨리 성숙하는데, 그런 차이는 중학교 2학년부터 고등학교 2학년까지 일정하게 유지되었다.

"하지만 18세부터 25세 사이에 남자들이 그 격차를 따라잡습니다." 코프먼은 오해를 막으려는 듯이 이내 덧붙여 말했다. "제 남편은 저보고 이 점을 꼭 분명히 밝히라고 신신당부를 하죠. 간격이 메워지고, 여자들이 평생 우월감을 느낄 수는 없다는 걸요."

물론 여기에서도 편차는 크다. 어떤 남자아이는 여자아이보다 빨리 성숙하고, 어떤 아이들은 일을 시작할 때부터 미리 걱정하고 앞서 생각한다. 그렇기는 하지만 정책적인 고려를 염두에 두었을 때에는 폭넓게 살펴야 한다고 코프먼은 말했다. "통합적으로 파악해야 합니다." 그리고 부모와 환경, 성격 같은 다양한 요인들이 성숙에 영향을 미친다는 것도 예나 지금이나 사실이다. "어느 한 가지 요인으로 이런 것들을 예측할 수는 없죠."

그렇더라도 그녀는 이런 모든 요인과 더불어, 뇌에서 일어나는 뚜렷한 생물학적 변화가 성숙도에 영향을 미친다고 확신하며, 이 분야에서 신경과학자들이 밝혀내고 있는 새로운 사실에 고무된다고 말했다.

"새로운 뇌과학은 우리의 연구 결과를 재확인해주거든요. 그쪽에서는 다만 생물학적으로 조망하는 것이죠. 충동조절능력 같은 것들의 기준과 전두엽의 발달이 궤를 같이한다는 사실이 저로선 너무 놀라워요."

코프먼은 수감 청소년을 연구하는 데 전념해온 사람으로서 새로운 연구가 공공정책, 그중에서도 특히 폭력 범죄를 저지른 어린 청소년을 성인에 준해 다스려야 하는지, 아니면 아동범죄로 봐야 하는지와 같은 가슴 아프고 힘든 결정을 내리는 데 영향을 미치게 될 것이라고 확신했다. 아무도 십대들이 건전한 판단을 내릴 능력이 없다고는 말하지 않지만, 코프먼은 이번 연구가 최소한 자신에게는 청소년과 성인이 뇌발달과 의사결정에 관련된 다양한 영역에서 상당히 다르다는 것을 확인시켜주었다고 말했다.

"오래전에 소년법원이 만들어졌던 데에는 다 이유가 있었던 거죠."

스타인버그 역시 인간의 발달이 대단히 복잡하기는 하지만, 뇌발달을 포함한 기초 생물학이 청소년을 이루는 일부라는 것도 틀림없는 사실이라고 말했다.

"아이들은 결과를 미리 따져보는 능력을 어디서 얻을까요? 저는 아이들이 성인과 구분되지 않는 시점이 있다고 보는데, 그애들이 어렸을 때는 분명히 구분이 되거든요. 그러니까 발달 곡선이 존재한다고 믿을 수밖에요. 아마도 충분한 경험(앞서 생각하지 않아서 여러 번 시행착오를 한 끝에 결국 그게 중요하다는 걸 깨닫는 것)과 뇌발달(앞서 생각할 수 있는 충분한 계산 능력의 확보)이 함께 작용할 겁니다. 그리고 아마도 전두엽이라는, 뇌에서 계획과 일의 집행을 담당하는 부분의 발달과도 관련이 있을 겁니다."

갑작스러운 깨달음

얼마 전에 십대의 인지발달 분야에 관한 과학 문헌들을 검토해본 토론토 대학의 댄 키팅은 사고의 양극단에는 여전히 이견이 존재하지만, '청소년 이전과 청소년기 사이'에 서로 다른 사고방식이 발달하는 것과 관련된 뭔가 일어난다는 사실에 대해서만큼은 점점 의견이 모아지고 있다고 말했다.

예를 들어 '역의 논리'라고 부를 수 있는 부분에서는 분명한 변화가 있다. 비가 내리면 잔디가 젖지만, 잔디가 젖었다고 해서 그게 다 비 때문은 아니라는 걸 알게 되는 것이다. 그런데 십대 초반의 아이들은 이걸 이해하지 못할지도 모른다. 이 아이들은 발생한 일에 어떤 대안적인 가설을 제시하는 데 능하지 않다고 키팅은 말했다. 이들의 생각은 고정된 단순한 선을 따라 움직인다. '선생님이 나한테 인상을 쓰셨어. 나를 싫어하는 게 분명해.' '탄저병 공격이 발생했는데 옛날에 그게 어떤 음모에 의해 일어난 것이니, 이번에도 그 음모 때문일 거야.'

그런데 이들이 나이가 들면 결과에 의문을 제기하고, 함축된 모든 의미를 따져보기 시작한다. 그리고 조금은 과학적인 사고도 시작된다. 잔디가 젖은 건 아마 호스로 물을 뿌렸기 때문일지도 몰라. 나한테 인상을 찌푸린 건 몸이 안 좋거나 머리 모양이 마음에 안 들어서일지도 몰라. 결과에 대한 다른 대안을 인식하는 것은 썰렁한 농담 속의 반어법을 이해하는 능력과 함께 나타날 가능성이 매우 높다고 키팅은 말했다.

자아와 사회에 대한 관념에서도 변화는 일어난다. 선생님이 불공평한 것처럼 보이면 십대 초반의 아이는 그걸 불공평하다고 생각하고 말지만, 나이가 더 들면 공평함이라는 개념을 놓고 이런저런 생각을 할 수 있다. 그것은 공평했나? 좀더 공평하려면 누가 어떻게 했어야 하지? 누가 먼저 사과를 해야 하지?

하지만 십대들의 지적 능력이 발달하는 데에는 단점도 따를 수 있다.

내가 아는 한 아이도 나무랄 데 없이 착하고 얼마 전에는 수능에서도 좋은 성적을 거뒀다. 그런 애도 십대 초반에는 거짓말을 일삼던 때가 있었고 그 동안 아이의 부모가 속을 썩인 건 말도 못한다. "정말 걱정이 됐어요." 아이의 엄마는 이렇게 당시의 심정을 털어놨다. "저애가 내 나쁜 유전자만 쏙 빼닮았다는 생각도 했다니까요." 일류대학에 진학할 예정인 또다른 남자아이도 열세 살부터 열대여섯 살까지 가게에서 자잘한 물건들을 훔치던 때가 있었다고 한다. 이유는? 원하는 걸 손에 넣는 문제를 '쉽고 저렴하게' 해결해줄 방법처럼 보였기 때문이란다.

미네소타 대학의 신경과학자 척 넬슨은 일정한 시기가 되면 십대들은 거짓말이 많아지기 시작한다고 말했다. 예를 들면 "사실은 그렇지 않으면서도 어젯밤에 아무개네 집에 있었다"고 도저히 안 믿을 수 없게 거짓말을 하는 것 등이다. 넬슨은 이것도 아이들에겐 문제 해결의 한 방식으로 보일 수 있으며, 그렇다면 이번에도 이야기는 전두엽의 발달로 돌아갈 수 있다고 생각한다.

"모든 심리적인 측면—아이들이 부모와 거리를 두고 싶어한다든지 뭐 그런 것들—을 제외하고 보면, 거짓말은 수많은 문제를 제거해줄 방법으로 비춰질 수 있어요. '가만, 내가 엄마한테 이렇게 말한다면 내가 원하는 걸 쉽게 얻을 수 있을 거야.' 이런 식으로 생각하는 거죠. 이것도 어느 정도는 체스처럼 미래지향적인 생각이에요. 그리고 그건 전두엽의 역할이죠."

십대들의 전두엽에서 중요한 발달이 이루어진다는 사실을 확실히 믿지만, 넬슨 역시 한 사람의 부모로서 자녀가 갑자기 거짓말을 지어내기 시작하면 불안할 수밖에 없다고 털어놓았다. 얼마 전에도 넬슨은 다른 면에서는 나무랄 데 없는 열여섯 살짜리 아들에게 차를 쓰라고 내줬다가 차 트렁크에서 빈 맥주 깡통 세

개를 발견했다. 부모가 추궁하자 아들은 허무맹랑한 거짓말을 둘러댔다. 친구의 어머니가 맥주 깡통을 좀 버려달라고 부탁했는데 '어쩌다가' 그걸 트렁크에 넣게 됐다는 얘기였다.

"처음엔 저도 그 말을 믿었다니까요." 넬슨은 고개를 절레절레 흔들었다. "하지만 아내가 저를 옆으로 데려가더니 '당신 정신이 있는 거냐'고 하더군요. 아내는 검사거든요."

청소년의 인지발달과 관련해서는 아직도 논쟁의 여지가 많다. 컬럼비아 대학의 인지발달 전문가인 디나 쿤만 하더라도, 청소년기의 뇌발달은 내부에서 일어나는 폭발적 성장보다 외부의 영향력에 훨씬 더 많이 좌우된다고 믿는다. 그 시기에 가장 중요한 것은 뇌 속에 어떤 것을 집어넣는가라는 것이다. 사고력의 사다리에서 '더 높은 단계'에 오르는 문제는 대체로 '개인이 겪은 경험과 개인이 속한 문화'에 달려 있다. 다년간 도덕발달을 연구해온 UC버클리의 발달심리학자 엘리엇 터리얼은 아동에서 청소년이 됨에 따라 도덕적 논리에 부정할 수 없는 '전환'—당장의 이익보다는 사고의 범위를 넓은 차원으로 확대하거나 옳고 그름이 충돌할 때 타협의 가능성을 따질 수 있는 능력—이 나타나기는 하지만 많은 부분은 사회 경험을 통해 터득한 도덕적 교훈에서 나온다고 말했다.

그러나 신경과학자들의 최근 연구에서는 계속해서 생물학의 역할이 크다고 지적한다.

예를 들어 협동이라고 하면 대체로 학습되는 행동이라고 생각하지만, 이것마저도 생물학에 뿌리를 두고 있을지 모른다는 증거가 얼마 전에 제기됐다. 애틀랜타에 있는 에머리 대학 연구팀은 뇌스캔 실험을 통해 인간이 협동을 하면, 상을 받거나 초콜릿 케이크를 먹거나 코카인을 흡입할 때와 같은 영역에 환하게 불이 들어온다는 것을 발견했다. 그 일대는 도파민에 반응하고 즐거움의 만족감을 제공하는 뇌의 보상회로였다. 다시 말해서, 인간이 협동을 하는 것은 기분이 좋아지기 때문이라는 것이다.

몇몇 학자들이 짐작하듯이, 그것은 어쩌면 협동의 욕구가 어느 정도는 인간에게 내재되어 있음을 의미할지도 모른다. 아마 인류의 먼 조상들은 커다란 사냥감을 잡기 위해, 더욱 영양가 높은 음식을 찾기 위해, 또는 더 똑똑한 아이들을 길러내기 위해 서로 돕고 협조할 필요가 있었을 것이다. 한 팀이 되어 일하는 법을 제대로 배운 사람들이 더 많이 생존했을지도 모른다.

청소년의 인지발달과 관련해서 현재까지 발표된 모든 과학 문헌을 살펴본 키팅은 청소년기에 십대들이 자아와 사회를 보는 시각에 근본적이고 보편적인 변화가 일어난다는 데에는 의문의 여지가 없다고 주장했다. 또한 그 변화가 그들의 몸이며 뇌가 변화하는 때와 정확히 일치하는 것 역시 분명하다고 말했다. 십대들의 뇌나 몸에서 일어나는 구체적인 한 현상으로 사고의 변화와 성장을 설명할 증거는 아직 충분하지 않지만, 키팅은 청소년기의 변화가 "사회의식과 감성, 인지능력의 대대적인 재조직"과정과 관련이 있어 보이기 때문에 이번에도 전두엽이 열쇠라고 생각한다. 어쨌거나 사회적, 감정적 그리고 지적인 의미의 가닥들을 통합해서 맥락을 파악하게 만드는 것이 전두엽의 역할이기 때문이다. 저 녀석이 나한테 딴지를 거네. 전에도 저 녀석이 나한테 딴지를 건 적이 있었나? 이걸 되갚아줘야 할 만큼 내가 저 녀석을 대단하게 생각하나?

"결국 전두엽이 진원지임이 밝혀지리라고 생각합니다."

키팅은 이렇게 확신했다.

도덕의 나침반

미국에서 가장 존경받는 신경과학자 가운데 한 사람인 안토니오 다마시오는 아이오와 대학의 동료들과 함께 도덕심의 생물학적 뿌리로 추정되는 증거를 전두엽에서 찾아냈다고 발표했다.

20세 여자 한 명과 23세 남자 한 명, 이 두 사람은 어렸을 때 전전두엽 피질에 손상을 입었다. 남자는 태어난 지 석 달이 됐을 때 뇌종양 제거 수술을 받았고, 여자는 생후 15개월 되었을 때 차에 치이는 사고를 당했다. 처음에는 별 이상 없이 회복되는 것처럼 보였다. 두 사람 모두 지능이 높았고, 대학 교육을 받은 부모와 안정적인 가정환경 속에서 성장했다. 형제들도 모두 건강했다. 그런데 자라면서 문제가 불거져 나왔다. 두 사람 모두 파괴적인 행태를 보이고, 계획을 세우거나 결정을 내리지 못했다. 십대가 되자 거짓말을 하고 물건을 훔쳤으며, 옳고 그름에 대한 의식이 없었고, 상냥하게 굴 때도 많기는 했지만 자신들의 행동에 전혀 가책을 느끼지 않았다. 이 두 사람은 도덕의 나침반이 발달되지 못했다는 게 다마시오의 의견이었다.

"어른이 되어 이런 종류의 손상을 입었다면, 이미 사회적인 법도를 배운 후이기 때문에 실제 상황에 적용하는 건 형편없었을지 몰라도 규칙 자체는 알고 있죠."

일각에서는 다마시오의 연구대상이 된 두 사람이 모두 손상 정도가 심각하다는 점, 그리고 비슷한 부위라고 해도 손상이 덜한 아동들은 완벽하게 정상적으로 발달할 때가 많다는 점을 기억해야 한다고 지적한다. 하지만 다마시오는 최소한 자신의 소규모 연구에서 손상 정도가 심각했던 두 사람의 경우엔 "애초에 규칙을 배우지 못한" 것처럼 보인다고 말했다. 다마시오에 따르면 그 이유는 전전두엽 피질이 처벌과 보상을 통해, '아픔과 고통'을 통해 학습되는 대표적인 뇌영역이기 때문이다. 그것은 무엇이 옳고 그른지를 배운다. 뇌의 그 부분, 또는 그 부분에서 일정한 기능을 담당하는 구성요소가 정상적으로 작동하지 않으면 도덕적인 학습이 이뤄지지 않는다는 것이다.

뇌발달과 관련해서 밝혀진 것들을 감안할 때, 일탈된 행동을 오로지 사회적인 또는 문화적인 관점으로만 생각하는 것은 "똑같이 잘못일뿐더러 불완전하다"고 그는 말했다. 일부 나쁜 행동, 특히 그의 연구대상이 됐던 두 아이처럼 아무런 양심의 가책도 없이 '체계적으로' 규칙을 위반하는 행동이 주로 생물학에 근거할 수도 있다는 것이다.

"어렸을 때 머리 부상을 당하거나 병을 앓았을지도 모르죠.

그런 것도 감안해봐야 합니다. 이제는 뭔가를 순전히 생물학적 차원이나 사회적 차원에서 간단히 정리하는 데 신중을 기해야 할 만큼 충분히 많은 것을 알고 있으니까요."

올해 개최된 신경과학학회의 연례총회에서 가장 인기가 높았던 토론자는 윤리학을 중심으로 주장을 펼친 사람이었다. 불과 몇 년 전만 해도 있을 수 없었을 광경을 연출하면서 신경과학자들은 도덕의 본질을 놓고 토론을 벌였다. 옳고 그름이라는 근본적인 지식이 뇌와 연결되어 있을까? 컬럼바인 고등학교의 총기 난사 사건을 전전두엽 피질의 오류 때문이라고 규정할 수 있을까, 아니면 보상체계가 잘못을 일으킨 것일까? 아이들이 냉소적인 태도를 보이거나, 정반대로 무료급식소에서 자원봉사를 하는 것을 발달중인 시냅스의 탓으로 돌릴 수 있을까?

이런 문제들은 지금도 신경과학의 한 분야로 굳건한 위치를 차지하고 있지만, 신경과학에 의해서만 답을 찾게 될 가능성은 낮다고 다마시오는 말했다.

"토론은 지금 시작되고 있지만, 결론을 내려야 하는 것은 사회입니다."

그리고 그 토론이 진행되는 동안, 부엌과 거실에서 하루하루 전쟁을 치르는 부모들은 청소년기에 드러나는 특징들 중에서 최소한 몇 가지를 보면서 놀라워하고 기뻐한다. 실제로 생각이 깊어진다거나 타인을 배려하는 마음이 생긴다는 것을 제외하면 청소년기에 들어서면서 달라진 것 중 가장 놀라운 변화로 부모들은 농담을 꼽았다.

자녀가 청소년이 돼서 뭐가 가장 좋았느냐고 물어보면 십대에 접어들면서 반어법을 조금씩 이해하기 시작했다는 것과 자신을 농담의 소재로 기꺼이 제공하려는 태도가 늘어났다는 것을 드는 부모들이 많았다. 아이들은 태어나서 처음으로 자신을 세계라는 맥락 속에 놓고 자신의 상황을 밖에서 들여다볼 수 있게 되었다. 남자아이만 셋을 키운다는 한 엄마는 평소에 그렇게 예민하던 아들이 자신의 상황을 농담처럼 얘기하는 것을 듣고 충격—좋은 의미에서—을 받았다고 한다. 스쿼시와 하키팀 선발 테스트를 치르고 돌아온 아들은 어깨를 들썩해 보이더니 "하키팀은 희박하고, 스쿼시는 희박하다 못해 희소"하다고 말했다.

"별 거 아닌 것처럼 들리지만, 그건 자기 자신을 객관적으로 관찰할 수 있다는 뜻이었어요. 자신의 상황을 보면서 웃을 수 있게 된 거죠. 그건 너무나 큰 변화, 그리고 좋은 변화였답니다."

또 어떤 엄마는 지금 열다섯 살인 아들이 아직도 젖살이 빠지지 않아 배가 볼록한데 어느 날부턴가 자신의 체중에 대해 아무렇지 않게 말하고 '돼지비계'라며 웃기까지 해서 너무 놀랐다고 했다.

학교 과학실에서 LSD를 만들고 한밤중에 집에서 몰래 빠져나갔던 쌍둥이의 엄마에게 청소년기의 좋은 점을 말해보라고 했더니 금세 얼굴이 환하게 밝아졌다. "십대가 돼서 제일 좋은 점은 유머감각이었어요. 우리 애들이 십대가 되고 일정한 시점이 되니까 어느 날 갑자기 서로의 농담을 이해하게 된 거예요. 왜, 썰렁하고 비틀리고 냉소적인 그런 농담 있잖아요. 아직까진 그게 제일 좋은 점이에요. 아이들이 그걸 이해하게 됐다는 것이요. 아이들과 저는 다 함께 웃었어요."

9

변덕스러운 마음

뇌와 호르몬의 상호작용

여자(12세) : 도대체 뭐가 뭔지 모르겠어요. 어느 날부턴가 한 번 화가 나면 좀처럼 가라앉질 않아요. 그냥 쭉 그래서, 화가 난 상태가 오래가요.

남자(13세) : 가끔은 마음이 이랬다저랬다해요. 저번에는 밤새 부모님을 졸라서 소형 자동차 경주대회에 갔어요. 정말 신이 났죠. 그런데 막상 갔더니 출전하고 싶지가 않고, 그냥 집에 돌아오고 싶었어요. 슬프면서도 화가 났어요. 저도 왜 그러는지 모르겠어요.

십대들의 이런 변덕은 어디서 나오는 걸까? 가장 그럴듯한 대답은 언제나 호르몬이었다. 청소년기에 맹위를 떨치는 호르몬. 부모들은 그것을 두려워한다. 그것은 한밤중에 몰래 숨어들어와 아이들을 사로잡아 부모에게 등을 돌리게 만든다. 그리고 이제야 신발끈 정도는 제대로 묶는다고 안도하는 순간에 뒤통수를 때리는 것처럼 보일 때도 있다.

세상에 이렇게 억울한 일이 어디 있을까? 그런데 잠깐. 호르몬이 맞긴 맞는 걸까?

어떤 면에서는 사실이다. 호르몬이 모든 것을 설명해줄 수 없다는 걸 아는 사람들도 그것의 역할을 과소평가하는 우를 범하지는 않는다. "호르몬이 지나친 공격을 받아왔다"고 주장하는 신경과학자 제이 기드조차 청소년들의 어떤 행동 뒤에는 실제로 호르몬이 도사리고 있는지 모른다고 인정했다. 청소년들의 뇌에서 기드가 찾아낸 변화 가운데 일부, 그중에서도 특히 전두엽이 두터워지는 것은 여자아이의 경우 11세 때, 남자아이의 경우 12세 때 발견되었는데, 기드는 그것을 "사춘기의 직격탄"이라고 표현했다. 이는 호르몬이 십대들의 성적 변화뿐만 아니라 뇌의 기본 구조 형성에도 복잡하게 연루됐을지 모른다는 현실적인 가능성을 열어놓는다.

"청소년기에 호르몬이 어떤 작용을 하냐고요?" UC샌디에이고의 신경과학자 리즈 베이츠는 이렇게 말했다. "아주 많은 일을 합니다. 호르몬은 아주 맹렬한 화학물질이거든요."

그러나 이것이 뇌발달과 십대들의 행동에서 정확히 어떻게 전개되는지 규명하기란 여간 모호한 작업이 아니다. 우리가 아는 것이라고 해봐야 고작 여드름, 페니스, 음모(陰毛) 정도이다. 하지만 호르몬이 십대들의 영혼을 납치하는 순간—정확한 순간이라는 게 있다면— 을 잡아낼 수 있을까?

힘에 직면하여

십대들과 함께 생활해본 적이 있는 사람이라면, 머리 스타일이 잘 안 나오는 월경주기나 테스토스테론이 분출해서 서로 으르렁거리며 치고받는 걸 봤을 테니 변덕을 일으키는 호르몬의 막강한 힘을 잘 알 것이다.

최근에 자궁적출 수술을 받고나서 호르몬 대체요법 치료를 시작한 친구에게 에스트로겐이 충분해진 느낌이 어떠냐고 물어봤다.

"기분이 어떠냐고? 글쎄, 간단히 말하자면, 아침에 일어났을 때 더는 누군가를 죽이고 싶지 않아."

작가 앤드루 설리번은 에이즈 바이러스 양성보균자로 피로감을 이기기 위해 테스토스테론 주사를 직접 놓는다. 이 주사가 요즘 들어 하도 많은 일화를 양산하는 통에 그냥 'T'라고 지칭될 정도인 그 호르몬이 자신에게 어떤 영향을 미치는가에 대한 글을 썼다. 'T', 그러니까 이른바 '남성다움을 떨치게 하는 주사'는 그의 몸을 불려놓았을 뿐만 아니라(몇 달 사이에 그는 9킬로그램이 늘었고, 목둘레는 15이던 것이 17과 2분의 1이 되었으며, 가슴둘레도 40에서 44로 커졌다) 성향도 더 공격적이고 다혈질적인, 이른바 마초 스타일로 변했다고 한다. 모르는 사람과 싸움이라도 하게 되면 "가슴이 부풀어 오르고" 짜증도 심해졌으며 퉁명스러워졌다는 것이다. 그는 『뉴욕 타임스 매거진』에 이렇게 썼다.

"주사를 맞으면 몇 시간도 지나지 않아 저 깊은 곳에서 에너지가 분출하는 걸 느낀다. 그 느낌은 오래 지속된다. 더블 에스프레소를 마셨을 때보다는 덜 예민하지만, 그만큼 강력하다. 집중의 폭은 짧아지지만…… 기지가 날카로워지고 머리도 빨리 돌아간다. 하지만 더 충동적으로 판단하게 된다."

하지만 이런 성호르몬이 우리 십대들의 뇌 속에서 횡행하는 것을 탐지해낼 수 있을까?

호르몬 연구로 이름 높은 펜실베이니아 주립대학의 리즈 서스먼은 그럴듯한 방법을 고안해냈다. 그녀는 우선 십대 50명을 모집했는데, 모두 성적 발달이 늦어서 호르몬 투여가 필요한 아이들이었다. 서스먼과 그녀의 연구팀에서는 3개월 동안 여자아이에겐 에스트로겐을, 남자아이에겐 테스토스테론을 주사했고, 그런 다음 3개월 동안은 플라시보, 즉 아무런 유효성분이 없으면서도 그 사실을 밝히지 않은 주사를 놓았다. 이 방법은 과학 조사법에서 절대 기준으로 치는 '무작위 이중맹검 연구'라는 것으로, 실험자와 피실험자 모두 누가 무엇을 하는지 모르는 방식이다.

실험이 진행되는 동안 연구자들은 십대들은 물론이고 부모들과도 아이들의 생활에 대해 정기적으로 얘기를 나눴다. 화가 나서 발을 구른 건 몇 번이고, 무례한 시선으로 쳐다본 것은 몇 번이었나? 그렇게 정밀한 데이터 수집 끝에, 서스먼은 문을 박차고 들어오는 호르몬을 포획해냈다.

"호르몬 주사를 놓은 기간에 남자아이와 여자아이 모두 공격성이 증가했다는 것을 확인했습니다. 투여되는 호르몬은 인체에서 정상적으로 분비되는 것과 거의 근접하게 맞췄거든요."

물론 부모들에게는 그리 놀랄 만한 소식이 아니다. 청소년기라고 하면 공격성이고, 공격성이 곧 청소년기라는 건 여러 면에서 확인된 바니까. 꽝 소리를 내며 문을 닫고, 책을 집어던지고, 위협적인 발언을 쏟아내는 것까지, 무엇 하나 새로울 게 없다. 딸 셋을 키우는 빌 윌시에게 어떤 때 딸들이 십대가 됐다는 걸 실감하느냐고 묻자, 그는 별걸 다 묻는다는 듯이 나를 쳐다봤다.

"딸이 십대가 된 걸 어떻게 아느냐고요? 간단하죠. 내 얼굴을 빤히 쳐다보면서 꺼지라고 말했을 때예요."

열네 살짜리 남자아이를 키우는 한 친구는 얼마 전에 별것도 아닌 일에 잔뜩 화가 난 아들이 벽을 발로 차서 내놓은 구멍을 보여주겠다며 나를 집으로 데려갔다. "이건 호르몬 지옥이야." 친구는 어찌할 바를 모르겠다는 듯이 고개를 저었다. 내가 갔던 날도 아이는 제 방에 있었는데, 문을 닫아걸고 말도 하지 않는다고 했다.

그렇기는 하지만 청소년기가 호르몬의 독무대는 아니다. 복잡한 피드백의 고리를 통해 호르몬이 행동을 유발하지만, 행동 역시 호르몬을 만들어낸다. 실험실 유리병에 갇힌 과일파리보다 복잡한 삶을 사는 사람이라면 누구나 그렇겠지만 십대들도 팍팍한 상황에 놓이고, 십대들의 삶을 구성하는 요소들 자체가 호르몬의 수위에 저마다 눈에 띄는 영향력을 행사할 수 있다. 서스먼은 이렇게 말했다.

"십대들의 생활에서는 많은 일들이 벌어지고, 그중에는 당연히 아이들 마음에 들지 않는 것들도 있죠. 여드름이 나고, 살이 찌고, 사회적인 관계들은 유동적이고, 친구들보다 키가 작다거나 뭐 그런 것들이 다 마음에 들지 않아요. 이런 것들이 모두 호르몬과 관련이 있을 수 있지만, 전적으로 호르몬만의 문제는 아닙니다."

에스트로겐과 테스토스테론

호르몬만 따로 떼어놓고 보더라도 여간 혼란스럽지 않다. 혈액을 따라 운반되는 호르몬은 다른 세포를 자극하고 호르몬끼리도 영향을 미친다. 지금 여기서 논하는 것은 이른바 성호르몬 또는 성스테로이드라는 것이며, 그중에서도 특히 에스트로겐과 안드로겐이다. 에스트로겐에는 여러 종류가 있지만, 그중에서 가장 주목을 받는 것은 에스트라디올이라는 것이다. 안드로겐 가운데 대표적인 것은 테스토스테론이지만, 그 밖에 다른 것들도 있다. 흔히 에스트로겐은 여성호르몬이고, 테스토스테론은 남성호르몬이라고 생각하는데, 사실 남자나 여자나 두 가지를 모두 생산하는데 다만 양이 다를 뿐이다. 남자가 생산하는 테스토스테론의 양은 여자에 비해 약 10배 많고, 여자도 에스트로겐을 남자에 비해 10배가량 많이 만들어낸다. 여자는 난소에서 대부분의 에스트로겐을 분비하고, 남자는 대개 고환에서 테스토스테론을 분비한다.

남자들의 경우 테스토스테론의 분비량이 하루 중에도 큰 차이를 보이는데, 많게는 150퍼센트까지 날 때도 있다. 보통 정오에 분비량이 가장 적다. 그리고 최소한 남자들의 경우, 정글이나 회사 사무실에서 어떤 도전에 직면하면 분비량이 급증하고, 게임에서 패했거나 무엇인가를 재편하거나 굴복할 때 급감한다는 사실이 확인되었다.

여자들의 에스트라디올은 남자보다 길어서 한 달 주기로 상승과 하락을 반복한다. 그러나 위험에 처했다고 썰물처럼 빠져나가지는 않는다. 어떤 통계에 따르면, 에스트로겐은 한 달 사이에 650에서 4900퍼센트까지 증가하는데 배란을 전후해 최고조에 달한다. 테스토스테론은 또 남성들의 뇌에서 에스트라디올로 전환되는데, 여기에는 아로마타아제*라는 효소가 작용한다.

서스먼의 연구팀에서는 공격성 이외에 호르몬의 다양한 영향력을 밝혀냈다. 여자아이들은 호르몬을 맞는 동안 더 얌전해졌다. 아이들은 혼자 있고 싶어했고, 문을 닫아건 채 자신들을 내버려두길 원했다. 하지만 호르몬은 일종의 연대감도 증진시켜서 연구자들을 어리둥절하게 만들었다. 남자아이들은 호르몬을 맞은 기간에 성적인 생각을 더 많이 하고, 몽정이 잦았으며, '여자

---

* aromatase. 지방 조직에 풍부한 효소로, 남성호르몬을 여성호르몬으로 바꾸는 촉매제가 된다.

아이들을 건드린' 사례도 많았고, 심지어 성교의 횟수도 약간 더 늘어났다. 남자아이들에 비하면 그런 생각에 빠지는 것을 자제하는 경향이 훨씬 많았지만 여자아이들 역시 에스트로겐에 휘감기면 '애무'의 사례와 성적 환상이 증가했다.

하지만 이런 변화와 행동을 성장중인 십대들의 뇌 속 미세구조로까지 추적하는 일은 쉽지 않다.

그 작업이 얼마나 까다로운지를 알려면 아트 아널드와 그의 새를 보면 된다. UCLA에 있는 그의 연구실 한쪽에는 철제로 만든 긴 새장이 하나 있고, 그 안에서는 작은 새 한 마리가 폴짝거린다. 오랫동안 호르몬을 연구해온 아널드는 머리에 둥근 오렌지색 반점이 있는 이 조그마한 얼룩되새는 깃털을 보면 명백한 수컷이라고 말했다. 그런데 이 남성적인 작은 새가 지난 몇 년 동안 정기적으로 알을 낳았다는 것이다.

"최근에 셌던 게 여덟이었던 것 같아요."

성호르몬 때문에 오랫동안 골머리를 앓아온 사람처럼 그는 어깨를 들썩이며 말했다.

아널드는 인간의 뇌에 작용하는 성호르몬과 관련해서 더는 반박할 수 없는 사실이 있다면, 이 호르몬들의 역할이 이제껏 생각해왔던 것보다 훨씬 크다는 것이라고 단정했다. 오랫동안 학계에서는 에스트로겐과 테스토스테론이 뇌에서도 주로 성적인 활동과 관련된 부분에 작용한다고 믿어왔다. 그중에서도 뇌 중간에 자리잡은 시상하부라는 땅콩 크기만 한 세포핵을 주된 무대로 여겼는데, 이 부분은 다양한 하부조직을 통해 성욕과 배란,

갈증과 허기 같은 여러 가지 결정적인 기능들을 조절한다.

하지만 최근 들어 더 정교해진 도구를 손에 넣은 학자들은 에스트로겐과 안드로겐 수용체가 뇌 전반에 산재해 있다는 것을 발견했다. 운동 및 인지와 관련된 두 영역인 대뇌피질과 소뇌, 강하고 본능적인 감정과 관련이 있는 편도핵, 그리고 기억에 필수적인 해마에도 퍼져 있었다. 아널드의 표현을 빌리자면 "그 호르몬들은 도처에 널려 있는 것처럼" 보였다.

그렇다면 그것들은 거기서 도대체 뭘 하는 걸까?

아널드는 이번에도 어깨만 들썩였다. 그건 그리 간단한 문제가 아니었다.

뇌에서의 사춘기

거두절미하고 말하자면, 비록 지금까지도 무엇이 그것을 촉발시키는지는 밝혀지지 않았지만 사춘기는 뇌에서 시작된다. 다만, 지방세포에서 형성되는 렙틴이라는 호르몬에 의해 파악되고 전달되는 지방의 양과 관련이 있지 않을까 짐작할 따름이다. 사춘기 때는 막대한 에너지가 소모되고, 발달과정에서 중요한 비중을 차지하는 이 단계에 진입하기 전에 몸은 일정한 양의 지방을 비축하고 있어야 한다. 어쩌면 거식증을 앓는 소녀, 또는 체조나 발레처럼 고도의 육체활동을 하더라도 체지방이 부족한 여자들이 월경을 제때 하지 않는 이유가 여기에 있을지도 모른다.

여성의 몸은 사춘기가 시작되기 전에 일정한 양의 지방과 체중이 필요한지도 모른다.

하지만 지방과 렙틴의 양이 필요한 관문이기는 해도 주된 기폭제는 아니라고 확신하는 과학자들이 있다. 그들은 사춘기 이전의 뇌가 일정한 영역에서 자연스러운 세포정리과정을 시작하면서 사춘기가 촉발될 것이라는 주장을 제기한다. 어떤 시점이 되면 일정한 유전자가 개입하면서, 시상하부에 억제성 신경전달물질인 GABA*를 분비하는 뉴런이 정리된다. 이들의 이론에 따르면 이렇게 억제력이 완화될 경우 시상하부는 태중과 유아기 때 하던 행동으로 기꺼이 돌아가 성호르몬의 분비를 활성화한다는 것이다.

어느 경우든, 뭔가가 시상하부를 자극해서 인접한 뇌하수체의 내분비선을 작동시킨다. 그러면 뇌하수체는 고환과 난소를 아동기라는 동면(冬眠)에서 깨워 일으켜 호르몬을 분비하고, 또다시 테스토스테론과 에스트로겐의 생산에 돌입한다. 그 과정이 여아의 경우 8세를 전후해서, 남아의 경우 10세 즈음에 시작된다. 호르몬 수치는 꾸준히 높아져서 여아는 평균 13세인 초경 때, 남아는 14세 무렵에 정자 생산과 더불어 정점에 이른다.

밀물처럼 밀려드는 호르몬이 겉모습에 미치는 영향은 간과하기 어렵다. 역시 이 시기에 활동에 불이 붙는 성장 호르몬의 도

---

* 감마아미노부티르산. 포유류의 뇌 속에만 존재한다고 밝혀진 아미노산으로, 고등동물의 중추신경계에서 억제 작용을 하는 것으로 봤을 때, 중추신경계의 억제성 화학물질로 여겨진다. 혈압 강하나 간질발작 완화용 의약품에도 이용된다.

움을 받아 청소년기에 여자아이는 평균 25센티미터, 남자아이는 27센티미터가 자란다. 에스트로겐은 엉덩이의 연골세포를 늘어나게 해서 분만을 가능하게 하고, 테스토스테론은 남자아이들의 어깨를 벌어지게 한다.

하지만 사춘기의 이런 순간이 나타나기 훨씬 전부터, 발달중인 태아의 뇌에서도 호르몬은 분주하게 움직인다. 남녀의 성을 결정하는 것은 물론 염색체다. 염색체는 유전자를 담고 있고, 유전자가 만드는 아미노산이 결합하면서 단백질을 만들어 남녀의 몸을 구성한다. 인간이 지닌 23쌍, 46개의 염색체 중에서 성을 결정하는 것은 마지막 쌍의 X와 Y 염색체이다. 알다시피 남자는 XY염색체를 갖고, 여자는 X만 둘 갖는다. 즉 정자가 난자를 수정시킬 때 X와 Y 중에서 하나를 제공하기 때문에 아이의 성을 결정하는 것은 아버지이다.

태아가 6주가 되기 전에는 남자와 여자, 어느 쪽인지 확실해 보이지 않는다. 그러다 6주가 지나면 남녀가 갈린다. 태아가 유전적으로 남아일 경우 Y염색체는 태아의 한 작은 부분을 고환으로 만들 유전자를 지니고, 그러면 고환은 테스토스테론을 분비하기 시작한다. 반면에 Y염색체가 없는 태아의 경우 테스토스테론의 분비가 일어나지 않고, 자궁과 나팔관이 있는 여아로의 발달과정을 겪어나간다.

태아가 자라는 동안 에스트로겐과 테스토스테론은 남자와 여자라는 서로 다른 종류의 뇌를 만드는 데 일조한다. 호르몬의 조직적 효과라고 일컬어지는 초기의 몇몇 차이는 처음부터 명백하다. 테스토스테론이나 에스트로겐이 아동기의 전반부 동안 사라졌다가 사춘기에 접어들어 다시 나타났을 때 남녀가 다르게 반응하는 것도 이때의 차이에 기인한다. 어느 경우든 호르몬은 뇌에서 활동할 때 머뭇거리는 법이 없다. 호르몬의 영향력은 속속들이 스며들고 멀리까지 퍼진다. 예를 들어, 성호르몬이 뇌세포와 뉴런 가지를 자라거나 사라지게 하며, 신경전달물질을 자극하거나 진정시키고, 세포 내부에서 작용할 경우 핵 속의 유전자를 활성이나 비활성으로 만들 수 있다는 것은 이미 알려진 사실이다. 오리건 영장류연구소의 신시아 베세아는 호르몬의 효과를 아주 간단히 이렇게 정리했다.

"호르몬들은 뉴런의 기능을 변화시킬 수 있습니다."

동물의 경우에는 소용돌이치는 호르몬과 암수의 뇌에서 보이는 몇몇 구체적인 구조적 차이점들의 관계가 확실히 규명되었다. 그리고 그런 구조상의 차이점들은 명백히 다른 행동으로 이어진다는 것이 밝혀졌다. 아널드는 페르난도 노트봄과 함께 획기적인 연구를 진행했다. 1976년에 발표한 연구를 통해 이들은 암수 중에서 수컷만이 노래를 부르는 새(예를 들어 얼룩되새와 카나리아)를 보면, 테스토스테론이 가득한 수컷 뇌의 음성 영역이 암컷에 비해 여섯 배 크다는 것을 밝혀냈다. 그런데 암컷 얼룩되새에게 테스토스테론을 주사하면 뇌의 음성 영역이 비대해지고, 수컷처럼 노래를 부르기 시작한다.

쥐를 보더라도 호르몬과 뇌, 그리고 행동 사이에 뚜렷한 선을 그을 수 있다. 예민한 시기에 수컷의 테스토스테론 수치를 낮추면 바로 옆 우리에 있는 암컷이 아무리 매력적이더라도 단호하게 무시할 때가 많다. 암컷에게 테스토스테론을 주사할 경우엔 접근하는 수컷에게 맞추기 위해 척추를 앞으로 구부리고 후부를 들어올리는 순종적인 자세를 취하지 않을뿐더러, 아예 성기가 커질 때도 있다.

미시건 대학의 심리학자 질 베커는 에스트로겐도 뇌의 일정한 부분에서 세포 안팎으로 작용하면서 일련의 과정을 촉진한다는 것을 발견했다. 사실 베커는 앞선 연구에서 호르몬의 직접적인 영향력 규명에 실패한 까닭은 관찰 시점이 너무 늦었기 때문이라고 생각한다. 그녀는 호르몬이 세포의 외부에 매 순간 즉각적으로, 속사포 같은 방식으로 작용할 수 있다고 믿는다. 만약 그렇다면 호르몬이 뇌 전역에 미치는 영향력은 "아연실색할 정도"일 수 있다는 것이다.

세심하게 조직된 쥐 실험을 통해 베커는 에스트로겐이 바로 그런 방식으로 암컷의 도파민과 상호작용한다는 사실을 밝혀냈다. 도파민은 활발하고 강력한 신경전달물질이다. 코카인과 암페타민을 비롯해 앞에서 언급했던 대부분의 중독성 마약은 도파민 수치를 높임으로써 세상을 더 밝고 좋은 곳처럼 보이게 만든다. 쥐들은 도파민을 맞기 위해 수많은 장애물을 마다 않는다. 그런 반면에 파킨슨 병을 앓는 환자들은 도파민이 고갈되어, 운동능력을 잃어버린 채 뻣뻣하게 미동도 없이 앉아만 있다.

베커는 에스트로겐이 운동 조절 영역인 대뇌의 기저핵*에서 도파민을 증가시킨다는 것을 보여주었다. 그녀는 에스트로겐이 뇌의 대표적인 억제성 화학물질인 GABA를 차단한다고 말했다. 뉴런이 도파민을 분비하는 영역에서 억제력이 감소되면, 도파민은 증가한다. 베커는 시험관에서조차 기저핵 부분에 소량의 에스트로겐을 주입하면 도파민이 증가한다는 사실을 밝혀냈다.

그것은 시험관 밖의 현실세계에서도 마찬가지다. 적어도 쥐들의 현실세계에서는 이 점이 확인되었다. 발정기를 맞은 쥐의 에스트로겐 수치가 높아지면 암컷은 평형대처럼 운동과 관련된 과제를 훨씬 잘 수행한다. 그리고 이보다 더 중요한 것은, 짝짓기의 타이밍을 더 잘 맞춘다는 것이다. 야생 암컷 쥐는 수컷이 짝짓기를 하자고 접근하면 얼마 동안 도망을 치면서 복잡한 호르몬과 신경화학물질 체계가 효과적으로 작용해서 임신 확률을 높여줄 시간을 번다. 암컷 쥐가 그 타이밍을 잘 맞추면―그리고 수컷에게 다가가는 것과 수컷에게서 도망쳐 몸을 쉬게 하는 큰 난관들을 잘 뛰어넘으면―번식 확률을 최대 90퍼센트까지 높일 수 있다는 연구결과가 나와 있다. 베커는 에스트로겐과 도파민의 수치가 높을 때, 돌아가는 상황을 빈틈없이 경계할 때 암컷이 타이밍을 가장 잘 맞춘다는 것도 밝혀냈다.

"도파민은 쥐들에게 주의를 기울이라고, 지금이 중요하다고,

---

* basal ganglia. 대뇌반구의 시상 바깥쪽에 있는 회백질 덩어리로 미상핵, 렌즈핵, 전장, 편도핵 네 가지가 있다.

때를 잘 맞추라고 일러줍니다."

그리고 이런 과정은 인간의 경우에도 그대로 적용될 가능성이 매우 높다. 에스트로겐이 청소년들의 도파민 분비를 활발하게 만들고, 도파민이 세상을 전반적으로 더 밝아 보이게 만든다면, 십대들은 '더 역동적인 세계'를 접할지 모르고, 그런 것들이 그들의 행동과 실질적인 관련을 가질 수 있다고 베커는 말했다. '세상 속에서 자신들의 위치를 찾으려고 노력하는' 바로 그때에 어마어마한 크기의, 거의 환각에 가까운 세계관이 십대들을 강타할지도 모른다는 것이다. 붉은 것은 더 붉고, 푸른 것은 더 푸르게 보인다. 그들의 세계는 더 밝게 불타오르고, 더 화려할지도 모른다. 하지만 그렇게 고조된 경험들은 반대 방향으로도 작용할 수 있다. 슬프거나 우울할 때, 십대들은 그 감정도 더 힘들고 더 무겁게 느낄지 모른다. 엄마의 찌푸린 인상은 더 깊이 와 닿고, 학교 축제에서 흘끔흘끔 쳐다보는 친구들의 시선을 오해할 경우 세상이 끝난 듯한 느낌이 들 수도 있다. 도파민은 마음의 벽을 밝은 보라색으로 칠하고 마음속 라디오의 볼륨을 높이며 이렇게 부추기는지도 모른다.

"달려가서 기회를 붙잡아! 가만 있지 말고 행동을 해! 뛰어!"

남자의 뇌, 여자의 뇌

하지만 우리 인간에게 미치는 호르몬의 구체적인 작용에 대한 연구는 결코 순탄치 않았고, 논란도 많았다.

데보라 블룸이 『뇌와 섹스 Sex on the Brain』라는 책에서 밝혔듯이, 우리 뇌에 작용하는 호르몬에 의한 남녀의 차이를 연구하는 것은 오랫동안 난관에 봉착했는데, 여기에는 과학계보다 정치계의 입김이 더 강하게 작용했다. 호르몬에 따른 남녀의 차이라는 문제는 사람들을 분노케 하고, 방어적으로 만든다. 여자는 처음부터 작은 뇌를 갖고 태어나기 때문에 남자보다 약간 더 멍청하다고 단언한 사람은 다름 아닌 폴 브로카, 뇌의 대표적인 언어 영역을 처음으로 발견한 19세기의 그 유명한 신경과학자였다.

여자의 뇌는 남자에 비해 평균 15퍼센트 정도 작고, 85그램 정도 가볍다. 블룸에 따르면 브로카는 이렇게 말했다고 한다. "여자들의 뇌가 작은 것이 오로지 체격이 작기 때문인지는 따져 볼 필요가 있을지 모른다……하지만 여자들이, 대체로 남자에 비해 지적 능력이 약간 떨어진다는 것은 잊지 말아야 한다."

이런 논란이야 이제 백 년 전의 이야기가 됐다지만, 1960년대에도 상황은 크게 나아지지 않았다. 블룸은 자신의 책에서 이렇게 밝혔다. "전체적인 크기의 차이에 성가실 만큼 집착한 것을 제외하면 그 당시 과학적 사고의 추는 브로카의 반대편 극단으로 치달았다. 남자와 여자의 뇌가 서로 닮은꼴이라는 주장이 널리 받아들여졌다."

지금은 이런 논란이 대체로 과거지사가 되었다. 오늘날엔 남성과 여성이 때에 따라서 다르게—우열의 차이도 아니고 현명함과 우둔함의 차이도 아니라, 그저 다르게—행동한다는 것이 일반적인 견해이다. 그리고 그런 차이점 중에서도 어떤 것들에 대해서는 끊임없이 의문이 제기되고 있다. 지금 연구의 초점은 그런 차이가 뇌의 어디에서 나오는가를 찾아내는 데 맞춰져 있다. 그것은 호르몬의 영향일까? 뇌구조의 탓일까? 아니면 경험의 차이에서 나온 걸까?

일반적으로 IQ는 남녀의 차이가 없이 비교적 고르게 나타난다. 하지만 남자와 여자가 일정한 과제들을 다르게 처리하며, 그런 차이의 상당수가 호르몬이 무대 전면에 다시 등장했을 때, 즉 사춘기 때 나타난다는 연구결과가 지속적으로 보고되고 있다.

사춘기 무렵이 되면, 여자들은 예를 들어 'D로 시작하는 단어 대기' 같은 언어능력 테스트에서 남자들을 능가하기 시작한다. 반면에 남자들은 청소년기에 접어들면서 공간지각 테스트에서 여자들을 앞서기 시작하는데, 이를테면 '일렬로 정렬된 이 블록들을 오른쪽으로 반만 돌린다면 어떤 모습이 될 것인가' 같은 문제를 더 잘 이해하게 된다.

물론 성별에 따른 이런 차이는 통계일 뿐이다. 공간지각에서 남자보다 뛰어난 여자도 많고, D로 시작하는 단어를 여자보다 훨씬 빨리 생각해내는 남자도 많다. 그리고 이런 식의 사고에 지나치게 집착하는 데에는 다른 문제들도 따른다. 미로를 헤쳐나갈 때—공간지각—수컷 쥐들이 실수가 적긴 하지만, 베커는 그 이유가 단지, 동기를 자극하는 도파민의 수치가 더 높은 암컷 쥐들이 더 많은 것을 시도하다보니 더 많은 오류를 저지르기 때문일지도 모른다고 생각한다. "암컷들이 막다른 곳에 더 많이 들어가긴 하지만" 빠져나오는 시간은 결국 비슷하다는 것이다. 그리고 블럼이 지적한 대로, 수컷과 암컷은 어느 쪽이 더 낫고 못한 게 아니라 그저 미로를 헤쳐나가는 방식이 다를 뿐일지도 모른다는 연구결과가 나와 있다. 일련의 실험에 따르면 미로에서 밝은 색 표지판을 모두 제거하자 암컷 쥐들은 옴짝달싹 못 하고 길을 잃었지만, 수컷 쥐들의 경우 이렇다 할 차이가 없었다. 컴퓨터 미로 게임을 하는 대학생들에게서도 비슷한 차이가 발견됐다. 블럼의 책을 보면, 지형도를 바꿔서 한쪽 통로를 다른 쪽보다 길게 만들면 남학생들은 '미궁에 빠졌지만', 여학생들은 표지판을 제거하면 어리둥절해했다.

 이는 실행 능력의 차이가 아니라 전략의 차이라고 볼 수 있다. 여자는 길을 이런 식으로 설명할지 모른다. "커다란 흰색 교회가 보이면 우회전을 하세요." 그런데 남자는 아마 이렇게 말할 것이다. "한 2,3킬로미터 가다가 남서 방향으로 꺾어지세요."

 그렇다면 이런 편차는 정확히 어디에 기인하는 걸까? 수학 강의를 듣는 아이들 중엔 아직도 여자보다 남자가 많을까? 남자와 여자의 뇌는 서로 다른 분자가 만들기 때문에 출발점부터 돌이킬 수 없이, 엄청나게 다른 걸까?

 갑론을박이 있기는 하지만, 뇌의 적잖은 영역이 성별에 따라 다르게 보인다는, 이른바 '성별에 따른 이형증(sexual dimorphism)'에 대해서는 학계의 의견이 일치한다. 시상하부의 몇몇 영역─

성적 행동에 관련된 부분, 누가 뭘 아는가와 관련된 부분 등—은 남자의 뇌가 확실히 더 크다. 반면에 뇌의 양쪽 반구를 잇는 섬유다발의 일정한 부분들은 여자의 뇌가 더 크다. 일반적으로 남자가 여자보다 성적인 면에서 더 공격적인 이유, 여자를 일컬어 '전(全)뇌적 사고'를 한다고 말하는 까닭이 여기에 있는 걸까? 뇌 단층촬영을 이용한 한 연구에서는 여자가 양쪽 뇌를 모두 사용해서 운율을 맞추는 반면에, 남자는 한쪽만을 사용한다는 사실을 밝혀냈다. 같은 수준으로 뇌졸중 발작을 일으켰을 때 여자가 남자보다 회복 능력이 높다는 증거도 나와 있다. 그 까닭은 혹시 여자들의 양쪽 뇌를 이어주는 섬유다발이 더 크고, 회복할 때도 양쪽 뇌를 다 활용할 수 있기 때문일까?

편도핵 대 해마

기드는 몇 년 전에 청소년기에 나타나는 성별에 따른 이형증들을 포착했는데, 발달중인 십대들의 뇌에서는 처음으로 발견된 것이었다. 뇌의 중앙에는 세포다발로 이루어진 편도핵이라는 것이 있는데, 이것은 이른바 '배짱'이라고 불릴 만한 반응, 이를테면 "잠깐 밖으로 좀 나와봐!"라고 외치는 행동을 하게 만들며, 테스토스테론 수용체로 가득하다. 기드는 이 편도핵이 같은 십대라도 여자아이보다 남자아이의 뇌에서 더 빨리 자란다는 사실을 발견했다—아마 6학년 무렵에 코피가 터져서 들어오는 남자아이의 비율이 훨씬 더 높은 이유도 여기에 있을지 모른다.

기드는 기억을 형성하며 에스트로겐 수용체가 널려 있는 해마는 청소년기의 여자아이가 남자아이에 비해 성장이 빠르다는 사실도 밝혀냈다. 어쩌면 그래서 6학년 여자아이가 남자아이에 비해 단어의 철자를 훨씬 잘 외울지도 모른다.

최근에 기드는 목 위쪽에 자리잡고 있으며 그 동안 별 주목을 받지 못했던 소뇌가 뇌 중에서도 가장 차이가 크다는 걸 발견했다. 소뇌는 성별에 따른 이형증이 가장 두드러져서 청소년기의 남자가 여자에 비해 많게는 14퍼센트나 더 컸다. 쌍둥이를 대상으로 한 연구에서는 소뇌가 가장 유전성이 낮은 영역임이 밝혀지기도 했다. 그 말은 운동이나 일정한 종류의 사회적인 인지기능과 관련이 있는 이 작은 뇌덩어리가, 남자건 여자건 간에, 안에서뿐만 아니라 외부의 힘에 의해서도 형성된다는 뜻이다.

"이건 짐작일 뿐이지만, 진화라는 차원에서 보면 아무래도 남자들에겐 사냥이나 창던지기처럼 공간지각 능력에 관련된 부분을 개발해야 한다는 압력이 더 강했을 것 같아요. 그런데 그런 기술들이 전부 소뇌와 관련이 있다고 여겨지거든요."

이렇게 말한 기드를 포함해 많은 신경과학자들은 형태와 기능 사이의 관계가 애매할 수는 있지만, 어쨌거나 뇌에서 크기의 중요성은 무시할 수 없다고 믿는다. (그렇다고 걱정할 필요는 없다. 여자들의 뇌가 비록 작지만 더 '가열차게' 또는 더 효율적으로 작동할지 모른다는 증거들이 나와 있다.)

기드는 학교 입학의 예를 들어 이 점을 설명했다. 한 고등학교의 수용인원은 50명인데 60명이 입학 신청을 했다면, 대부분은 입학을 하게 된다. 하지만 경쟁률이 더 높아서 수용인원은 50명인데 지원자 수는 1천 명이라면 더 까다로운 선별과정을 거칠 수 있기 때문에 더 뛰어난 학생들을 받아들일 것이다.

청소년기의 뇌도 똑같은 방식으로 작용할지 모른다는 게 기드의 생각이다. 어쨌든 뇌의 대대적인 정리 작업이 일어나는 건 바로 청소년기이다―이때 어떤 부분에서는 뉴런의 50퍼센트 이상이 제거된다. 그런데 호르몬으로 인해 뇌의 특정한 부분이 처음부터 더 크다면 선별할 뉴런이 더 많을 테고, 정리 후에는 가장 뛰어나고 똑똑한 뉴런들만 남을 것이다.

예를 들어 운동을 비롯한 여러 분야에 관계하는 기저핵이 정상보다 작은 것은 주의력결핍장애(ADD)와 관련이 있다. ADD 진단을 받는 아이 중에는 여자보다 남자가 더 많다. 여기에는 수많은 이유들이 있을 수 있지만, 평균적으로 남자의 기저핵이 여자보다 작은 건 사실이다. 기드는 이렇게 말했다.

"ADD에 관한 한 여자아이들의 오차 허용률이 더 높다고 볼 수 있죠."

이런 식으로 작용하는 장애는 ADD뿐만이 아니다. 기드는 남녀의 뇌가 어떻게 발달하며, 어떤 차이가 있는지에 대한 연구가 중요한 이유는 신경과 관련된 질병의 차원에서 "우리가 연구하는 거의 모든 것들"이 성별에 따라 차이를 보이기 때문이라고 지적했다. 여자아이는 우울증을 경험하는 빈도가 높고 시기도 빠르다. ADD와 투렛증후군*, 정신분열증의 발생 비율은 남자아이의 경우가 더 높고, 더 일찍 시작되는 경향이 있다. 왜 그럴까?

차이의 시작

뇌에서 차이가 발생하는 구체적인 시점은 아직 완전히 밝혀지지 않았지만, 많은 경우 호르몬의 조직적인 효과에 따라 일찌감치 시작될 가능성이 높으며, 그중에서도 특히 테스토스테론의 영향이 큰 비중을 차지하리라고 보인다.

그 좋은 예가 선천성부신과형성증(CAH)을 타고난 여자들인데, 유전적 결함으로 태어나기 전부터 뇌 내 안드로겐의 분비주기가 길어진다. 이런 결함을 가진 여자아이는 자궁 내의 부신에서 생산되는 안드로겐을 차단하기에 충분할 만큼의 코르티솔을 만들어주는 효소가 부족하다. 그 결과 태아 때부터 남성호르몬인 안드로겐의 수치가 더 높아진다. 심각한 경우에는 음핵이 오히려 작은 페니스 모양처럼 보여서 수술을 받아야 한다. 그렇게까지 심하지 않은 경우는 주로 행동에서 나타난다.

펜실베이니아 주립대학의 셰리 베렌바움은 과도한 안드로겐은 빠르면 세 살 때부터 여성적이라고 볼 수 없는 행동을 일으킨다고 말한다. 베렌바움은 일련의 정밀한 연구를 통해 CAH를 가

---

* 신경계의 장애로 눈을 깜빡이거나 얼굴을 찡그리는 것처럼 의도적이지 않은 근육 경련이 나타나는 현상.

진 여자아이를 놀이방에 혼자 두면 인형이나 소꿉놀이보다는 전통적으로 남자아이들의 장난감이라고 여겨지는 소방차나 트럭 등을 가지고 노는 일관된 사례를 확인했다. 안드로겐이 정상치를 상회하는 이 아이들이 청소년기에 접어들면 본인 자신도 여자라고 생각하고 여자아이의 문화 속에서 성장했음에도 공간지각 테스트에서 월등한 능력을 보인다. 또한 화장이나 아이 돌보는 일 등을 멀리하며, 나중에 직업을 갖더라도 엔지니어나 파일럿, 건축기사처럼 아무래도 남성의 참여가 활발한 분야를 택하는 경향이 높았다.

CAH의 이런 사례들을 보면 호르몬에 일찍감치 노출되는 것이 남은 일생 동안 뇌가 어떻게 조직되고, 그 같은 뇌를 지닌 사람이 청소년기는 물론이고 그후로도 어떻게 행동하는지에 중대한 영향을 미친다는 것이 분명한 듯하다.

"CAH를 지닌 여아들이 나이가 들면 사회화가 되고, 또래의 압력도 있고, 사춘기의 호르몬도 작용하기 때문에 그 영향력이 감소되리라고 생각하기 쉽습니다. 하지만 차이는 지속됩니다. 우리는 이 여자아이들이 계속해서 전형적인 여자아이와 전형적인 남자아이의 중간지대에 머문다는 사실을 확인했습니다. 그렇기 때문에 태어나기 전에 노출된 안드로겐의 양이 남자아이의 장난감과 남자아이의 활동에 관심을 갖게 만드는 뇌의 일정한 부분에 영향을 미친다고 보는 것이죠."

그렇다면 우리의 관심은 부분적으로나마 아기 때의 안드로겐 수치에 좌우되는 걸까? 개인적으로는 아무래도 받아들이기가 거북하지만, 페미니스트임을 자처하는 베렌바움은 물러서려 하지 않았다.

"이런 차이는 누가 우월하거나 열등하다는 걸 의미하지 않습니다." 내 불편한 심기를 눈치 챈 베렌바움은 이렇게 말했다. "여자들의 연봉이 낮은 이유를 말해주는 것도 아니에요. 그런 건 사회적인 문제죠. 게다가 여자와 남자가 다르다고 해서 여자가 대통령이 될 수 없다는 뜻도 아니죠. 이건 그저 뇌가 어떻게 움직이는가를 좀더 잘 이해할 수 있게 도와줄 뿐입니다."

어쨌든, 성호르몬이 또다른 시기에도 뇌의 차이를 만들 수 있다는 증거가 있다. 질 베커는 여자의 경우 평생 성주기(性周期) 동안 에스트로겐이 도파민에 영향을 미친다는 것을 발견했다. 몇 년 전에는 호르몬이 성인의 뇌구조를 변경시킨다는 사실도 확인되었다. 암컷 쥐는 에스트로겐 수치가 높아지는 발정주기 나흘 사이에 뉴런의 가지들—쥐의 해마에 있는 수상돌기들—이 자라고 수축한다. 정확한 이유는 아직 아무도 모른다. 일부에서는 암컷 쥐들이 짧은 시간 내에 짝짓기를 해야 하므로 보금자리에서 최대한 먼 곳까지 탐색하면서도 안전하게 되돌아올 수 있어야 하는데, 기억과 관련된 과제에 해마가 도움이 되기 때문이라고 추측한다.

그러다가 최근에 '새로운 아기 뉴런(new baby neuron)' 이라는 학설이 제기되었다. 불과 몇 년 전에 성인의 뇌(이 경우에는 청소년들도 포함된다)가 계속해서 새 뉴런을 정기적으로 만들어 내는데 최소한 해마에서는 확실하고, 다른 영역에서도 그럴 가능성이 있다는 연구결과가 보고되면서 신경과학계는 성인의 뇌가 완료된 상태라는 기존 정설을 폐기해야 했다. 물론 여러 가지 면에서 성인의 뇌는 불변이어야지 그렇지 않다면 우리는 양말을 어디다 벗어놓았는지조차 기억하지 못할 것이다. 그러나 지난 몇 년 동안 신경과학자들은 뇌가 평생에 걸쳐 끝없이 변하며(앞에서도 말했지만 이를 가리켜 가소성이라고 부른다), 그런 변화의 일부는 호르몬과 관련이 있는 게 분명하다는 사실을 밝혀냈다.

"해마다 신경학회의 총회에 참석하면 웃지 않을 수가 없어요." 미시간 주립대학 신경학과의 마크 브리들러브는 이렇게 말했다. "지난해에 비해 뇌의 가소성이 점점 더 커져가니까요."

그리고 새로운 단서들이 나오면 관심도 새롭게 고조된다. 호르몬이 각 연령대에, 그중에서도 특히 청소년의 뇌에 어떤 영향을 미치는가에 대한 연구는 수십 년 동안 외면당한 끝에, 피츠버그 대학 주디 카메론의 표현을 빌리자면 "뜨거운, 아주 뜨거운 분야"로 부상했다. 가장 큰 발견은 1996년에 나왔는데, 에스트로겐이 자리잡을 수 있는 두번째 유형의 수용체가 탐지되었을 때였다.

호르몬 학자들은 오랫동안 뇌에는 에스트로겐 수용체가 'ERα' 한 가지 유형뿐이라고 생각했다. 그리고 성과 관련해서 조절 업무를 담당하는 시상하부를 제외하면 다른 곳에서는 그조차도 많이 발견하지 못했다. 호르몬이 뇌의 모든 영역에 걸쳐 중요한 역할을 한다는 주장을 굽히지 않는 일단의 과학자들이 있었지만, 그게 사실이라고 해도 그 역할이 어떤 식으로 수행되는지 설명할 수가 없었다. 카메론은 이렇게 말했다.

"뚜렷한 메커니즘이 입증되지 않았기 때문에 대부분은 그저 어처구니없는 주장이라고 일축하고 말았죠."

하지만 가끔은 뛰어난 석학들도 완전히 틀렸음이 입증되기도 한다. 두번째 유형의 수용체 'ER β'가 발견된 후, 뇌를 다시 살펴본 학자들은 실제로 'ER β' 수용체가 뇌 전역에 분포되어 있으며, 뇌세포 속에서 에스트로겐이 지나가기를 기다리고 있음을 확인했다.

그것은 이제 호르몬이 뇌 전역에서 어떻게 작용해, 감정과 인지능력에서 어두운 밤길을 과속으로 달리는 것에 이르기까지 모든 것에 영향을 미치는가를 설명해줄 타당한 '과학적 메커니즘'이 존재한다는 뜻이라고 카메론은 말했다. 그리고 남자의 일부 테스토스테론은 에스트로겐으로 전환될 수 있으므로, 이 호르몬 메커니즘은 남녀를 막론한 모든 십대에게 영향을 미칠 것이다. 카메론은 이렇게 말했다.

"청소년기에 수많은 행동의 변화가 일어난다는 것은 누구나 아는 사실입니다. 그 모든 게 호르몬의 영향일 수 있다는 거죠."

에스트로겐과 세로토닌

실제로 이런 새로운 발견 가운데 일부는 이미 십대들, 그리고 세로토닌이라는 또하나의 강력한 신경전달물질을 바라보는 우리의 시각에 변화를 일으켰다.

뇌의 아래쪽에 자리잡고 있으면서도 위로는 이마까지, 아래로는 척수까지 가지를 뻗은 뉴런에서 생산되는 세로토닌은 기분이나 근심, 허기처럼 뇌에서도 어딘지 눅눅한 활동에 작용한다. 세라토닌은 일반적으로 안정효과를 갖는다—사실상 새로 시판되는 대부분의 항우울제는 세로토닌의 시냅스 잔존 기간을 길게 하는 방식으로 효력을 발휘한다. 세로토닌 수치의 저하는 십대와 성인을 막론하고 우울증과 관련이 있다. 그리고 오래전부터 에스트로겐이 뇌 내의 세로토닌 체계에 작용하리라는 추측이 있었지만, 아무도 그 메커니즘을 설명하지 못했다. 세로토닌 부근 어디에서도 에스트로겐을 발견하지 못한 것이다.

새로운 에스트로겐 수용체인 ER β가 발견된 후, 오리건 영장류연구소의 신시아 베세아는 원숭이의 뇌를 다시 한번 꼼꼼히 살펴보았다. 그리고 마침내 해답을 찾아냈다. 세로토닌을 생산하는 뇌세포의 핵 깊숙한 곳에서 에스트로겐 수용체를 새롭게 발견해낸 것이다. 베세아는 당시의 소감을 이렇게 털어놓았다.

"십 년 동안 이걸 찾으려고 그렇게 열심히 노력했는데도 아무것도 찾을 수 없었는데, 이렇게 있는 거예요. 정말 흥분되는 순간이었죠."

에스트로겐의 범람이 정상적인 인간의 십대가 지닌 세로토닌에 어떤 식으로 영향을 미칠 수 있는지, 그 두 가지가 합쳐져 어떻게 청소년들의 파괴적인 행동을 낳을 수 있는지는 확실하지 않다. 베세아가 강조하듯이 에스트로겐이나 테스토스테론 모두 복잡한 피드백을 그리며 작용하고, 수치에 따라 전혀 다른 행동을 이끌어낼 가능성이 높다. 적정한 수준을 유지한다면 기분이 좋아질 테고, 지나치게 높아지면 안절부절못하게 될지도 모른다. 또는 워낙 영향력이 광범위하다는 점을 감안하면 뇌의 구조 자체나 운영 방식을 변경시킬 수도 있다.

"십대들의 추진력은 호르몬이고, 사춘기 때 이것이 범람하거나 오르내리는 변동폭은 매우 불안정합니다."

그렇다면 그 요동치는 폭풍우를 어떻게 헤쳐나갈 수 있을까? 내부에서 오르내리는 호르몬이라는 파도를 바깥에서 불어대는 MTV와 엄마와 주먹다짐이라는 환경의 영향에서 분리해내는 것이 가능할까?

펜실베이니아 주립대학의 앨런 부스는 테스토스테론에 조예가 깊은 전문가인데, 펜실베이니아 주 중부에 거주하는 안정적인 중산층 가정의 십대 400명을 대상으로(여기에는 남녀가 모두 포함되었다) 테스토스테론 수치를 정기적으로 조사해왔다.

그리고 환경의 영향, 즉 바람이 파도에 해당하는 테스토스테론을 모든 면에서 압도한다는 사실을 확인했다.

부모와의 관계가 좋지 않을 때 테스토스테론 수치가 높은 아들은 학교를 빼먹고, 성관계를 갖고, 거짓말을 하고, 음주와 절도 같은 위험한 행동에 빠져들 가능성이 훨씬 높다. 반면에 부모와의 관계가 좋지 않고 테스토스테론 수치가 낮은 아들일 경우, 우울해하는 경향이 높다. (테스토스테론 수치가 낮은 것과 우울 사이에 어떤 관계가 있는지는 확실하지 않지만, 짐작해본다면 테스토스테론이 낮으면 에스트로겐 수치를 낮출 수 있고 그것은 다시 세로토닌의 수치를 낮춤으로써 우울증을 유발할 수 있다고 부스는 말했다.)

한편 엄마와 사이가 좋지 않을 때 테스토스테론 수치가 낮은 딸은 위험한 행동을 저지를 확률이 높은 반면, 아빠와 사이가 좋지 않을 때 테스토스테론 수치가 낮은 딸은 우울증 징후를 보일 가능성이 높다.

반가운 소식이라면, 남녀를 불문하고 가족간에 사이가 돈독한 십대들의 경우 테스토스테론 수치는 전혀 문제가 되지 않는 듯 보인다는 것이다.

이렇게 다양한 영향력을 분석하기 위해 신경과학자 브리들러브는 쥐에게 관심을 돌렸다. 치밀하게 조직한 일련의 연구를 통해 그는 환경과 행동이 호르몬과 뇌구조에 어떻게 영향을 미치며, 호르몬과 뇌구조는 반대로 행동에 어떻게 영향을 미치는지 규명함으로써 영향의 상관관계를 완전한 고리로 설명해냈다.

브리들러브는 쥐의 편도핵을 연구하고 있는데, 이곳은 찰나에 공격/도피 반응을 결정하는 데 일조하는 뇌 깊은 곳의 작은 구조이며, 기드가 십대의 남자가 여자에 비해 빨리 자란다는 것을 확인했던 바로 그곳이다. 브리들러브는 편도핵 중에서도 내측 편도핵에 주목했다. 이 부분은 페로몬에 대한 쥐의 반응과도 결부되어 있음이 확인됐는데, 페로몬이란 성적 반응을 자극하며 남성호르몬인 안드로겐의 수치에 따라 신체를 많이 사용하는 놀이와도 관련 있는 대기 중의 냄새를 말한다.

브리들러브는 쥐의 암수든 인간의 남녀든, 양성 사이에서 발견되는 "가장 확고부동한 차이점" 가운데 하나라면 바로 신체를 사용하는 놀이의 정도라고 말했다. 남자는 확실히 그런 경향이 높다. 그리고 안드로겐 수치가 높은 남자는 낮은 남자에 비해 더 거친 놀이에 참여한다.

브리들러브는 대학원생인 브래들리 쿡과 함께 호르몬, 그리고 성 페로몬이 어떻게 상호작용해서 쥐의 뇌와 행동을 변화시키고, 그 변화가 다시 반작용해 되돌아오는지에 대해 흥미로운 두 가지 사실을 밝혀냈다.

하나는 연구를 진행한 당사자들도 놀라움을 금치 못했던 사실로, 어른 쥐의 편도핵 크기를 테스토스테론을 통해 조작할 수 있다는 것이다. 수컷 쥐를 거세했더니 내측 편도핵이 줄어들었다. 그리고 암컷 쥐에게 테스토스테론을 주사하면 편도핵이 50퍼센트까지 성장했다.

브리들러브가 그 다음으로 의문을 품은 것은 행동이나 환경 한 가지만으로 구조적인 변화에 영향을 미칠 수 있는가였다. 사춘기의 수컷 쥐를 우리에 혼자 가둬두고 신체를 이용한 놀이를 허용하지 않았다. 놀이를 하지 못한 쥐들은 내측 편도핵이 작아졌고 뉴런의 수도 줄었다. 그리고 나중에는 성적인 행동을 자극하는 페로몬에 대한 반응도 현저히 떨어졌다.

정리하면, 행동은 호르몬의 수치와 뇌의 구조를 변화시켰고 그렇게 달라진 구조는 다시 동물의 행동 양식을 결정했다.

브리들러브는 인간의 뇌는 상호작용이 너무나 활발하기 때문에, 그 과정에서 행사되는 경험의 영향력을 과소평가해서는 안 된다고 지적했다. 처음의 호르몬이 성기를 만들고, 성기를 지녔다는 그 사실이 다른 경험으로 이어짐으로써, 그것은 다시 호르몬의 수치와 뇌의 구조, 그리고 이후의 행동까지 변화시킬 가능성이 높다. 구조가 행동이고, 호르몬이 곧 행동이라는 식의 단순한 등호 관계가 아니라, 모든 것이 한데 어우러져 서로를 밀고 당기는 것이다. 브리들러브는 이렇게 설명했다.

"뇌는 우리 인간이 뭔가를 만들듯이 만들어진 게 아닙니다. 생명이 탄생된 초기에 만들어진 테스토스테론은 뇌 속에 일종의 무대를 설치해서 사춘기가 되었을 때 일정한 프로그램이 가동될 수 있게 만드는 것일지도 모릅니다. 하지만 그 프로그램은 살아가면서 경험에 의해 변경될 수도 있죠. 동물이 태어난 시점과 번식자라는 새로운 역할을 맡게 되는 시점 사이에는 너무나 많은 일들이 일어나니까요."

10

사랑의 뉴런

뇌가 사랑에 빠졌을 때

그때 올리버는 열일곱 살이었다. 마케팅 수업 시간에 반쯤 졸며 앉아 있는데 그 일이 일어났다. 어느 가을날 아침, 작고 추운 교실에 모인 아이들은 돌아가며 자기소개를 했고, 이어 선생님은 PPL이라는 간접광고에 대해 수업을 시작했다.

아무튼 세이디는 그렇게 생각했다. 이른 아침의 뿌연 안개 속에서 그녀가 집중할 수 있었던 거라곤 건너편에 앉은 검은 눈의 남자아이뿐이었다. 세이디는 당시를 이렇게 회상했다.

"브렛. 그애는 자기 이름이 브렛이라고 말했어요. 저는 그걸 잊지 않으려고 머릿속으로 수없이 반복했어요."

친구들의 도움을 얻어 두 사람은 만났고, 얼마 지나지 않아 성관계도 가졌다. 두 사람은 머지않아 결혼할 예정이다.

"도저히 그앨 머릿속에서 지워버릴 수가 없었어요."

그 일이 벌어졌을 때 제시는 불과 열세 살이었다. 필드하키 게임에서 그 여자아이를 봤다. 그앤 웃는 모습이 예뻤다. 여자아이하고만 늘 같이 있고 싶어진 건 그때가 처음이었다. 몇 주가 흘렀을 때 제시는 시를 써서 여자아이에게 주었다. 그애는 제시를 꼭 안았고, 제시는 그애의 마음도 자신과 같다는 걸 알았다.

"너무 좋아서 춤을 추고 노래를 부르기 시작했어요."

지금은 다트머스 대학 2학년이며, 둘 사이의 관계도 더 발전했다는 제시는 당시의 기억을 털어놓았다.

"자전거를 타고 있었지만 정말이에요. 정말로 춤을 췄어요."

노래하고 춤추는, 그렇게 환희에 찬 십대들의 사랑. 청소년기에 깊이 뿌리내리고 있는 통과의례가 하나 있다면, 그것은 바로 십대들의 사랑이다. 달콤하고 왕성한 십대들의 사랑.

하지만 그것에 대해 우리는 과연 얼마나 알고 있을까? 사랑의 감정과 성적인 끌림은 단지 테스토스테론과 에스트로겐이라는 조수(潮水)의 사이클에 따라 부풀어오르는 것에 불과한 걸까?

러트거스 대학의 인류학과 교수로 다년간 사랑을 연구해온 헬렌 피셔는 사랑이라는 감정이 그 사랑스러운 고개를 치켜드는 곳이라면 어디서든 비슷한 풍경이 펼쳐진다는 것이 놀라웠다고 말했다. 동서를 막론하고 어떤 문학책을 펼쳐보더라도, 사랑에 빠진 사람이 걷는 길은 너무나 똑같아서 그래프로 구성해볼 수 있을 정도라는 것이다. 그런 걸 보면서 그녀는 사랑—성관계에 국한되는 게 아니라—이란 건 기초생물학, 특히 뇌의 생물학에 의해 촉발된 일련의 무의식적 행동양식임에 틀림없다는 생각을 하게 됐다.

피셔는 사랑이 명백하게 구분된, 그러면서도 대체로 보편적인 3막으로 이루어졌다고 생각한다. 막에 붙은 제목은 각각 갈망, 끌림, 애정이다. 그리고 사랑의 각 단계는 뇌의 서로 다른 부분과 작용한다고 확신한다. 즉 사랑의 어느 단계인가에 따라 서로 다른 구조적인 영역, 서로 다른 호르몬과 신경전달물질 체계가 개입한다는 것이다. 그녀는 마치 천년 동안 메아리가 이어져온 시라도 읊듯이 이렇게 말했다.

"이건 심오하게 작용할 수 있는 체계입니다. 그것이 얼마나 많은 것을 의미할 수 있는지 더욱 잘 이해할 수 있습니다. 단지 사랑에 빠졌기 때문에 한 학기를 몽땅 날리는 학생들도 있어요. 그리고 그 사랑은 단계별로 일어나죠."

피셔가 첫번째 갈망 단계에서 일어난다고 본 것은 세이디가 교실에서 브렛을 처음 봤을 때, 또는 제시가 미소가 예쁜 소녀를 봤을 때와 대략 상응한다. 피셔는 열망이 솟고 에너지가 한 사람에게 집중되는 이 단계의 주범은 남녀를 불문하고 테스토스테론이라고 확신한다. (하지만 에스트로겐도 성적인 매력을 일으킨다는 증거가 있다. 예를 들어 암컷 쥐들은 발정기가 되고 에스트로겐 수치가 높아야만 신체적으로 짝짓기 행위를 시작할 수 있다. 발정기가 아니라도 성행위를 할 수 있는 영장류의 암컷도 에스트로겐이 작용하면 더 적극적으로 변한다. 사람의 경우에도 피임만 걱정하지 않는다면 에스트로겐이 최고조에 달하는 배란기 중반 즈음에 섹스를 가장 많이 유도하거나 생각한다고 조사되었다. 그리고 만약 에스트로겐이 도파민을 증가시킨다면, 그것은 여자들의 머릿속에서 저 남자를 잡으라는 생각을 불러일으킬 것이라는 흥미로운 짐작도 가능하다.)

하지만 피셔가 테스토스테론의 역할을 확신하는 데에는 그럴 만한 증거가 있다. 성욕이 감퇴하는 중년 여성들의 호르몬 대체 요법에 소량의 테스토스테론을 첨가하면 성에 대한 관심이 한결 높아졌던 것이다. 젊은 여성을 대상으로 한 연구에서는 성적인 생각과 행동이 실질적인 성교로 발전하는 것은 테스토스테론 수치가 더 높을 때 훨씬 더 빈번했다는 결과가 나왔다.

"에스트로겐을 배제할 수는 없지만, 저는 아무래도 테스토스테론 쪽이 더 관련이 있다고 봅니다."

두번째 단계에서는 서로에 대한 끌림과 매력이 빠지지 않는다고 피셔는 말했다. 그녀는 이 단계가 뇌 속에서 과중한 활동을 벌이는 화학물질, 도파민과 관련이 있다고 생각한다. 피셔는 사랑을 고조시키는 것이 노르에피네프린(norepinephrine)이라는 뇌의 자극물질과 결합한 도파민이라고 믿는다. 이 두 가지 화학물질의 양이 증가함과 동시에—현상을 유지하려는 뇌의 노력에 따라—진정작용이 있는 세로토닌이 줄어들면(세로토닌의 감소는 집착적인 사고와 관련이 있다), 발이 구름 위를 둥실둥실 떠가는 것이다.

"현기증이 나고 가슴이 두근거리는 단계죠. 상대방에 대한 생각이 머릿속에서 떠나지 않는 때입니다."

세번째 단계는 조금 지나야 찾아온다. 세이디는 자신의 사랑에서 이 단계를, 어느 정도 시간이 흐르면서 "여전히 감정은 강렬하지만 더 깊고, 더 차분하고, 감탄사는 줄어든 때"라고 묘사했다.

피셔는 감탄사가 줄어드는 이 단계가 여자의 경우에는 옥시토신, 남자의 경우에는 바소프레신과 관련이 있다고 보는데, 용도가 다양한 이 두 호르몬은 뇌의 아래쪽에 있는 완두콩 크기만 한 뇌하수체에서 분비된다. 두 호르몬 모두 결속하는 행동과 관련지어져왔다. (다양한 역할 중에서도 옥시토신은 진통시에 자궁수축을 일으키고 분만 이후에는 젖이 나오게 한다. 바소프레신은 몸의 수분 유지를 돕는데, 특히 위기에 처했을 때 힘을 발휘한다. 인간에게 작용하는 경로를 추적하기란 두 가지 모두 힘들지만, 쥐의 뇌에 주입할 경우 스쳐가는 다른 쥐를 살갑게 대하고, 원숭이 암컷은 아기 원숭이를 보고 좋아서 어쩔 줄 모른다. 그리고 갓난아기를 어르는 것처럼 리듬 어린 행동과 관련이 있는 옥시토신은 오르가슴 때에도 분비된다.)

물론 주장을 제기하는 것과 그것을 입증하는 것은 전혀 다른 문제이지만, 피셔의 믿음은 확고하다. 피셔는 역시 다년간 사랑을 연구해온 뉴욕 주립대 심리학과의 아서 애런과 아주 특별한 프로젝트에 착수했다. 두 사람은 사랑에 빠진 청소년들의 살아 있는 뇌 속을 들여다보고 있다. 피셔와 애런은 사랑에 넋을 잃은 젊은이들을 뇌스캐너에 들여보낸 후, 그들이 여자친구나 남자친구의 사진을 보는 동안 뇌의 활동을 관찰한다.

현재의 기술력으로는 대학생을 대상으로 한 이번 실험에서 뇌 속을 오가는 화학물질은 볼 수 없다. 하지만 두 사람은 두 호르몬에 반응한다고 알려진 뇌의 영역들을 확인해서 그곳이 작동하기 시작하는지를 관찰하려 한다.

아직 연구가 진행중이긴 하지만, 두 사람은 사랑에 빠진 뇌들이 비슷한 영역을 점화시키리라고 내다본다. 무엇보다 관심을 가지고 지켜보는 것은 뇌의 보상회로가 활성화되느냐 안 되느냐이다. 이 부분은 우리가 포커판에서 이기거나, 맛있는 케이크를 먹거나, 코카인을 흡입할 때 자극이 되고, 도파민에 의해 불이 들어오는 곳이다.

애런에 따르면, 사랑과 관련해 아직 밝혀지지 않은 가장 큰 문제는 그것이 감정인가, 동기인가 하는 것이다. 너무나 학문적이고 이론적인 질문처럼 들리겠지만, 사실은 대단히 근본적인 문제이기도 하다. 감정의 종류를 대보라고 하면 대부분의 사람들은 사랑을 제일 먼저 꼽는다. 하지만 사랑은 다른 감정들과는 구분된다. 예를 들어 분노나 슬픔은 일정한 표정이 있고, 그걸 보면 그 사람의 감정을 알 수 있다. 그런데 사랑에는 특별히 관련지을 만한 표정이 없다. 뿐만 아니라 다른 감정들과는 달리 사랑은 다양한 감정을 아우르는데, 여기에는 분노와 슬픔, 심지어 죄책감까지 포함된다. 그리고 연구결과 사랑에 빠진 사람들이 도파민의 자극을 받는 뇌의 보상회로를 활성화시키는 것으로 드러난다면, 그것은 사랑이 감정이 아니라 동기임을 입증하는 강력한 단서가 될 것이라고 애런은 말했다.

실제로 도파민이 우리 인간의 보상이나 매력과 관련 있다는 사실은 이미 입증되었다. 스탠퍼드 대학의 브루스 아나우는 지난 몇 년 동안 동료들과 함께 기능성 자기공명영상장치 속에 젊은 남자들을 들여보내고 그 속에서 포르노 영화를 보게 하는 실험을 실시해왔다. 남자들이 다양한 성행위 장면이 담긴 영화를 보는 동안 특수 고안된 장치는 이른바 '주변부 반응', 즉 페니스의 발기 정도를 측정했다. 물론 그와 동시에 뇌의 활동을 기록해서 같은 남자들이 보다 중성적인 장면, 이를테면 파도치는 해변이나 야구 경기 등을 볼 때의 반응과 비교해보았다.

남자들이 성적으로 반응하면 뇌에서는 몇몇 흥미로운 영역에 불이 들어왔는데, 그중에는 도파민 수용체가 많고 환상적인 기분을 더 누리려는 욕구가 맹렬히 날뛰는 보상회로의 대표주자격인 미상핵과 피각*이 포함된다는 사실도 찾아냈다.

"뇌가 인간의 성적인 각성에 어떤 식으로 연결되어 있는지 사실상 알지 못했거든요. 그런데 이번 연구에 그것이 도파민과 관련이 있고, 또 보상회로와 관련이 있는 것으로 드러났습니다."

아나우는 어쨌든 많은 사람들이 이미 알고 있다고 생각했던 것, "뇌가 섹스를 보상으로 인식한다는 것"이 확인된 것인지도 모른다고 말했다.

---

* putamen. 기저핵의 가장 외측 부분으로, 미상핵과 내부구조가 비슷하고 둘 사이에 많은 신경섬유가 연결되어 있어 이 둘을 합쳐 선상체(線狀體)라고 일컫기도 한다.

위험한 사랑

이 모든 것들은 평범한 십대들에게 어떤 의미가 있을까? 십대들은 위험에 매료된다. 그리고 어쩌면 사랑은 그들의 뇌가 좋아하는 '위험'의 일종일지 모른다. 새로운 것과 위험에 반응하는 도파민이 그들을 자극해 늘어져 있던 소파에서 일으켜 세우는 건지도 모른다.

십대만 사랑에 빠지는 건 결코 아니지만, 청소년기에 특히 고양되는 활동인 것만은 틀림없다. 이런 것들이 애런에겐 조금도 놀랍지 않다. 그는 사람들이 이미 신체적으로 고양된 상태일 때 더 사랑에 빠지기 쉽다는 사실을 연구를 통해 반복적으로 확인해왔다. 여기서 말하는 신체적인 고양이란 단순히 성적으로 자극된 상태만을 의미하는 게 아니라, 심박수가 높아지는 활동이면 모두 포함한다. 예를 들어 구름다리처럼 아찔한 곳에서 만나거나, 전기충격 실험을 받을 예정이라거나, 러닝머신에서 달리기를 하고 막 내려왔을 때, 심지어 코미디를 보는 것도 서로에게 끌릴 확률을 높여준다.

그렇다면 십대들이 대단히 자주 사랑에 빠지는 것은 결코 놀라운 일이 아닌데, 왜냐하면 그들은 '대단히 고양된 상태'일 때가 많기 때문이다. 청소년기에는 "모든 것이 크게 보인다"고 애런은 말했다. 십대들은 심하게 자극되어 감정의 롤러코스터를 타게 되는 경우가 많다.

최근 들어 많은 연구가 쏟아져 나오면서 어린 십대들의 로맨스에 대한 우려가 높아지고 있다. 한 연구에서는 십대들 중에서도 여자아이들의 경우 12~13세 때 사랑의 감정을 겪게 되면 우울증에 빠질 가능성이 더 높다는 결과가 나왔다. 피셔는, 전체적으로 십대들이 다른 연령대에 비해 사랑하는 능력이 조금이라도 떨어진다고는 생각하지 않는다. "인정할 건 인정해야죠. 사랑에 능숙한 사람이 어디 있나요?" 그렇지만 십대들의 사랑은 아직 발달중인 뇌에 뿌리를 내리고 있기 때문에 다른 연령대에 비해 더 충동적이고, 그로 인해 더 자주 곤경에 빠질지 모른다.

"전전두엽 피질은 서서히 발달합니다. 그 사실은 아주 많은 것을 의미할 수 있어요. 예를 들면 십대들은 추진력은 강한데, 그것을 뒷받침해줄 뇌의 능력이나 경험은 그렇지 못하죠."

요즘에는 상황이 잘 풀리려면 성적인 충동과 뇌의 발달이 결국에는 조화를 이뤄야만 한다고 믿는 과학자들도 있다. 두 체계가 서로 영향을 주고받는 것은 분명하지만 나름의 경로를 따라 발전할지도 모르고, 그렇다면 실질적으로 번식과 관련된 행동은 이 두 가지가 완전히 발달된 다음에야 나올지 모른다.

에머리 대학의 킴 월렌은 300여 마리의 붉은털원숭이―아무래도 중학교 3학년보다는 체계적으로 관찰하기가 조금은 수월하다―를 대상으로 장기간 연구와 관찰을 진행하고 있는데, 사춘기 원숭이들에게도 이런 패턴이 있다는 단서를 발견했다. 어떤 이유에서건 또래보다 1년 먼저 사춘기에 들어간 암컷은 월경 주기가 일정하고 번식 면에서 성숙한 것처럼 보인다. 하지만 처음에는 성에 관심이 없고 새끼를 배지도 않는다. 월렌에 따르면 그 이유는 어린 암컷이 처음에는 자신들이 뭘 하는지를 모르기 때문일 수 있다. 붉은털원숭이의 경우 짝짓기를 시작하는 것은 암컷에게 달려 있지만, 어린 암컷들이 처음에는 "흥분해 무리할 수 있다"는 것이다. 게다가 우두머리 암컷들이 보내는 경계의 눈초리에 벌써부터 겁을 집어먹은 수컷들은 안절부절못하고는 멀찍이 피해버린다.

어린 암컷들은 하나같이 어색해하고 수줍어하는 경향이 있다. 월렌은 어린 암컷이 덩치가 큰 수컷에게 가까이 다가가는 모습을 보다 웃고 말았던 얘기를 들려주었다. 그 조그만 손을 내밀어 수컷을 어루만지려는데, 눈에 띄게 손을 덜덜 떨고 있더라는 것이다.

"어떤 기분일지 상상이 가죠. 어린 암컷들은 그 수컷 원숭이들과 평생을 같이 살아왔는데, 어느 날 일어났더니 그 옆으로 가까이 다가가 털을 골라주고 싶은 충동이 생긴 거예요. 가까이는 가야 하는데, '내가 왜 이럴까?' 라는 의문도 들겠죠."

그러면서도 월렌은 그것이 사회적으로만 설명할 수 없는 문제라고 생각한다. 성숙은 빠르더라도 뇌가 아직 준비되지 않았기 때문에 짝짓기를 시작하지 않는 것일 수도 있다. 번식 면에서는 성숙한 듯이 보이지만 인지 능력은 그렇지 않고, 뇌의 어떤 부분들이 아직 채 연결되지 않았을지도 모른다. 그래서 신호들을 해석해줄 뇌구조가 완성되지 않았기 때문에 성적인 충동은 느끼면서도 뭘 어떻게 해야 할지에 대해선 어렴풋한 실마리조차 찾지 못한 것이다.

"신경내분비체계의 조절 능력은 성숙했을지 몰라도, 그 체계와 반응하고 성적인 행동을 일으키는 뇌의 영역은 그렇지 못한 거죠."

이는 남들에 비해 일찍 성숙하는 인간에게도 시사하는 바가 있다. 이 부류의 아이들은 전형적인 시간표에 따라 성숙하는 아이들에 비해 곤경에 빠지는 경우가 더 높은 것으로 알려져 있다. 월렌은 이들의 경우 "그것을 통제할 신경체계가 자리를 잡기 전에 생식체계가 작동될 수" 있다면서, 그것이 말썽의 신호탄이 되는 셈이라고 말했다. 결국에는 호르몬과 성적 행동의 발달이 기존에 생각했던 것보다 훨씬 별개로 이루어지며, 십대들의 뇌 발달 여부에 많은 것이 걸려 있는 것으로 판명될지 모른다고 월렌은 믿고 있다.

"이런 것들 중에 일부가 호르몬과 관련이 있음이 밝혀질지도 모릅니다. 하지만 훨씬 놀라운 건 뇌에서는 태아가 성장할 때부터 독자적인 시간표에 따라 중요한 변화와 성숙이 이루어지고 있다는 사실일 겁니다."

십대들을 연구하는 몇몇 학자들은 이미 그런 증거가 나와 있다고 생각한다. 엘리자베스 서스먼과 함께 발달이 부진한 청소년들을 장기간에 걸쳐 연구 관찰하고 있는 펜실베이니아 주립대학의 행태학자 조던 핀켈스타인은 호르몬과 연관된 성적인 행동이 너무 많은 게 아니라 너무 적어서 놀랐다고 털어놓았다. (연구에 참가한 그 십대들에게는 석 달에 걸쳐 에스트로겐과 테스토스테론을 주사했으며, 그 다음에는 호르몬 투여를 중단하고 성호르몬의 상승이 행동을 얼마나 변화시켰는가를 관찰했다.) 십대인 이 아이들은 친구가 모두 성관계를 갖고 있기 때문에 일단 신체의 부분들이 제대로 기능한다면 망설일 이유가 없다고 핀켈스타인은 말했다. 그런데도 성과 관련된 몇몇 행동은 증가한 반면에—"머릿속으로 성행위에 대한 생각을 하죠"—호르몬을 투여한 기간에조차 실질적인 성교 사례는 거의 찾아볼 수 없었다고 한다. 이유가 뭘까?

성적인 관계를 피한 데에는 다양한 이유가 있을 것이다. 하지만 주변의 또래들은 모두 성적으로 활발하다는 사실을 감안하면 핀켈스타인은 그 이유가 미성숙한 뇌에 있다고 생각한다. 호르몬의 수치를 높인 것으로도 이들의 성적인 행동을 활발하게 끌어올리기에는 충분하지 않았다. 아마도 이런 것들을 조절하는 신경체계에 필수적인 경험이 뒷받침되지 않았을 것이다. 이들의 뇌는 아직 그런 일을 처리할 준비가 되어 있지 않았다.

"사람들은 아이들이 그 전날까지만 해도 가만히 있다가 어느 날 갑자기 성행위를 갖는다고 생각하는 경향이 있습니다. 물론 그런 아이들도 있긴 하겠죠. 하지만 대부분의 경우는 단계적으로 이루어집니다. 처음에는 자위행위가 있고, 그런 다음에는 다른 사람에게 접근해서 만져도 보고, 팔을 허리에 두르기도 하고, 춤을 추면서 가슴이나 페니스를 비비기도 하는 거죠. 이런 게 몇 년에 걸쳐 일어나고, 여기에는 호르몬이 작용할 수도 안 할 수도 있습니다. 이 아이들이 아무 행위도 하지 않는 건 아직 행동 발달이 이루어지지 않아서, 주로 뇌에서 학습되는 그 단계가 완료되지 않아서일지도 모릅니다."

그 밖의 호르몬들

시카고 대학 내분비과의 밥 로젠필드는 인간의 성에 미치는 뇌의 힘은 결코 과소평가될 수 없다고 말했다. 뇌가 채 발달하지 않았다면 성적인 행위를 막을지도 모르지만 일단 충분히 발달되면 행위는 지속될 수 있다. 테스토스테론과 에스트로겐이 성적인 행동과 관련이 있기는 하지만, 로젠필드는 그 호르몬이 없는 상황에서 얼마나 많은 것들이 가능한지 오히려 그게 더 놀랍다고 했다. 테스토스테론 수치가 극단적으로 낮은 남자라도 아무런 문제 없이 활발한 성생활을 영위할 때가 많다.

"인간은 성적인 행동을 학습하는 데 탁월한 능력을 지녔습니다. 거의 중독되어, 계속해서 할 수 있죠."

로젠필드의 지적처럼, 심지어 테스토스테론 수치가 현저히 떨어지는 네 살짜리조차 수면중에 발기가 되는 경우도 있다. 몇몇 성적인 행동에 관한 한 호르몬과는 상관없는, 전적으로 '신경계통의 경로'가 있을지 모른다는 좋은 증거라고 할 수 있다.

시카고 대학에서 오랫동안 호르몬을 연구해온 마사 매클린톡은 신경계통이든 아니든, 모든 경로가 기존에 생각했던 것보다 빨리 과정을 밟기 시작한다고 보고 있다. 실제로 여드름이 생겨나기 훨씬 전에 사랑의 과정이 시작될지 모른다는 게 그녀의 생각이다. 십대 후반을 대상으로 처음으로 사랑의 감정을 느꼈던 때를 돌이켜 생각해보게 했더니 전반적으로—남과 여, 동성애자와 이성애자의 구분 없이— 다들 진정한 첫번째 열병을 열 살, 그러니까 4학년 무렵으로 기억하고 있었다.

매클린톡의 주장대로라면 그것은 잘 알려진 것처럼 생식선에서 분비된 사춘기의 호르몬과 관련이 있을 가능성이 거의 없다. 그럴 경우 사춘기를 남자보다 2년 먼저 시작하는 여자아이들은 첫번째 열병도 남자아이들보다 훨씬 빨리 경험해야 하기 때문이다. 학습된 행동이라는 면에서 뇌의 성장과 관련이 있을지도 모른다. 그렇다면, 우리에게 어른 행동을 흉내 내라고 말하는 뇌의 어떤 부분이 어떤 식으로든 활동을 시작해서 부모들의 행동을 따라하라고 다그친다는 뜻이 될 것이다. 하지만 매클린톡은 그럴 수는 없다면서, 그 근거로 열 살 때의 열병 현상은 이성애자 아이뿐만 아니라, 이성애자 부모를 둔 동성애자 아이에게도 나타난다는 사실을 들었다.

그렇다면 도대체 뭘까? 매클린톡은 테스토스테론이나 에스트로겐이 아닌 다른 호르몬, 잘 알려지지는 않았지만 6~7세 정도부터 일찌감치 남녀 아이들에게서 나타나는 호르몬과 관련이 있다고 생각한다. 그 호르몬이 바로 안드로겐인데, 고환이나 난소가 아닌 부신에서 분비된다. 이 나이 때가 되면 부신이 자라서 DHEA로 알려진 안드로겐을 분비하기 시작하는데, 이 DHEA는 최근 들어 에너지 강화 효과가 있으며 이것의 물질대사가 테스토스테론과 에스트로겐으로 이어진다고 해서 식품보조제로 인기가 높다.

안드로겐이 이렇게 열 살 전후라는 어린 나이에 수치가 급격히 상승하며 돌진하는 것을 가리켜 '부신사춘기(adrenarche)'라고 부르는데, 매클린톡을 비롯한 학자들은 이 현상이 사춘기 때 발휘하는 역할이 과소평가되었다고 생각한다.

"소아과의 내분비학자들이나 알지, 대중적으로는 전혀 인식되어 있지 않죠. 그 나이 때의 아이들은 호르몬과 연결지어 생각하질 않는 거예요."

몇몇 기초연구에서도 부신사춘기가 십대들에게 나타나는 공격성, 행동장애, 조울증에 이르는 다양한 질병의 출발점일 가능성을 지적했다. 그렇다면 그것은 풋사랑의 호르몬 엔진이 될 수도 있을까?

하지만 매클린톡은 뇌를 배제하지 않는 게 중요하다고 말했다. 그녀는 열 살 즈음이 첫번째로 기억된 열병의 시기였다는 조사결과를 지적했다. 대부분의 사람들은 유아원이나 유치원에서 잠깐 사귄 친구는 막연한 느낌만 남아 있다. 하지만 열 살 때의 열병이 사랑의 레이더에 뚜렷이 잡히는 것은 그 단계 때 새롭게 발달하면서 강한 기억력을 제공했던 뇌회로 때문일지 모른다는 게 매클린톡의 믿음이다. 그리고 그런 회로의 생성과 연결은 호르몬 때문에 일어나기 쉽다.

"호르몬은 일을 추진하고, 주의력과 관련이 있는 뇌의 영역들을 연결해줄 수 있습니다. 그렇게 되었을 때 기억이라는 걸 하게 되는 거죠."

어떤 경우든, 매클린톡은 이런저런 호르몬이 설사 우리가 인식하지 못한다 하더라도 십대들의 행동을 조용히 추진한다는 것에는 의문을 품지 않는다. 그녀가 확신하는 것은 보이지 않는 또 다른 화학물질의 강력한 효과 때문이기도 하다. 매클린톡은 웰즐리 대학 기숙사에서 생활하면서 관찰한 것을 바탕으로, 여자들이 함께 살면 잠재된 화학물질에 대한 반응으로 월경주기가 같아진다는 인상적인 논문을 스물세 살 때 발표한 바 있다. 당시만 해도 남자 과학자들은 이런 현상이 쥐들에게서 나타난다는 것은 알고 있었지만, 인간에게서도 일어난다는 것은 전혀 몰랐거나 확인해볼 생각조차 하지 않았다.

사랑과 페로몬

최근에 매클린톡은 한 걸음 더 나아갔다. 일단의 여자들이 흘린 땀을 티슈에 적셔 다른 여자들의 코밑에 대는 실험에서는 두 번째 집단의 월경주기를 바꿀 수 있음이 확인되었다. 매클린톡은 모든 여자들의 배란 시기를 변경시킬 수 있었다.

이 놀라운 발견을 통해 매클린톡은 이런 현상 뒤에 자리잡은 메커니즘이, 동물들 사이에 신호를 주고받지만 거의 감지될 수 없는 페로몬이라는 냄새, 쥐의 암컷에게서 뿜어져나와 주변에 있는 수컷들에게 자신이 짝짓기를 할 의사가 있고, 준비되어 있음을 알리는 바로 그 화학물질이라는 것을 확신했다.

페로몬은 이른바 공중신호체계를 구축하는데, 매클린톡을 비롯한 일부 학자들은 그것이 인간에게도 활발한 작용을 한다고 생각한다. 다른 동물들을 대상으로 한 연구에서는 소변에서 나는 페로몬 냄새가, 동물들에게 자신과 가장 다른 면역체계를 가진 잠재적인 짝이 누구인지를 알려줌으로써 장래의 후손에게 더욱 다양하고 강력한 면역력을 제공하는 데 일조한다는 것이 확인되었다. 이것과 비교해볼 수 있는 연구에서는 여대생들에게 땀에 전 티셔츠를 고르게 했더니 자신과 가장 다른 면역체계를 가진 남자의 티셔츠를 '가장 섹시'한 것으로 선택했다. 매클린톡의 연구팀에서도 작년에 이와 비슷한 티셔츠 실험을 실시했는데 여자들은 자신들의 아버지와 비슷하면서도 '지나치게' 비슷하지는 않은 유전자의 남성을 가장 섹시하다고 선택했다. 그런 반응은, 여자들이 가까운 친척과 맺어지는 것은 피하면서도 자신들의 특정한 환경에서 가치가 있다고 판명된 유전적 결합을 유지하기 위해 진화된 것일 수 있다.

어느 경우든, 짝짓기에서 페로몬을 이용하는 것이 중요하다는 데에는 의심의 여지가 없다. 데보라 블럼의 책 『뇌와 섹스』를 보면, 그 하찮은 브로콜리마저도 지나치게 비슷한 브로콜리와 수정이 되는 것을 피하기 위해 50가지 서로 다른 유전자를 가지고 있다고 한다.

매클린톡은 페로몬이 어째서 여성에게 배란 주기를 변경하라는 신호를 보내는 것인지에 대해선 자신도 확신할 수 없다고 말했다. 인류 진화과정의 어느 시기에, 그리고 자원이 넉넉하지 않았던 어느 곳에서는 여자들이 서로의 배란 상태를 인식하는 것이 중요했을지 모른다. 어쩌면 먹을거리가 어느 시기에 풍족한지, 아이를 언제 갖는 것이 좋은지, 언제 가뭄이 발생했거나 하지 않았는지 등과 상관이 있을 수도 있다.

평범한 십대들이 브로콜리처럼 행동한다는 얘기는 아니지만(브로콜리 같다는 표현이 솔깃하기는 해도), 매클린톡은 우리 눈에 보이지 않는 막후에서 화학물질들이 작용한다고 믿는다. 이런 식의 얘기가 그리 기껍지 않은 것은 사실이지만 심지어 어린 아이들도 대부분의 사람들이 존재 여부조차 알지 못하는 호르몬의 증감에 따라 밀고 당겨지는 성적인 존재—변성기로 목소리가 저음이 되고 가슴이 봉긋한 예쁜 여자아이에게 영화 보러 가자고 말하기 훨씬 전부터—라는 것이다. 매클린톡은 이렇게 말했다.

"성욕도 걷기처럼 단계별로 발달합니다. 누워 있던 아이가 바로 춤을 추거나 달리는 게 아니잖아요. 무슨 영화에서처럼 어느 날 갑자기 일어나 '저 여자 멋진데!' 라고 말하는 것도 아니에요. 단계별로 일어나는 현상이죠. 우리가 그런 것에 대해 생각하고 싶어하지 않을 뿐이에요."

우리의 문화 속에서 성욕의 발달과 관련된 지표는 감추어지고, 결코 축복받지 못한다. 하지만 일상에서 자연스럽게 이런 미묘한 표지판을 인식한다면, 그것이 전속력으로 질주하기 시작하는 사춘기 때 놀라 주저앉는 일은 없을 것이다. 적어도 부모들의 눈에 어제까지 우유를 마시던 아이가 갑자기 음란물에 빠지는 것처럼 느껴지지는 않을 것이다. 매클린톡은 이렇게 말했다.

"음모가 자라기 시작했다고 해서 축하를 하거나 잔치를 벌이진 않죠. 하지만, 그러면 안 될 이유는 또 뭐죠?"

11

일어나, 해가 중천에 떴어!

이들이 잠을 자야만 하는 이유

오랜 친구인 신시아가 딸 조애너와 함께 우리집에 놀러왔고, 우리는 중학교에 대한 얘기를 나눴다. 조애너는 중학교를 무사히 마치고 얼마 전에 고등학교에 진학했다. 우리집의 두 아이는 아직 중학교에 다니던 터라, 우리는 도대체 이런 바보 같은 생각을 맨 처음 한 사람이 누굴까를 놓고 얘기하고 있었다. 뾰로통한 여드름투성이인 열세 살짜리들 몇백 명을 땀냄새 나는 좁은 공간에 몰아넣는 게 좋겠다고 생각한 사람은 아마 뇌가 땅콩만 할 거야.

"그냥 그걸 없애버리고, 중학교를 군대나 뭐 그런 거에 귀속시키는 건 어떨까? 거기서 뭔가를 하도록 말이야."

신시아가 말하자, 나는 좋은 생각이라고 맞장구를 쳤다.

"래프팅 중학교나 암벽등반 중학교 같은 건 어때? 아니면……"
그때, 옆에서 조용히 듣고 있던 조애너가 참다못해 입을 열었다.
"어떻게 그렇게 모르시는 말씀들만 하세요?"
조애너는 눈동자를 굴리며 십대들의 전유물과도 같은 표정으로 물었다.
"중학교 애들한테 필요한 건 잠이라고요. 국립수면중학교! 우리가 원하는 건 잠, 잠을 더 자는 것뿐이에요."
지금은 토요일 열두시이고, 우리집 두 십대 소녀는 여전히 잠에 빠져 있다. 한 아이는 태중의 아기처럼 몸을 둥글게 말고 이불 속에서 숨소리조차 내지 않고, 다른 아이는 팔다리를 쭉 뻗고 침대 위에 큰대자로 누워 코를 곤다.
언제부터 이렇게 됐는지는 모르겠다. 해가 뜨기도 전에 눈이 말똥말똥해서는 머리맡으로 달려오던 게 엊그제 같은데, 이젠 아침 점심을 다 먹고 잔디까지 깎은 다음에야 곰우리 같은 방에서 슬슬 기어나온다.
첫째인 헤일리는 열네 살이던 작년에 거의 번데기 속에 들어앉은 꼴이었다. 아침이면 매번 똑같은 상황이 벌어졌다. 처음에는 그냥 일어나라고 한다. 그러다 15분이 지나면 일어나라고 소리를 친다. 마침내 통학버스가 도착할 때가 되면 헤일리의 방으로 들어가 매트리스의 한쪽 끝을 들어올려 아이를 바닥으로 떨어뜨렸다.
청소년에게는 아침문안을 드리는 것도 쉬운 일이 아니다.

잠은 과학이다

엄마인 내 탓일까? 차라리 그렇다고 말하고 싶다. 우리 부부는 둘 다 일을 하기 때문에 집에 늦게 들어갈 때도 많고, 그러면 아이들을 보고 싶은 마음에 늦도록 잠을 안 재우기도 했다. 그러다 사춘기가 시작되더니 아이들은 더 늦게까지 깨어 있었다.

아들이 열여섯 살이라는 한 엄마는 한두시까지 깨어 있는 아들보다 몇 시간 먼저 자는 게 보통이라고 말했다.

"그 시간에 뭘 하는지는 알 수가 없죠. 숙제를 좀 할 테고, 어슬렁거리면서 뭘 먹기도 하겠죠. 그런데 늘 잠이 부족해서 피곤해하니까 제발 그러지 말라고 부탁도 해봤어요. 아침이면 침대에서 끌어내다시피 해서 깨워야 하니까요. 그러면 잠을 깨느라 샤워를 30분씩 해요. 주말이면 깨울 엄두도 못 내죠. 토요일엔 오후 3시까지 자는 게 보통이랍니다. 말이 오후 3시지, 한번 생각해보세요. 해가 질 때가 돼서야 일어나는 거잖아요."

이 엄마도 스스로를 탓했다. 아이가 방과후에 운동을 하느라 오후를 잡아먹기 때문에 늦은 시간까지 숙제를 하도록 내버려뒀더니 점점 늦게 자는 습관이 들었다는 것이다.

"제가 고등학교에 다닐 때만 해도 취침시간이 정해져 있었어요. 무슨 일이 있어도 10시에는 잠자리에 들어야 했죠. 어쩌면 그때로 돌아가야 하는 게 아닌가 싶어요."

하지만 브라운 대학의 수면학자, 메리 카스케이던의 생각은 다르다. 부모들의 느슨한 태도는 그리 큰 몫을 차지하지 않는다는 것이다. 카스케이던에 따르면 십대들은 늦게 자고 늦게 일어나는 게 자연스러운 경향이다. 그리고 이번에도 비난의 화살은 뇌에게 돌아간다.

지난 몇 년 동안 카스케이던은 일련의 연구를 통해 십대들이 늦게 자고 늦게 일어나는 이유가 어느 정도는 기초생물학 때문이라는 사실을 밝혀냈다. 청소년기에는 신체가 성장할 뿐 아니라, 뇌도 근본적으로 변화를 겪기 때문이다.

카스케이던과 그녀의 동료들은 수십 차례의 연구 끝에 십대가 되면 어렸을 때에 비해 멜라토닌 분비가 많게는 2시간까지 늦춰진다는 사실을 발견했다. 시차적응용으로 약국에서도 구입할 수 있는 멜라토닌은 뇌의 수면물질 가운데 하나이다. 날이 어두워지면 송과선(松果腺)*에서 멜라토닌이 분비되어 졸음을 느끼게 되는 것이다.

카스케이던은 청소년기에 접어들면 이른바 '위상의 지체'가 나타난다고 말했다. 아이들은 자연스럽게 늦게 자고 늦게 일어나는데, 어느 정도는 멜라토닌이 뇌에 늦게 분비돼서—대개 10시 30분을 전후로—아침 늦게까지 남아 있기 때문에 늦도록 자게 되는 것이다.

사실 이런 연구결과에 누구보다 놀란 사람은 카스케이던 자신이었다. 스탠퍼드 대학원에 다닐 때 그녀는 십대들의 수면 패턴을 알아보기 위해 캠프를 연 적이 있었다. 그때만 해도 청소년과

---

* pineal gland. 좌우 대뇌 반구 사이에 있는 솔방울 모양의 내분비 기관으로 생식샘 자극 호르몬을 억제하는 멜라토닌을 만들어낸다.

성인에게 필요한 수면시간이 대략 비슷해서, 약 7시간 반에서 8시간 정도일 것이라고 생각했다. 하지만 결과는 그렇지 않았다. 잘 통제된 실험 환경에서 십대들은 기꺼이 9시간이 넘도록 자고, 또 잤다. 그러고도 한낮이 되면 졸음을 느꼈다. 십대들은 사실상 어른들보다 훨씬 많이 자야 한다.

"열 시간을 자게 했는데도 아침이면 침대에서 끌어내야 했어요." 카스케이던은 말했다.

나중에 브라운 대학에서 다시 실시한 실험을 통해 카스케이던은 수면시간의 이 같은 변동이 사춘기 때 나타난다는 사실을 발견했다. 그 같은 사실은 6학년 집단에서 확인되었고, 사춘기가 진행됨에 따라 자는 시간은 자연스럽게 더 늦춰졌다. 타액 속의 멜라토닌 양을 측정해본 결과 청소년기가 진행될수록 멜라토닌이 점점 더 늦게 분비된다는 사실도 발견되었다.

"이런 정황들이 나타나기 전에는 저도 아이들이 나이가 들수록 늦게 자는 이유가 오로지 사회심리적인 것들, 친구들이나 여러 가지 할 일들 때문이라고 생각했어요. 그랬으니 놀랄 수밖에 없었죠."

카스케이던은 이처럼 수면시간이 달라지는 것은 사춘기의 뇌 화학물질 변화 때문이라고 거의 확신했다. 사춘기 호르몬이 증가하면, 그중에서도 특히 배란과 정자 생성에 관여하는 황체형 성호르몬이 증가하면, 멜라토닌 수치가 감소한다는 연구결과도 있었다.

카스케이던은 또다른 흥미로운 생각을 갖고 있는데, 멜라토닌

분비가 늦어진 것은 청소년들이 집단의 생존 차원에서 늦게까지 깨어 있어야 했기 때문일 수도 있다는 것이다.

"인류 역사의 어느 시점에서는 눈이 밝고 힘도 강한 젊은이들이 부족을 보호하기 위해 늦도록 깨어 주변을 경계하는 게 중요했을지도 모릅니다. 청소년들이 어린이나 어른과 다르게 잠을 자는 데에는 뭔가 이유가 있어요."

물론 그렇다고 해서 문제될 건 없다. 생물학의 영향으로 십대들은 늦은 시간까지 숙제를 하고, 인터넷으로 채팅을 하며, 가족을 보호하기 위해 집 주변을 순찰하고, 적절한 시간에 멜라토닌이 분비되어 잠자리에 들기 전에 이 모든 것들을 할 수도 있다.

그런데 어른들은 이것마저도 엉망으로 망쳐놓았다. 우리는 우리 부모들처럼 적당한 시간에 아이들을 재우지도 못할 뿐만 아니라, 고등학교는 더 일찍 시작하게 만들었다. 아이들의 수가 늘어나고, 비용은 상승하고, 버스시간표까지 조절해야 했던 고등학교들은 거리의 가로등이 채 꺼지기도 전에 문을 열기 시작한 것이다. 어떤 곳은 아침 7시 10분에 수업을 시작해서, 무거운 몸으로 미적분과 물리 수업을 간신히 마친 아이들은 아침 8시 45분에 교내 식당에서 스파게티로 점심을 먹는다.

상황이 이렇다보니, 십대들에게 필요한 수면량과 실제 수면량 사이에 괴리가 생기면서 아이들은 수면 부족―그리고 어른들은 이들의 짜증―에 시달리게 되었다. 실제로 청소년을 연구하는 학자들은 십대들이 풀이 죽거나 예민하거나 퉁명스러워 보일 때에는 우선 수면량이 충분한지부터 살펴봐야 한다고 권고한다.

카스케이던과 수많은 공동연구를 진행했던 심리학자 에이미 울프슨은 로드아일랜드의 고등학생 3000명을 대상으로 설문조사를 실시한 결과, 상당수가 적정량인 9시간에 턱없이 모자라는 6시간의 수면을 취하고 있다는 사실을 확인했다. 울프슨과 카스케이던의 또다른 연구에서는 수면시간이 9시간에 못 미치는 아이들은 오전에도 기회만 주어질 경우 바로 REM* 수면에 들어가는 경향을 보였는데, 이는 수면 부족이 심각한 상태라는 증거이다. 게다가 수면이 부족한 아이들은 학교 수업에도 뒤떨어지고, 슬픔이나 좌절감의 정도를 측정하는 테스트에서도 높은 수치를 나타낸다. 쉽게 말해서 이들은 유쾌하지 못한 것이다.

"아이들의 잠이 얼마나 부족한가를 알면 겁이 날 정도입니다." 울프슨은 아이들과 부모들에게 잠의 중요성을 일깨워줄 교내 건강프로그램을 구상하고 있다.

"우리는 지금 수면장애가 있는 아이들을 양산하고 있습니다."

수면 부족이 초래하는 감정

미국에서 대표적인 청소년 수면 전문가로 손꼽히는 피츠버그

---

* REM(Rapid-Eye-Movement). 이 상태에서 꿈을 자주 꾸고 또 잘 기억하기 때문에 꿈수면이라고도 한다. 이 꿈수면 상태에서는 안구가 빠르게 움직인다고 해서 이런 이름이 붙었다.

대학의 론 달은 청소년들의 수면 부족이 감정을 포함한 다양한 영역에 영향을 미칠 수 있음을 발견했다. 졸음에 겨운 십대들은 타인의 여러 감정을 제대로 느끼지 못하는 반면에, 본인의 감정 통제력은 약화되고 더 과장되는 경향이 있다는 것이다.

"단순히 기분이 부정적이라는 차원이 아니라, 지각이 떨어질 수 있다는 거죠. 좌절감을 느낄 경우 화를 낼 가능성이 높고, 슬플 때는 울 가능성이 더 높습니다. 감정을 통제하는 능력이 떨어지고, 감정은 더 노골적으로 드러나죠."

조금 이례적인 일련의 실험을 통해 달은 십대들에게 수면이 지나치게 부족할 경우 특히 두 가지 중요한 것, 즉 사고력과 감정을 제어하는 능력이 동시에 손상될 수 있음을 확인했다. 방금 전에 컴퓨터 화면에서 본 글자를 기억하게 했을 땐 잠이 부족한 십대들도 잘해냈다. 하지만 감정을 불러일으키는 모습, 예를 들면 강아지(좋은 감정)나 파리떼에 뒤덮인 음식(안 좋은 감정)을 배경으로 깔아놨을 때에는 충분한 수면을 취한 대조군만큼 글자를 잘 기억해내지 못했다. 잠이 부족한 십대들은 더는 감정과 생각을 동시에 효과적으로 처리하지 못했는데, 이는 감정 조절이나 기억 가운데 어느 한쪽이 손상됐을 수 있다는 뜻이었다.

달은 잠이 충분하지 못하면 뇌가 '재조정' 하기에 충분한 휴식 시간을 얻지 못할지도 모른다고 믿는다. 오케스트라가 완벽한 화음을 내기 위해 각자 악기를 조정하며 조율을 해야 하듯이, 신경체계도 더 잘 연결되려면 잠시 쉴 시간이 필요할지 모른다. 그리고 뇌의 다양한 부분들이 매끄럽게 연결되지 않으면 문제가 발생한다. 감정이 통제되지 않아 엄마에 대한 사소한 불만이 "나 좀 내버려두란 말이야"라는 큰 소리로 터져 나올 수 있다. 달은 이렇게 말했다.

"잠이 부족해도 사소한 일들은 처리할 수 있지만, 거기에는 대가가 따릅니다."

시카고 대학의 수면학자 이브 반 코터는 여기서 한 걸음 더 나아갔다. 젊은 남자들을 대상으로 일정 기간 하루에 4시간만 자게 했더니 호르몬의 전반적인 기능장애 징후가 나타났다. 그중에서도 스트레스 호르몬인 코르티솔의 상승과 포도당 처리 기능의 저하는 비만과 제2형 당뇨병*을 유발할 수 있는데, 이 두 가지는 미국에서, 특히 청소년층에서 증가세가 뚜렷한 질병이다.

코터는 "수면이 부족할 경우 전반적인 시스템이 정상에서 벗어난다"는 것을 발견했다면서 이렇게 덧붙였다. "십대들은 전체적으로 가장 수면이 부족한 연령층입니다."

올해 열다섯인 그 아이는 으레 새벽 4시는 돼야 잠자리에 든다. 머리는 좋지만 성적은 형편없는데, 가장 큰 이유는 통학버스가 도착할 때까지도 여전히 꿈나라를 헤매느라 제 시간에 등교하는 일이 드물기 때문이다. 학교에 간다고 해도 수업이 시작되기 무섭게 자기 일쑤다. 걱정이 된 부모는 아이를 데리고 조디

---

* Type2 diabetes. 40대 이후에 발병하며 과체중이나 비만 증상을 보인다. 우리나라 당뇨병 환자의 대부분이 여기에 해당한다.

민델의 수면클리닉을 찾았다. 아이는 청소년들에게서 흔히 나타나는 수면장애를 겪고 있는 것으로 밝혀졌다. 수면시간을 지나치게 늦춤으로써 나타나는 장애였다. 즉 생물학적으로 십대들이 늦게까지 깨어 있는 것은 자연스러운 현상이지만, 개중에는 태어날 때부터 '올빼밋과' 인 아이들이 있어서 수면시간이 더 미뤄지고, 그 상태를 벗어나지 못하는 것이다. 이 아이들은 불면증이 아니다. 새벽 4시에 자리에 누우면 이들은 바로 곯아떨어진다. 오히려 자연스러운 수면시간이 사춘기 때 일어나는 뇌의 변화 때문에 세상의 리듬과 어긋나게 되었다고 말할 수 있다. 이런 패턴이 성인이 되어서도 계속된다면 밤에 일하는 직업을 얻는 식으로 생활을 조정할 수 있다. 하지만 아직까지 자신의 일과표를 스스로 정할 수 없는 십대들은 곤란에 빠진다.

이 장애를 바로잡는 방법은 조금 독특한데—십대들은 이 얘기를 듣고 좋아할지 모르겠지만—자는 시간을 더 늦춰야 한다. 새벽 4시에 자던 아이라면 새벽 6시에 자는 식이다. 그래서 적당한 시간에 자게 될 때까지 매일 이런 식으로 시간을 조금씩 더 늦춰간다. 이 방법이 효과를 거두기 위해선 엄청난 동기부여와 본인의 협조가 필요한데 평범한 십대들에게는 쉽지 않은 일이다. 수면클리닉의 문을 두드리는 십대들은 대개 우울해하고, 가족들은 스트레스에 시달리며 어찌할 바를 모른다. 원인은 무엇이고, 어떤 결과가 나타날지 판단하기 어렵다. 앞에서 예로 들었던 열다섯 살짜리의 경우엔 정해준 시간표를 거부했다. "그 아이는 시간을 늦추는 방식으로 한 바퀴를 돌고 나서도 계속해서 늦게 잤어요." 민델은 이렇게 말했다. "수면장애를 고치려면 본인이 대단한 노력을 기울여야 하는데, 그게 어려운 일이죠. 솔직히, 이쪽 분야에 있는 사람들은 아이들이 찾아오면 한숨부터 쉰답니다."

소아과의사이면서 수면장애 클리닉을 운영하는 주디 오언스는 수면시간이 늦춰지는 것 외에도, 성인들에게 흔한 수면장애가 청소년기에 시작될 때가 많다고 말했다. 예를 들면 잘 시간이 아닌데도 아무 데서나 졸음에 빠져드는 기면증과 전혀 잠을 이루지 못하는 불면증 등이다. 오언스에 따르면 불면증의 시발은 뇌에서 경찰과 '걱정 공장' 노릇까지 하는 전두엽이 한창 발달되는 때까지 거슬러 올라갈 수 있다. 오언스는 이렇게 말했다.

"전전두엽 피질이 발달되면 십대들은 계획을 수립하는 데 능숙해지지만, 그와 동시에 걱정도 늘어난다. 내일 치를 시험이나 온갖 것에 대해 계획을 수립하기 앞서 걱정부터 하죠. 나이가 더 어렸을 땐 볼 수 없었던 모습입니다."

전두엽의 발달은 꿈에도 영향을 미칠지 모른다. 아직 충분한 연구가 이뤄지지는 않았지만 십대들은 꿈도 다르게 꾸기 시작한다는 증거가 나와 있다. 수면연구에 주력해온 데이비드 퍼크스의 저서 『아이들의 꿈과 의식의 발달Children's Dreaming and the Development of Consciousness』에 따르면, 뇌와 인지능력이 발달함에 따라 아이들의 꿈은 좀더 조리 있게 이야기가 이어지고 동물이 등장하는 경우는 줄어든다. 또한 청소년에게 자의식이 생겨나면 본인을 주인공으로 해서 꿈을 꾸는 경우가 점점 늘어나는 경향이 있다고 한다.

많은 수면 연구가들은 오늘날의 24시간 생활환경이 십대들에게 도움이 되지 않는다는 사실을 인정한다. 오언스는 이렇게 말했다. "모든 게 24시간 단위로 운영되고 있죠. 새벽 3시에 만화영화를 보고 싶으신가요? 새벽 3시에도 만화영화를 얼마든지 볼 수 있답니다."

오언스는 얼마 전에 아이들 200명이 참가한 여름 캠프에서 수면실험을 실시한 결과, 아이들의 수면시간이 고르지 못하며 아이들도 그걸 바로잡고 싶어한다는 사실을 알게 됐다. 자기 방에 TV가 있는 아이들이 많았고, 부모들은 장시간 일을 하고 늦게 잠을 잤으며 수면 부족에 시달리는 아이들에게 큰 도움을 주지 못하고 있었다. 아이들이 주말에 부족한 잠을 보충하려 하면 부모들은 게으름을 피운다고 꾸지람을 했다.

"아이들은 해야 할 일이 너무 많은데, 잠을 충분히 못 자면 의욕이 떨어지고 학교생활이나 운동에도 충실하지 못한다고 말하더군요. 아이들은 상황의 인과관계를 파악하고 있었습니다." 오언스는 이렇게 말했다. "하지만 시간을 조직적으로 활용할 수 있도록 누가 도와줬으면 좋겠다는 얘기도 했어요. 이 아이들은 게으른 게 아니에요. 단지 잠을 충분히 못 자고 있는 거죠."

이상한 잠의 나라

십대건 어른이건, 우리는 왜 잠을 자는 걸까? 너무 당연한 질문 같지만, 이 문제에 관한 한 당연한 건 아무것도 없다. 펜실베이니아 의대의 수면학자 데이비드 딘지스는 최근 들어 수면에 대한 많은 점들이 밝혀진 것은 새로운 도구들이 등장했기 때문이라고 말했다. 그는 그렇게 알아낸 것들이 "놀랍다"면서도 커다란 블랙홀들, '진정한 미스터리'는 아직 그대로 남아 있음을 인정했다. 그리고 알려진 것들마저도 기이하기 그지없다. '시계'니 '시간 초월' 같은 이름이 붙은 유전자가 활동을 했다 안 했다 하고, 근육은 마비되고, 뇌는 대개 제멋대로 하고 싶은 일을 결정하는 앨리스의 이상한 나라와도 같은 그 세계에서 수면 활동은 "점점 흥미진진해진다"고 딘지스는 말했다.

모든 동물들은 그 나름의 방식으로 잠을 잔다. 돌고래와 고래는 자는 동안에도 물 위로 올라가 호흡할 수 있도록 뇌의 절반만 잠을 잔다. 오리들 중에도 그런 종들이 있다. 무리를 이뤄 잠을 잘 때, 바깥쪽 가장자리에 있는 오리는 한쪽 눈을 뜨고 경계를 할 수 있도록 뇌의 반쪽만 잔다. 소는 서서 자고, 기린은 무릎을 꿇은 다음 긴 목을 감아 뒤쪽 무릎에 얹고 잔다. 심지어 과실파리들도 잠을 잔다. 파리에게 카페인을 투여하면 늦도록 움직이며 돌아다닌다. 그리고 휴식을 방해받았기 때문에 그 다음날이 되면 늦게까지 작게 무리지어 좀처럼 움직이려 하지 않는다. 그들은 고등학교 1학년 아이들처럼 산더미같이 밀린 잠을 보충하는 중이다.

여기서 일반적인 수면 패턴이 나타난다. 큰 동물은 물질대사가 빠른 작은 동물에 비해 잠을 적게 자는데 이는 동물들이 에너지를 충전하기 위해서 잠을 잔다는 가설에 신빙성을 부여한다. 태어나면서부터 대체로 몸을 잘 가눌 수 있는 돌고래 같은 동물들은 더 의존적인 동물들에 비해 REM 수면시간이 짧다. 이는 수면이, 그중에서도 특히 REM 수면이 의존성이 강한 동물들의 지속적인 뇌성장에서 중요한 역할을 한다는 이론에 무게를 실어준다. 전체의 약 50퍼센트를 REM 수면으로 채우는 아기들은 중간 정도에 해당된다.

몇 년 전에도 REM 수면과 학습에 관한 흥미로운 실험결과가 발표되었는데, 낮에 원형미로학습을 하면서 초콜릿 과자를 상으로 받았던 쥐는 밤에 꿈속에서도 같은 학습을 한다는 것이었다. 연구자들은 쥐가 미로를 학습할 때 활성화되는 뇌의 영역을 정확하게 규명한 다음, 쥐가 잠을 잘 때 같은 영역에 불이 들어오는가를 관찰했다. 또다른 연구에서는 잠을 잔 고양이의 뇌 신경섬유가 잠을 안 잔 고양이에 비해 더 많이 자란 것으로 밝혀졌다.

반면에, 하버드 대학에 근무하는 수면학자 클리프 세이퍼는 잠의 가장 큰 기능은 신경세포를 쉬게 하는 것이라면서 "칠판을 깨끗이 닦고, 다음날 다시 정보를 받아들일 수 있게 시냅스를 교체하는 것"이라고 말했다.

"신경세포는 하루 종일 수많은 생화학 신호를 받아들입니다. 세포들도 좀 쉬면서 그것들을 정리할 필요가 있지 않을까요."

잠은 신경세포들이 이를테면 스팸메일의 홍수 속에서 필요한 것들을 골라내고 쓰레기통을 비우는 방법일지도 모른다.

이브 반 코터는 결국 생존에 결정적인 다양한 이유를 위해 잠을 자야 한다고 생각한다. 그녀는 쥐는 먹이가 없을 때보다 잠을 못 잘 때 더 빨리 죽는다면서, 그 이유는 면역체계에 이상이 생겨서일 가능성이 높다고 설명했다. 쥐가 수면 부족으로 죽음이 임박하면 가늘고 긴 꼬리 여기저기에 염증이 생긴다. "중요한 건 우리가 모든 면에서 잠을 필요로 한다는 것입니다." 코터는 이렇게 말했다. 그리고 딘지스는 "수면이 일련의 기능을 위해 조직되었는데, 다른 기능들을 인계받은 것일지도 모른다"고 덧붙였다.

각성센터와 수면센터

그래프로 그려보면 수면은 작은 롤러코스터처럼 보인다. 우리는 몇 단계를 거쳐 파장이 깊고 느린 수면으로 빠져들고, 그런 다음에는 더욱 활동적이며 꿈을 유발하는 REM 수면과 다양한 단계의 깊은 수면을 약 90분 주기로 오간다.

1단계 수면은 선잠이 든 상태로, 뇌파가 여전히 활동을 하기 때문에 노크 소리에도 쉽게 깬다. 2단계 때는 체온이 떨어지고 뇌파가 느려지기 시작한다. 3단계와 4단계는 가장 깊은 수면이다. 마지막으로 빠져드는 REM 수면은 뇌파가 깨어 있을 때만큼이나 활발하기 때문에 역설적 수면이라고도 불린다. REM 수면 동안에는 팔다리 근육의 활동성이 사라져서, 아무리 생생한 꿈을 꾸더라도 근육이 움직이지 않기 때문에 실제로 실행에 옮기지는 못한다. (근육이 활동성을 잃게 만드는 뇌의 시냅스를 절단할 경우, 고양이는 꿈속의 쥐를 쫓아가고, 사람도 일정한 수면조절장애로 인해 꿈꾼 것을 실제로 하려고 든다. 예를 들면 전설적인 홈런타자가 되어 날아오는 볼마다 전부 때리겠다고 덤벼드는 식이다.)

우리는 일반적으로 24시간 주기로 살아가는데, 그건 아마 지구의 자전에 아메바가 반응했던 때부터 만들어진 주기일지도 모른다. 하지만 자원자를 동굴이나 어두운 연구실 환경에서 생활하게 해보면 대부분은 이 주기에서 벗어나 약 25시간 단위로 살게 되는데, 이것은 조금씩 낮과 밤이라는 위상에서 이탈한다는 뜻이다.

이런 위상의 이탈을 방지하기 위해 우리 몸속의 생체시계는 환경에서, 그중에서도 특히 빛의 강도에서 힌트를 얻는다. 빛은 망막의 광수용체를 통과해서 시상하부에 있는, 핀 머리 두 개 크기만 한 세포다발(교차상핵, 또는 대표시계master clock라고 부른다)에 도달하고, 졸음을 느끼게 만드는 멜라토닌이라는 호르몬을 분비시킨다.

그 밖에도 우리는 각자 필요한 일과표를 지키기 위해 다양한 방법들—정기적인 식사, TV 프로그램, 여러 개의 자명종, 진한 커피—을 동원한다.

하지만 이런 시간조절 시스템은 수면계의 일부에 불과하다.

그것이 뇌에게 잘 '시간'을 말해줄지는 몰라도, 실제로 뇌를 자게 만들고 또 일어나게 만드는 데에는 전혀 다른 시스템이 요구된다. 그 시스템이 어떤 식으로 운영되는지에 대해선 아무도 구체적인 대답을 못 하지만, 일단의 신경화학물질이 뇌를 깨어 있게 하고 또다른 물질들은 자게 만들며, 분주한 시상하부에서도 각각 다른 부분에서 각각의 신경전달물질들을 자극하는 것처럼 보인다. 일부에서는 히포크레틴이라는 화학물질을 생산하는 영역이 뇌를 깨어 있게 만든다고 주장한다. 최근에 발표된 연구결과에 의하면 기면증 환자들은 이 히포크레틴이 아예 없거나 매우 낮았는데, 자가면역반응에 의해 파괴된 것으로 추정된다. 시상하부의 또다른 영역인 시각전구역(preoptic area)이 뇌를 다시 자게 만드는 곳일지도 모른다. 세이퍼는 수면병이 확산됐던 1920년대에도 시각전구역에 이상이 있는 사람들은 불면증에 시달렸다고 말했다.

각성센터와 수면센터라고 볼 수 있는 시상하부의 두 구역은 대표시계라고 불리는 시상하부의 또다른 세포다발과 우리가 깨어 있는 동안 뇌에서 만들어지는 수십 가지 화학물질에서 단서를 얻는다. 그중 하나가 아데노신인데, 뇌세포활동의 부산물로 만들어지는 이것이 증가하면 시각전구역에 작용해서 결국 졸음을 느끼게 된다. 하지만 우리는 알게 모르게 이 화학물질을 속이는 데 능숙한데, 수면을 유발하는 아데노신은 커피 속의 카페인에 의해 차단된다.

워싱턴 주립대학의 뇌과학자 짐 크루거는 가장 작은 단위에서 수면을 이해하려 노력하고 있다. 그의 연구실에서는 뉴런을 잠들게 만들려는 실험이 한창 진행중이다.

사실 크루거도 하나하나의 뉴런이 깨어 있는지 잠들어 있는지를 구분하는 것은 불가능하다고 말한다. 어떤 뇌세포는 잠을 촉진할 때가 그렇지 않을 때에 비해 더 빨리 발화되기도 한다. 크루거는 페트리접시라는 작은 세균배양판에 뉴런을 하나씩 추가해서, 수면이나 각성이라고 부르는 구체적인 주기의 패턴을 따르기에 충분한 크기로 '뉴런 집단'을 구성했다.

크루거는 저 깊숙한 곳까지 내려가보면 우리가 생각하는 것보다 인간과 돌고래 사이에 닮은 점이 많다고 말했다. 우리의 뇌에서도 어느 부분은 다른 부분에 비해 더 깊은 잠에 빠지는데, 그 이유는 무엇보다 깨어 있는 동안 더 많이 사용됐기 때문이다. 물론 뇌의 절반만이 잠을 자는 돌고래와는 달리, 우리 인간의 뇌는 결국 전체가 다 잠을 잔다. 인간의 경우에는 뇌의 절반은 낮잠을 자면서 쉬고, 나머지 절반이 신데렐라처럼 집안일을 하는 게 아니다. 하지만 몇몇 연구를 통해 인간의 뇌에서도 어느 부분은 다른 부분보다 더 많이 자는 것처럼 보인다는 사실이 확인되었다. 예를 들어 몇 년 전에 취리히의 한 연구팀에서 일단의 참가자들을 대상으로 왼손만 반복해서 사용하게 한 뒤 잠을 자는 동안 뇌를 관찰해봤더니, 왼손에 해당되는 뇌의 영역이 오른손에 해당되는 곳보다 더 깊은 잠에 빠졌다.

크루거는 뇌가 이런 식으로 조직된 이유가 이기적이기 때문이라고 믿는다. 제일 많이 사용된 부분이 휴식을 취하는 동시에 그 부분의 시냅스를 강화하는 것은, 그것이 우리에게 중요해 보이기 때문이라는 것이다. 그런데다가 뇌를 졸리게 하는 50가지 뇌 화학물질이 뇌세포 간의 시냅스 구축에도 작용하는 것으로 밝혀졌다. 이 말은 뇌에서 가장 많이 사용되는 영역이 수면을 유발하는 화학물질도 가장 많이 생산할 것이라는 뜻이다. 그리고 그 화학물질들은 우리가 자는 동안 뇌의 시냅스를 다시 구축하고 강화한다.

'포식자를 경계하지도 않고, 먹거나 번식을 하지도 않는 일'에 그렇게 긴 시간을 보낸다면 수면에는 납득할 만한 이유가 있어야만 하고, 뇌는 이런 식으로 우리에게 필요한 정보를 저장하고 휴식도 취하는 것이라고 크루거는 말했다. 신경 집단이 어느 정도 사용되고 또 그런 화학물질도 어느 정도 만들어지면, 뇌의 해당 부분을 자게 만든다는 것이다. 그렇게 해서 충분히 많은 부분이 자게 되면 뭔가 작용해서 뇌 전체가 잠을 자게 된다.

"신경학자들은 예전부터 깨어 있으면서 동시에 잘 수 있는 사람들이 있다고 얘기해왔거든요."

크루거는 뇌의 낮잠 자는 부분들을 거론하며 이렇게 말했다.

이런 사실들은 깨어 있으면서 동시에 자는 것처럼 보일 때가 많은 우리 십대들에게 어떤 의미를 지닐까? 무엇보다 청소년기는 뇌의 수면체계가 아직 발달하고 움직이는 과정이다. 세이퍼는 우리를 잠에 빠져들게 도와준다는 시상하부의 시각전구역이 나이가 들수록 작아진다고 말했다. 노인들이 깊은 잠을 못 이루는 이유도 여기에 있을지 모른다. 하지만 십대들의 수면 촉진 영역은 아직 넉넉하다.

변화는 다른 곳에서도 일어난다. 청소년기에 파장이 느린 가장 깊은 수면은 많게는 40퍼센트까지 감소한다. 자면서 말을 하거나 걸어다니기도 하고, 오줌을 싸는 아이를 보고도 의사들이 걱정하지 말라고 얘기하는 이유가 여기에 있다. 그런 행동은 파장이 느린 수면에서 일어나는데, 청소년기가 시작되면 그 파장의 수면이 감소하고, 그런 행동도 따라서 사라질 때가 많기 때문이다.

카스케이던은 파장이 느린 수면이 감소하는 것은 십대들의 뇌가 발달하면서 생기는 변화 때문일 것이라고 믿는다. 그런 수면이 일어나려면 대뇌피질을 이루는 뉴런의 밀도가 일정 수준에 이르러야 한다. 그런데 앞에서 살펴봤듯이 십대들의 뇌는 대뇌피질의 회백질을 맹렬하게 쳐내고 잘라낸다. "청소년들은 자는 방식도 다릅니다."

켈리 크로셋이 어깨에 가방을 메고 학교에 가기 위해 집을 나선 건 해가 근처 언덕 위로 떠오른 지 얼마 안 됐을 때였다. 아침 일곱시. 뉴욕시 북쪽의 카토나라는 작은 마을의 외딴길 위에서 움직이는 존재라곤 켈리뿐이었다.

열일곱 살인 켈리는 존 제이 고등학교의 졸업반이다. 학생회 회장에다 졸업앨범 편집 책임을 맡았고, 배구부 주장이기도 한 그녀는 학교에서도 인기가 높다. 긴 머리를 얌전하게 빗고 깔끔한 청바지 차림의 그녀는 잠에서 완전히 깬 것처럼 보였다. 그러나 (새삼스러운 일은 아니지만) 전날 밤엔 다섯 시간밖에 못잤다.

차를 타고 학교로 가는 길에 켈리는 이렇게 말했다.

"늘 피곤한 것 같아요." 하지만 몇 년 전만 해도 상황은 더 심각했다. 그땐 7시 10분에 학교가 시작됐다. 그러다보니 빠르면 아침 8시 45분에도 점심을 먹을 때가 많았다. 물론 점심이래야 스파게티나 피자, 감자칩 같은 것들이었다. 켈리는 그 당시에 대해 이렇게 말했다.

"정말 어이없는 상황이었죠. 하지만 대체로 저는 아무것도 안 먹었어요."

너무나 어이없는 상황에 대해 카토나의 학부모들은 이의를 제기했고, 수면의 생물학적 단계에 대한 카스케이던의 연구를 근거로 1교시 수업시간을 30분 늦추도록 학교 당국을 설득했다. 미니애폴리스 교육청을 비롯한 다른 곳에서도 카스케이던의 연구를 심각하게 받아들여 고등학교 수업 시작 시간을 더 뒤로 늦췄고, 방과후 활동의 일정표를 조정하느라 애를 먹기는 했어도 전체적인 출석률은 눈에 띄게 좋아졌다. 적절한 수면과 십대들의 역할수행의 관계가 분명해졌다면, 부쩍 짜증이 심하고 정도에서 벗어난 십대들은 혹시 수면 부족 때문이 아닐까?

카토나의 경우 수업시간의 변경은 도움이 됐다. 하지만 지금은 많은 교내 활동들이 아침으로 시간을 옮겼고 교통체증도 너무나 심하기 때문에, 학생들은 여전히 해가 뜰 무렵에 학교에 가야 한다.

켈리의 등굣길에 동행했던 날, 학교에 들어서자 많은 아이들이 쌀쌀한 늦가을 아침에 청바지와 두툼한 재킷을 입고 커피를 마시며 걸어가고 있었다.

나는 빨간 야구모자에 스키 점퍼를 입고 커다란 스테인리스 컵에 커피를 담아 마시고 있는 열여섯 살 난 애덤에게 어젯밤에 몇 시간이나 잤냐고 물었다.

"늘 자던 대로죠, 뭐." 방과후에 운동하고 집에 가서 숙제하고 새벽 2시에 잠자리에 들었다가 7시도 되기 전에 일어나 학교에 나왔으니, 다섯 시간쯤 잔 셈이었다.

혹시 수업시간에 졸지는 않을까?

"물론이죠." 애덤은 너무나 당연하다는 듯이 대답했다. "과학시간에는 말할 필요도 없고요. 애들이 다 존다고 보시면 돼요. 하지만 선생님들은 너무 좋으세요. 그래도 깨우지 않거든요."

12

선로 밖의 아이들

알코올과 니코틴

열여덟 살인 미셸은 금발을 단정하게 묶고, 청록색 터틀넥 스웨터에 주름 하나 없이 빳빳한 흰바지를 입었다. 술꾼이라고는 짐작조차 할 수 없는 모습이었다. 하지만 목사의 딸답게 조용하고 부드러운 목소리로, 그녀는 지난 2년 동안 주말마다 친구들과 어울려 "있는 대로 취해서 들어왔다"고 얘기했다.

금요일 밤이 되면 으레 보드카에 오렌지주스를 섞어 큰 잔으로 네 잔을 마시고, 럼콕 세 잔, 그리고 코코넛럼을 반 병 정도 마셨다. 그러고는 밤새 토하고, 다음날이면 어디서 뭘 했는지 잘 기억하지 못했다.

토요일 밤엔 44온스(약 1.2리터) 잔에 보드카와 마운틴듀를 섞어 두 잔을 마셨다. 해변에서 열린 파티에 참석했지만 기억나는 거라곤 주차장에 세워놓은 어떤 차 범퍼에 앉아 토했다는 것 뿐이다.

"왜 그랬는지는 저도 모르겠어요. 이른바 또래의 압력 같은 건 아니었어요. 제 친구들 중엔 술을 한 모금도 마시지 않는 애들이 많거든요. 부모님도 안 드시고요. 그런데 언젠가 친구네 집에 갔을 때, 친구 부모님이 작은 잔으로 포도주를 한 잔 주셨거든요. 그때부터 발동이 걸린 것 같아요. 주말마다 술을 마셨고, 그것도 대개는 독한 걸로 마셨어요. 어쩌면 사는 게 지루했나봐요. 소도시다보니 달리 할 게 없는 것 같았거든요."

술에 취해 시간을 보내던 미셸은 UC샌디에이고 뇌스캔 프로젝트에 대한 얘기를 듣게 되었고, 호기심과 참가자에게 준다는 100달러에 솔깃해서 자원하기로 마음먹었다. 그 프로젝트는 술을 과하게 마시는 십대들의 인지능력을 테스트하기 위한 실험이었다. 미셸은 뇌스캐너 속에 들어가 튜브 안에 있는 작은 스크린을 보고 무작위로 나열된 단어들—청바지, 풍선, 사과—을 외웠다가 기억해내야 했다. 그러고는 제멋대로 구불거리는 선과 여기저기로 튀어나가는 작은 점의 움직임을 쫓아가야 했다.

"최선을 다했어요. 결과가 좋기를 바라요." 이렇게 말하는 미셸의 목소리엔 근심이 어려 있었다. 손에는 물병을 들고 있었는데, 몇 달 전에 술을 끊은 후론 물만 마신다고 했다. "반사신경은 아직 괜찮아요. 성적도 좋고요. 뇌가 손상되지 않은 상태라면 좋겠어요."

미셸의 뇌 속에서 어떤 상황이 벌어지고 있는지는 아직 밝혀지지 않았다. 연구는 현재 진행중이다. 하지만 미셸처럼 알코올에 젖은 십대들의 뇌는 우리가 기대하는 만큼 원활하게 움직이지 않는다는 증거들이 나오고 있다. 코카인이나 헤로인, 또는 스피드 같은 마약이 뇌에 영향을 끼쳐서 노소를 막론하고 중독을 일으킬 수 있다는 건 잘 알려진 사실이다. 그중에서도 가장 널리 퍼진 신종 마약 엑스터시를 과다 복용할 경우 뇌세포, 구체적으로 도파민과 세로토닌을 생산하는 세포에 심각한 손상을 일으킬지 모른다는 연구결과도 발표되었다.

하지만 알코올의 해악은 그보다 덜하다는, 최소한 청소년들의 경우엔 그렇다는 인식이 일반적이었다. 청소년들의 뇌는 회복력이 더 뛰어나서, 아무리 심하게 술을 마셔도 시냅스를 다시 살려낼 수 있다고 생각했다.

그런데, 그렇지 않을지도 모른다는 강력한 단서들이 나타나고 있다. UC샌디에이고의 산드라 브라운과 수잔 태퍼트, 그렉 브라운은 미셸처럼 술을 많이 마시고 폭음을 하는 십대들을 대상으로 장기간에 걸친 일련의 연구를 진행중이다. 지금까지 밝혀진 결과로 볼 때, 술은 성인보다 십대들의 뇌에 오히려 더 나쁠지도 모른다.

한 연구에서는 술을 많이 마시는 십대—2년 동안 하루에 평균 2잔을 마셨다—들이 술을 마시지 않는 또래에 비해 기억력 테스트에서 10퍼센트가량 뒤진다는 일관된 결과를 도출했는데, 이것 역시 알코올중독 전력을 지닌 성인들에 비해 더 심했다. 그

선로 밖의 아이들

런 후유증이 몇 년 뒤까지, 얼마 동안 금주를 했음에도 여전한 경우도 있었다. 10퍼센트의 기억력 상실이라고 하면 얼핏 들어서는 대단치 않아 보일지도 모르지만 브라운은 "A학점과 F학점을 가를 수도 있는 차이"라고 말했다.

브라운의 후속 연구들은 이 점을 재차 확인해주었다. 폭음을 즐기는 십대 후반의 여자아이들의 경우 가게까지 가는 길을 찾아낸다거나 그 가게에 간 이유를 기억해내는 것처럼 일정한 인지기능을 담당하는 뇌의 영역에서 전체적인 활동성이 떨어졌다. 실제로, 이들의 뇌는 휴식을 취할 때조차 전두엽이나 두정엽의 피질층처럼 중요한 영역이 덜 활발하게 움직였다.

"이제 십대들의 뇌가 우리가 생각했던 것보다 알코올에 더 민감할지 모른다는 생각을 갖게 됐습니다. 청소년기에 뇌에서는 많은 것이 발달합니다. 그리고 대표적인 다른 발달기, 이를테면 아직 태내에 있을 때 뇌가 알코올 같은 신경독(neurotoxin)에 상당히 민감하다는 것도 알려져 있습니다."

십대들은 이러한 브라운의 가설을 시험해보려고 작정한 것 같다. 내가 사는 동네만 해도 그런 일화는 무궁무진하다. 지난가을에는 뉴욕 스카스데일의 부촌에서 학교와 관련된 모든 댄스파티가 금지됐는데, 남학생 둘과 여학생 셋이 졸업파티가 시작되기 전부터 보드카와 오렌지주스를 섞어 마시다 쓰러져 병원으로 급히 실려 가는 사건이 발생했기 때문이었다. 스카스데일 고등학교에 도착했을 때 이미 의식을 거의 잃었던 열여섯 살짜리 여학생 한 명은 위세척까지 해야 했다. 경찰 추산에 따르면, 그 댄스

파티에 참가한 학생들 가운데 거의 200명 정도가 심하게 취해서—그중에는 열네 살짜리들도 있었다—쓰레기통에 대고 구토를 하는 아이들도 있는가 하면, 상당수가 의식을 잃거나 횡설수설하면서 정신을 잃기 직전까지 갔다고 한다. 개중에는 집에서 보드카를 슬쩍해서 생수통에 몰래 담아온 아이들도 있었다. 작년에는 인근의 한 고등학교에서 술파티가 벌어졌다가 학교 운동부의 인기 있는 남학생이 주먹에 맞고 넘어지면서 머리를 잘못 부딪쳐 목숨을 잃은 일이 있었다. 지난봄에는 뉴욕 주 라이에서 댄스파티에 참가했던 한 무리의 아이들이 급성 알코올중독을 호소해 병원에 입원하기도 했다.

연방조사에 의하면 고3은 30퍼센트, 고1은 26퍼센트, 그리고 중2는 14퍼센트가 과음을 해본 적이 있다고 대답했다. 미셸처럼 지난 두 주 동안 최소한 한 번은 다섯 잔을 연달아 마신 적이 있는 아이들이 이 정도라는 뜻이다. 알코올은 청소년기에 가장 흔히 사용되는 향정신성물질이며, 폭음은 흑인보다 백인과 스페인계 고등학생들 사이에서 훨씬 더 일반적이다. 또다른 연구들에서는 15세 이전에 술을 마시기 시작할 경우 성인이 되어 과음할 확률이 다섯 배 더 높고, 폭력에 휘말릴 가능성은 열 배가 더 높으며, 자동차사고에 연루될 가능성은 일곱 배, 부상 확률은 열두 배가 더 높은 것으로 나타났다.

전문가들은 십대들의 과음에 대한 해법은 결코 쉽지 않다고 입을 모은다. 그래서 알코올의 해악을 과장하길 원치 않는 한편, 위험을 좀더 강조할 필요를 느끼기도 한다. 부모들도 고등학교 때 술을 마신 경험이 한두 번씩은 있지만, 학자들에 따르면 요즘 십대들의 음주 패턴은 많이 변했다고 한다. 대규모 파티에, 십대 초반부터 각양각색의 아이들이 참가하고, 여학생의 비율도 늘어났으며, 과음의 정도도 완전한 망각을 목표로 삼은 듯 훨씬 더 심하다는 것이다. 고등학교 축구부 선수들이 음주와 관련된 폭력 사건을 일으켰을 때, 감독은 아이들을 탓하며 그들의 판단력이 "매우, 매우 실망스럽다"고 한탄했다. 또다른 전문가들은 아이들이 마리화나와 코카인을 하지 않는다는 것만으로 안도한 나머지 알코올에 대해서는 관대한 경향이 있는 부모들에게 화살을 돌린다. 약물남용 방지 전문가인 너니는 음주가 결코 통과의례가 아니라는 사실을 분명히 하지 않고 아이들을 제대로 관리 감독하지 않음으로써 부모들이 문제를 키우는 측면이 있다고 말했다. 스카스데일에서 음주 관련 사건이 있은 후, 학교 당국에서는 "더 폭넓은 부모들의 관리 감독"을 침통하게 호소했다.

"알코올이 십대들에게 미치는 해악은 일반적으로 생각하는 것보다 더 클지 모릅니다." 산드라 브라운의 말이다. "십대들의 인지 기능에 미치는 악영향과 관련해서 알코올이나 심지어 니코틴마저도 상대적으로 양호한 약물이라고들 생각하는데, 폭음은 좀더 심각하게 받아들일 필요가 있습니다. 부모들은 그것을 경계경보로 여겨야 합니다."

해마의 손상

듀크 대학의 스콧 스위츠웰더는 벌써 오래전부터 과도한 음주에 대한 경계경보를 울려왔다. 스위츠웰더와 그의 연구팀에서는 7년 전에 과도한 알코올이 사춘기 쥐의 뇌에 미치는 잠재적인 위험에 대한 연구결과를 발표했다. 쥐의 해마를 연구한 그는 맥주 두 잔에 해당하는 알코올이면 사춘기 쥐의 기억 관련 기능을 감퇴시킬 수 있음을 발견했는데, 어른 쥐에게 같은 효과를 일으키려면 두 배의 알코올이 필요했다. 아버지가 알코올중독자였기 때문에 이 문제에 더 관심을 갖게 되었다는 스위츠웰더는 이렇게 말했다.

"이 연구를 시작하게 된 건, 지금까지 아무도 하지 않았기 때문이에요. 청소년기는 대부분의 사람들이 술을 마시기 시작하는 때인데다 과음을 하는 경우도 가장 많은데 이런 것들이 완전히 무시되어왔죠."

스위츠웰더에 의하면, 현재 알코올은 자극적인 각성의 메시지를 전달하는 글루타민산염이라는 신경전달물질이 작용하는 것을 방해함으로써 기억에 영향을 미치는 것으로 알려져 있다.

뇌의 기억이나 학습과 관련해서는 많은 부분이 밝혀지지 않은 상태지만, 일반적으로 생각하기로는 이런 방식이 될 것이다. 정상 상태에서 뇌세포들은 뇌가 거의 아무 활동도 하지 않는 것처럼 보일 때조차 웅웅거리며 낮은 소리로 돌아간다. 그러다 어떤 자극이 전달됐을 때, 예를 들면 예쁜 여자아이의 얼굴이 눈에 들어오면 웅웅거리던 것이 와글와글 시끄러운 단계로 올라간다. 그렇게 활발한 메시지는 일정 부분 글루타민산염이 한 뉴런에서 이웃 뉴런의 글루타민산염 수용체로 분비되면서 전달된다. 글루타민산염은 받아들이는 뉴런을 향한 통로를 열고, 전하를 발생시켜서 얼굴의 이미지를 전달하는 것이다.

그런데 오래오래 기억하고픈, 금요일 밤에 데이트라도 하고 싶은 그런 얼굴을 만났다고 해보자. 그러면 뇌세포들, 그중에서도 특히 해마에 있는 세포들은 더욱 강력한 리듬으로 발화하기 시작하는데, 사실 "여기에 주목!"이라고 외치는 것과 다름없다. 두 뉴런에서 동시에 충분히 강력한 패턴이 전개될 경우, 한 뉴런에서 방출된 글루타민산염은 바로 옆 뉴런에 정상적인 수용체를 작동시킬 뿐만 아니라, 평소에는 마그네슘으로 닫힌 상태인 NMDA 수용체라는 특수 수용체까지 작동하게 만든다.

그리고 마그네슘이 풀려나가면서 받아들이는 뉴런의 특수 NMDA 수용체도 개방되고, 칼슘 이온이 세포 속으로 들어오면서 '생화학적 연쇄반응'이 일어나는데, 이것이 어떤 식으로든— 여기에 대해서는 아무도 확실히 밝혀내지 못했다—목표 뉴런을 변화시켜서 향후에 정상적인 메시지가 정상적인 글루타민산염 수용체로 더 수월하게 전달되고 인식된다. 이렇게 해서 예쁜 얼굴이라는 이미지가 신경회로에 오래 지속되는 패턴을 각인시키면 그것은 웬만해서는 잊히지 않을 확률이 높고, 이런 과정이 학습과 기억의 토대이리라고 여겨진다.

이렇게 복잡한 기억과정에 알코올이 어떻게 개입되는지에 대해서는 정확히 알려진 바가 없지만, 일부에서는 과도한 음주가 마그네슘의 흐름을 방해해서 그것이 전달되지 못하고, 그 결과 NMDA 기억의 문이 열리지 않는다고 본다.

스워츠웰더에 따르면, 정확한 것이라곤 전체적인 과정이 술을 마시는 청소년들에게 더 많은 영향을 끼치는 것처럼 보인다는 사실뿐이다. 스워츠웰더는 술을 마시고 술기운이 가시지 않았을 경우, 사춘기 쥐들이 같은 양의 알코올을 섭취한 성인 쥐에 비해 미로학습능력이 현저히 떨어진다는 사실을 실험으로 밝혀냈다. 심지어 어려서 술을 마셨지만 자라면서 술을 멀리했더라도 문제점이 나타났다. 어려서 술을 마신 쥐들은 나중에 자랐을 때 술을 마시지 않았던 쥐와 미로학습에서 비슷한 성적을 보였지만, 한 잔에 해당되는 양의 술을 마실 경우 시험에서 낙제를 했다. 이는 아마도 뇌가 일찍 손상되어 술기운이 퍼지면 평소만큼 잘 기능하지 못하기 때문일 것이다. 놀라운 건 알코올 섭취에 따른 진정 효과는 청소년이 성인에 비해 덜했다는 점이다. 이건 좋은 일 같지만 실제로는 그렇지 않다. "술을 마셨는데도 졸리지 않으면 청소년들은 운전대를 잡거나 절벽에 올라가도 괜찮다고 생각할지 모르거든요." 스워츠웰더는 같은 양의 알코올을 마셔도, 심지어 법적인 음주에 해당되는 최소한의 알코올만을 마신다 해도, 21~24세의 학습 능력이 25~30세의 연령대에 비해 훨씬 심하게 손상된다는 사실도 발견했다. 그는 이렇게 말했다.

"이제 우리는 십대의 뇌는 뭔가 다르며, 알코올에 더 민감하다는 사실을 알게 되었습니다. 이들의 뇌는 여전히 발달하는 중이고, 이때 하는 행동들은 많은 것을 의미할 수 있습니다. 일단 청소년기가 지나가면 완전히 종료되는 것이죠. 그렇다면 이때의 행동이 남은 평생 동안 잠재적으로 영향을 미칠 수 있는 겁니다."

알코올과 세포의 죽음

일부 과학자들은 과도한 음주가 중단됐을 때 손상이 일어나는 것인지 모른다고 믿는다. 뇌가 알코올 기운에 젖고 NMDA-글루타민산염 수용체가 차단되면 뇌는 더욱 민감한 수용체를 만들어내는 것으로 이에 반응한다. 그러다 술 마시는 게 중단되면 뇌에 지나치게 많은 수용체가 있어서 너무 많은 칼슘을 받아들일지도 모른다. 약간의 칼슘은 기억력 증진을 도와 바람직할 수 있지만, 켄터키 대학의 신경과학자인 마크 프렌더개스트에 의하면 "지나치게 많은 칼슘은 전혀 좋을 게 없다"고 한다. 칼슘의 과부하는 세포 내의 '자살' 유전자를 작동시킬 수 있는데, 일종의 발작 증세와 비슷한 메커니즘이다.

프렌더개스트와 그의 동료들은 쥐의 해마 슬라이스를 알코올에 담갔다가 꺼내서 칼슘이 흡수되는 정도와 세포의 죽음을 관찰했다. 지금까지 확인된 초기 결과를 보면, 실제로 알코올이 빠져나간 후에 과도한 양의 칼슘이 세포 속으로 유입되고 해마에서 '극적이라고 할 만한 세포의 죽음'이 일어났다. 뿐만 아니라,

사춘기 쥐의 뇌 슬라이스는 손상 정도가 훨씬 더 심한 것으로 나타났다. 그리고 프렌더개스트는 이런 것들이 우리 인간의 십대들에게도 적용돼야 할 교훈이라고 믿는다.

"큰 문제는 휴가를 떠나 파티를 즐기며 일 주일 동안 놀다가 집에 돌아와서 뇌가 그 동안 흡수해들인 모든 알코올의 효과를 바로잡고 보상하려고 노력할 때 일어납니다. 이때 약한 발작 증세들이 일어나는데 그중에서 어떤 것들은 상당히 뚜렷하기도 하고, 불안이나 우울 증세가 나타납니다. 그런데 그것이 해마에서 일어난 세포의 죽음 때문일지 모른다는 겁니다."

뇌에 가해진 손상이 회복될 수 있는지는 아직 미지수이다. 아직 초기 단계이긴 하지만 여러 연구결과에 따르면 그럴 수 없을 거라는, 최소한 완전한 회복은 어려울 거라는 단서들이 나타나고 있다. 말년에 음주로 신경 및 운동계에 손상이 나타나는 사람들을 보면 젊었을 때 폭음을 했던 전력의 소유자들이 많다. 피츠버그 대학에서 실시한 뇌 단층촬영 연구에서는 술을 많이 마시는 십대들의 해마가 술을 마시지 않는 또래들에 비해 10퍼센트 작다는 사실을 발견했다. 이는 타고난 뇌구조로 인해 술을 마시게 되었다는 뜻일 수도 있다. 하지만 프렌더개스트를 비롯한 여러 학자들에 따르면, "음주가 그 같은 손상의 원인이 됐을 가능성이 높다"는 새로운 증거가 발견되었다고 한다.

샌디에이고에 뇌스캔을 받으러 온 미셸은 그곳까지 함께 와준 키스라는 친구와 알코올에 대해 얘기를 하고 있었다. 그들은 십대들 중에서도 일부—미셸 본인을 포함해서—는 음주라는 덫에 빠지는데, 일부는 그렇지 않은 이유를 따져보고 있었다.

키스의 경우엔 술에 진짜로 취해본 적이 한 번도 없다고 했다. 심지어 몇 번은 일부러 노력도 해봤지만 취하진 않았다는 것이다. 열여덟 살에 운동선수 같은 체격과 윤기 나는 붉은 머리가 인상적인 키스는 캘리포니아 사막에서 열렸던 파티에 참석했었는데, "보드카 반 병과 데킬라 몇 잔, 와인쿨러와 피나콜라다를 한 잔씩 마셨는데도 아무 일도 없었고 전혀 취하지 않았다"고 했다.

그러면서 어떤 아이들은 몇 잔만 마셔도 알코올성 망각에 빠지는 것 같은데 자신은 그렇지 않은 이유를 모르겠다고 말했다. 다른 아이들은 무슨 이유가 있는 걸까요? 운이 나쁜 건가요? 아니면 유전자가 문제인가요?

십대들의 세계에서도 양쪽 모습을 모두 볼 수 있다. 미셸과 키스는 니콜이라는 친구에 대해 얘기했는데, "알코올중독이 집안 내력인" 아이라는 것이다. 니콜은 몇 년 동안 미셸의 술친구였다. 하지만 미셸이 정신을 차리고 진학 준비를 한 반면에, 니콜은 학교에도 다니지 않고 피잣집에서 일하면서 번 돈으로 "매일 밤마다 99센트 맥주를 마시며 술에 취했다."

"니콜은 가족들도 다 그럴 것 같아요." 미셸은 말했다.

하지만 또다른 친구는 부모와 형제가 모두 알코올중독자인데도, 자신만은 그렇게 되지 않겠다고 일찌감치 마음을 먹고 한 번도 술을 마시지 않았으며 열심히 공부한 끝에 퍼듀 대학 진학이 확정됐다는 것이다.

"그러니까 이게 어떻게 유전적인지 의문이 들 수밖에요." 키스가 말했다. "그렇게는 말하기 힘들 것 같아요. 제가 아는 애들만 해도 제각각이거든요. 어떤 애들은 술에 빠졌다가도 멈출 수 있는데, 어떤 아이들은 그렇지 못하죠. 참 이상해요."

오리건 보건과학대학의 신경심리학자 존 크랩만큼 이 이상한 문제를 속속들이 이해하고 있는 사람도 없다. 최근에 유전자와 알코올에 대한 모든 자료를 검토한 크랩은 아직은 상황이 기껏해야 흐릿할 뿐이라고 말했다. 알코올중독이 집안의 내림이라는 데에는 의문의 여지가 없다. 알코올중독자를 부모로 두었지만 각기 다른 가정에서 자란 쌍둥이들을 추적 관찰한 연구에 따르면, 알코올중독자가 될 확률의 50퍼센트가 유전자에 뿌리를 두고 있다. 다른 약물남용 문제와 관련해서도 비슷한 비율이 나타난다고 한다. 그렇기는 하지만, 환경의 영향이 작용할 여지도 여전히 크다. 크랩은 이렇게 말했다.

"유전자가 알코올을 포함한 중독성 약물에 대한 성향을 결정할지 모른다는 논문이 늘어나고 있습니다. 하지만 의학계의 이론을 굳게 신봉하고 인간의 유전학을 연구하는 만큼 그쪽으로 기울어지는 게 당연한 우리 같은 사람들도 유전외적인 요소들이 똑같이 중요하다는 것을 잘 알고 있습니다."

알코올중독이 좀처럼 사라지지 않는 문제이기 때문에 과학자들은 알코올중독이라는 방정식에서 유전자의 변수에 해당되는 것을 찾아내기 위해 끊임없이 노력해왔다. 그리고 몇 년 전에

'알코올중독 유전자'를 찾아낸 줄 알았을 땐 학계가 온통 흥분에 휩싸이기도 했다.

지금은 그 흥분도 사그라졌다. 이후의 연구에서는 도파민 수치와 관련이 있는 유전자가 알코올중독자들에게서 일관되게 발견되지 않는다는 사실이 밝혀졌다. 대체로 학계에서는 뇌의 보상 시스템에서 작용하는, 기분을 좋게 해주는 도파민이나 세로토닌, 엔도르핀 같은 신경전달물질과 관련된 유전자들을 목표로 연구에 매진해왔다. 알코올은 이런 신경전달물질에 작용하고, 중독자들은 뇌에서 기분이 좋아지는 화학물질이 더 많이 분비되도록 더 많은 알코올을 원한다고 알려져 있다. 관련성을 짐작케 하는 단서들이 여러 곳에서 드러나고 있으며, 인간 게놈 지도의 완성이 연구에 도움이 되길 바라지만, 크랩은 아직까지 그 누구도 정확한 유전자라는 금맥을 발견하지는 못했다고 말했다.

복잡하고 어려운 질병들이 다 그렇겠지만, 알코올중독 역시 수많은 종류의 유전자가 연루되었을 가능성이 짙다. 알코올중독의 요소들, 예를 들면 금단현상이나 술에 대한 욕구 같은 것들을 분리해서 각각의 행동에 대한 유전적인 고리를 찾아내려고 노력하고 있다. 이런 접근법이 언젠가는 효력을 발휘하겠지만, 지금 당장으로선 "어려운 게임, 희망이 없지는 않다고 해도 어려운 게임"이라고 크랩은 말했다.

그렇다면 부모가 모두 알코올중독자인 열네 살짜리 소년에겐 무슨 말을 해줄 수 있을까?

"알코올에 중독될 위험이 8배나 높으니 주의하라고 말해주겠어요. 하지만, 어쩌면 전혀 그럴 위험이 없을지도 모른다는 얘기도 해야 할 거예요. 알코올중독과 관련된 유전자들을 하나도 가지고 있지 않을 수도 있으니까요. 운이 좋았을지도 모르죠."

마약중독 재활센터인 피닉스하우스에 머물고 있는 아이들과 얘기를 나눠봤더니 대부분은 다양한 마약을 복용하고 더불어 술도 많이 마셨다고 한다. 어쩌다 그렇게 됐을까? 무엇인가가 이 아이들에게 그런 길을 걷게 했다. 어쩌면 아슬아슬 짜릿하게 살고 싶은 욕망을 타고났을지도 모르고, 어쩌면 환경이 그것을 가능하게 만들었을지도 모른다. 결정적이지는 않더라도, 두 가지 모두 작용했을 수도 있다.

다부진 체구에 상고머리를 하고, 태도에서도 급한 성격이 드러나는 존의 경우엔 생에 대한 분노와 집안의 내력이 단초가 되었다. 부모님은 이혼을 했고(아버지는 코카인중독자였다), 간호사였던 어머니는 직장에서 보내는 시간이 길었다. 다행히 할아버지와 사이가 좋아서 함께 살며 야구장에도 가곤 했다. 그런데 열네 살 되던 해에 할아버지가 돌아가시자 존의 삶은 엉망이 돼 버렸다. "할아버지가 돌아가셨다는 사실에 화가 났어요. 이해할 수가 없었죠. 외롭고 쓸쓸했어요. 마약에 손을 댄 것도 너무나 화가 났기 때문인 것 같아요."

하지만 화가 나고 스트레스를 받는 건 다른 아이들도 마찬가지인데, 왜 존은 그 지경까지 가게 됐을까? 왜 술을 마시고 마약에 손을 대는 것으로도 모자라, 주변 아이들에게 엑스터시를 파는 공급책까지 되었을까? 존은 고개를 푹 숙이고 머리를 저었다. 본인도 그 이유는 알 수 없었다.

열일곱 살에 예쁘장한 줄리아의 선택은 예측이 가능했다고 말할 수 있다. 롱아일랜드에 있는 집은 난장판이었다. 엄마는 마약 중독자였고, 줄리아는 엄마의 친구에게 성적인 학대를 당하기도 했다. 그러던 어느 날, 서랍에서 마리화나를 발견했다. 그걸 피워본 줄리아는 두 번 다시 뒤를 돌아보지 않았다. 거듭 집을 나갔고, 술을 입에 달고 살았다. 농구를 좋아하고 성실했던 학생은 이제 학교를 빼먹기 시작했다. 이제 와서 생각해보니 어느 정도는 애초에 그렇게 태어난 것 같다고 줄리아는 말했다. 어렸을 때도 늘 제일 높은 나무에 올라갔고, 트럭 꽁무니에 매달려 스케이트를 탔다. 집에서 일어나는 일을 잊고 싶었기 때문일까? 아니면 유전자와 관련이 있는 걸까?

"왜 그랬는지는 모르겠어요. 아무래도 저는 규칙이 필요한 사람인 것 같아요. 아버지네 집은 좀 엄격한데, 거기 있을 땐 한결 기분이 좋거든요. 학교에도 가야만 하고, 교회도 나가야 해요. 그런데, 또 그러다보면 스트레스를 받고 충동적이 되죠."

흡연과 공황장애

그녀가 담배를 처음 피운 건 열네 살 때였고, 얼마 지나지 않아 하루 한 갑을 피워댔다. 그러다 스물두 살이 됐을 때 공황장애를 일으키기 시작했다. 밑도 끝도 없이 금방 죽을 것 같은 느낌이 들면서 심장박동이 빨라지고, 손에 땀이 나고, 숨을 쉬기도 힘들었다.

아마 사람들은 대부분 여자의 흡연이 불안 증세와 어떤 식으로든 관련이 있다고 짐작할 것이다. 흔히 하는 말로 걱정이 팔자여서 담배를 피웠고, 그러다보니 공황장애를 일으켰다고 생각하는 것이다. 그런데, 2년 전에 발표된 연구결과는 원인과 결과가 뒤바뀌었음을 보여준다. 컬럼비아 대학과 뉴욕 주 정신병리학연구소의 과학자들은 십대 시절에 골초였던 사람은 나중에 공황장애를 일으킬 확률이 청소년기에 담배를 피우지 않았던 사람에 비해 15배나 높다는 사실을 발견했다. 처음의 불안 정도가 다른 사람에 비해 높지 않았어도 마찬가지였다.

청소년 700명을 대상으로 장기간에 걸쳐 진행된 그 연구에서는 두 가지 사이에 의심할 만한 고리가 발견되었다. 하지만 바탕이 된 이론은 탄탄한 것들이다. 예를 들어 호흡기에 문제가 있어 공황장애가 생길 수 있다는 건 오래전부터 알려진 사실이었다. 몇 년 동안 담배를 피우다보면 폐활량이 줄어들고, 담배를 피우는 사람은 산소를 덜 들이마시고 이산화탄소를 덜 내쉰다. 혈중 이산화탄소 농도가 높으면 호흡이 가빠지고, 호흡이 지나치게 가빠질 경우 질식 위험이 있다는 잘못된 신호를 뇌에 올려보내 공황장애가 일어나는 것이다.

"사람들은 대개 불안하기 때문에 담배를 피운다고 생각합니다." 2000년 11월 『미국의학저널』에 발표된 이 연구에 참여했던 제프리 존슨은 말했다. "하지만 실은 정반대라는 사실이 발견됐습니다. 청소년기에 담배를 피웠던 사람은 공황장애의 위험성이 높아집니다. 그것이 뇌의 뭔가를 변화시켜서 나중에 그것에 더 취약해지는 것이죠."

청소년기의 흡연은 알코올처럼 뇌를 영구히 바꿔놓을 수 있을까? 몇 년 전만 해도 이런 질문은 하는 사람조차 없었을 것이다. 듀크 대학에서 오랫동안 니코틴을 연구해온 시어도어 슬롯킨은 이렇게 말했다. "기원전 5000년부터 1999년까지 청소년의 뇌와 니코틴의 효과에 대한 과학 논문을 검색해본다면 아마 아무것도 없을 겁니다."

그 이유는, 다른 분야도 그렇겠지만, 대부분의 과학자들이 뇌의 구조가 본질적으로 청소년기가 시작되기 훨씬 전에 완성되며, 그 시기에 어떤 손상이 가해진다고 해도 최소한에 그친다고 믿었기 때문이다. 하지만 슬롯킨을 비롯한 몇몇 학자들이 지난 몇 년간 발표한 연구결과를 보면 실상은 정반대였다. 실제로 니코틴이 청소년들의 뇌에 끼치는 손상은 많은 점에서 알코올의 폐해와 닮은꼴이다. 이제는 니코틴이 채 성숙되지 않은 뇌에 더 커다란 손상을 야기할 수 있다는 인식이 일반화되고 있다.

슬롯킨은 20년 동안 임산부의 흡연이 태아에 미치는 영향을 연구하다, 지금은 청소년의 흡연으로 관심을 돌렸다. 그리고 본인과 다른 학자들의 연구결과에 끊임없이 놀라고 있다.

"태중에서 뇌가 발달하고 이런저런 문제들이 생긴다는 건 알고 있었죠. 그러다 청소년기에도 뇌가 계속 발달하는 중이라는 사실이 알려지면서, 그렇다면 그때에도 영구적인 변화가 일어나는지 궁금해졌습니다. 그에 대한 대답은 그렇다입니다."

슬롯킨은 이제껏 아무도 이 문제에 관심을 갖지 않았다는 사실이 놀랍다고 했다. 청소년기에 담배를 피우기 시작하면 나중에 시작한 사람보다 중독 확률이 더 높고, "대다수의 사람들이 청소년기에 흡연을 시작했다"는 조사결과가 지속적으로 발표되었기 때문이다. 뇌가 이미 조직되었기 때문에 실질적인 손상이 거의 없으리라고 생각하는 것은 "한번 따져보면 더없이 어처구니없는 생각"이라고 그는 말했다. 그러면서 미국에서는 하루에도 3000명의 18세 미만 청소년들이 담배를 피우기 시작한다고 덧붙였다.

니코틴은 몇 가지 미묘한 방식으로 뇌에 작용한다. 니코틴은 뇌에 가장 널리 퍼져 있는 신경전달물질 가운데 하나인 아세틸콜린의 활동을 흉내 내지만, 단 한 종류의 아세틸콜린 수용체만을 표적으로 삼는다. 니코틴이 작용하는 곳은 대체로 전접합부 세포(presynaptic cell)—신경전달물질을 받아들이기보다 방출하는 뉴런—이다. 니코틴 수용체를 지닌 도파민 생산 뉴런이 있을 경우, 니코틴은 그 수용체를 자극해서 더 많은 도파민이 뇌에 분출되도록 만들 수 있다.

니코틴의 세력 범위는 넓다. 니코틴의 영향을 받는 신경전달물질은 최소 스무 개 이상이다. 예를 들면 니코틴은 자극성 신경전달물질인 글루타민산염의 수치를 높여서 뇌세포 사이의 커뮤니케이션을 주도하고, 실제로 기억력과 학습능력을 증진시키는 것으로 나타났다. 이런 과정을 통해 주의력 결핍인 아이들이나 심지어 알츠하이머 병을 앓는 노인들에게도 도움이 된다는 사실이 밝혀졌다.

과학자들이 특히 관심을 갖는 부분은 니코틴이 중뇌(中腦)—배쪽 피개부(ventral tegmental area)—에서 어떻게 작용하는가이다. 이 부분은 뇌의 보상체계와 관련된 대표적인 화학물질이자 우리를 각성시켜서 생생한 느낌을 주는 도파민을 생산하는 뉴런이 풍부한 곳이다(너무나 기분이 좋아지기 때문에 쥐나 코카인중독자들은 먹거나 성행위를 하기보다 이 부분을 스스로 자극하려 할 정도다).

이것이 청소년에 작용하는 방식은 "다소 충격적"이라고 슬롯킨은 말했다. 보통의 흡연자들이 도달하는 수치를 자극할 만큼의 니코틴을 쥐에게 주입할 경우, 사춘기 쥐들은 배쪽 피개부에서 성인 쥐보다 2배나 많은 니코틴 수용체를 만들어냈다. 수용체 수의 증가는 니코틴을 더 갈구하게 만들며 니코틴 주입이 중지된 후에도 최소 1개월 이상 지속됐다. 이것은 평균수명이 2년인 동물에게는 상당히 긴 시간이다.

슬롯킨이 동료들과 함께 실시한 또다른 연구에서는 사춘기의 암컷 쥐에게 니코틴을 주입할 경우 해마 뇌세포가 손상되는 것으로 밝혀졌다. 슬롯킨은 "학습과 기억에 관련된 그 부분을 자발적으로 10퍼센트 포기하라고 하면 아무도 그렇게 하지 않을 것"이라고 말했다. 이 같은 손상은 암컷 쥐에게만 한정된 것일지도 모른다. 발정기의 어느 시점에서 에스트로겐이 해마의 세포를 증가시키는 것으로 알려져 있는데, 그렇게 만들어진 새 세포들이 이런 손상에 더 취약할 수 있기 때문이다. 뇌세포의 손실이 사춘기의 암컷 쥐에게서만 나타났다는 사실은 십대 소녀들의 뇌가 니코틴의 영향력에 특히 취약하다는 뜻일지도 모른다고 슬롯킨은 말했다. 그 밖의 연구에서도 니코틴에 노출된 사춘기 쥐들은—그 이유는 아직 명확하지 않지만—세로토닌 수치가 낮아진다는 것을 발견했고, 이는 우울증의 위험이 높아진다는 신호이다. 세포 수준에서 면역력을 측정했을 때 정상의 절반 정도밖에 효력을 발휘하지 못했다.

슬롯킨은 이 같은 연구결과가 잠재적으로 우리 인간의 십대에게 시사하는 바가 대단히 크리라고 생각했다. 어느 정도는 이런 결과가 십대 흡연가들의 행태와 관련해서 이미 알려진 사실들을 뒷받침하기 때문이기도 하다. 흡연가들은 질병이나 우울증의 경향이 더 높은 것으로 알려져 있다. 그리고 슬롯킨은 그런 변화가 나타나는 것은 청소년들의 뇌가 니코틴에 손상됨으로써 연결의 오류가 일어나기 때문일 가능성이 높다고 말했다. 실제로 이런 연구결과의 뒤를 이어, 매사추세츠 의과대학의 조지프 디프란자와 그의 동료들은 같은 십대라도 여자아이들이 남자아이들에 비해 흡연에 빠져들기가 쉽다는 사실을 발견했다. 슬롯킨은 이렇게 말했다.

"청소년기는 뇌세포가 여전히 발달하고, 조직이 연결되고, 신경전달물질이 변화하는 시기입니다. 그 시점에서 니코틴이 회로의 연결에 지대한 변화를 일으킬 가능성이 있습니다."

뿐만 아니라, 쥐의 경우이기는 하지만, 성장해서 오랫동안 니코틴 섭취가 중단된 후에도 면역체계 반응이 떨어지는 것으로 나타났다고 한다. 슬롯킨의 동료인 에드 레빈이 진행한 또다른 연구에서는 니코틴을 스스로 투입하는 법을 사춘기의 쥐들이 어른 쥐보다 빨리 터득하고, 어려서 니코틴을 흡수하기 시작한 쥐들은 어른이 되어서 니코틴에 노출된 쥐들에 비해 두 배나 많은 양을 투입한다는 것이 확인되었다. 레빈은 "니코틴이 성인기를 준비하는 뇌의 마지막 마무리 단계에서 어떤 영향을 미치는 것 같다"고 말했다.

이제껏 이 같은 점들이 학계에 알려지지 않았다는 사실이 레빈에게는 그리 놀랍지 않다. 십대는 성인과 흡사하다고 간주됐기 때문에 연구의 대상으로도 오랫동안 무시되어온 것이다. 하지만 십대들에게도 일상적으로 처방되는 항우울제의 장기적인 효과라든가, 스물다섯도 아닌 열네 살 때 피임약의 성분인 에스트로겐을 섭취하기 시작한 여자아이들이 어떤 영향을 받게 될지에 대해서는 아무도 아는 바가 없다.

물론 뇌가 다르다고 해서 반드시 나쁜 건 아니다. 레빈의 연구에서는 과일사탕을 상으로 줄 경우 사춘기의 쥐들이 더 어리거나 나이가 많은 쥐보다 미로학습 속도가 훨씬 빠르다는 사실도 확인되었는데, 자신의 열네 살짜리 딸이 수학 문제를 척척 푸는 것을 본 그로서는 이것 역시 그리 놀라울 게 없었다. "십대들의 뇌는 다릅니다. 가끔은 그게 좋을 때도 있어요."

그리고 담배와 관련해서 이렇게 많은 사실들이 드러났음에도 십대들이 흡연을 계속하는 이유도 레빈이나 슬롯킨에겐 수수께끼가 되지 못한다. 몇 년 전 캐나다에서는 전체 물량의 3분의 1에 해당하는 담배 포장지에 해적 표시를 그려넣고 판매하는 실험을 실시한 바 있다. 슬롯킨은 이렇게 물었다.

"십대들이 어떤 포장의 담뱃갑을 골랐을 것 같은가요? 한번 맞혀보세요."

13

또다른 세상으로

사춘기 때 시작되는 정신장애들

흔히 정신분열증이라고 부르는 그 질병─질병들이라고 복수형으로 지칭해야 할지도 모르겠지만─은 아무 때라도 일어날 수 있다. 그중 드물게 심각한 종류가 아동기에 시작되지만, 노벨상 수상자이며 『뷰티풀 마인드』라는 책과 영화의 주인공으로도 유명한 존 포브스 내시 주니어는 서른이 되어서야 전형적인 정신분열 증세를 나타냈다.

그렇기는 해도, 절대다수의 정신분열증은 청소년기에 발병한다. 그리고 남자가 여자에 비해 이 병에 걸릴 확률이 높으며 시작도 이르다. 이유가 뭘까?

우울증도 비슷한 패턴을 따르지만, 약간의 차이가 있다. 아동들도 나이든 사람들만큼이나 심각한 우울증에 시달릴 수 있고,

중년에 이르러 최고조에 달한다. 하지만 우울증 역시 청소년기에 깊이 뿌리를 내리고, 발병률은 십대에서 가장 가파른 상승세를 그리기 시작한다. 그리고 열세 살 무렵을 기점으로 여자아이들은 남자아이들에 비해 심각한 우울 증세를 보이는 경우가 훨씬 빈번해진다. 이건 또 왜 그럴까?

한창 피어나는 정신을 사로잡아 느닷없이 광기와 암울에 빠뜨리는 청소년기의 어떤 특징―고등학교, 호르몬, 숙제―이 있는 걸까?

유전자에도 일부 책임이 있다는 데엔 의문의 여지가 없다. 정신분열증과 우울증은 가계의 내림이다. 하지만 두 경우 모두 유전적인 요인으로 볼 수 있는 경우는 발병률의 50퍼센트에 불과하다는 연구결과가 나와 있다.

스트레스도 한몫 한다. 십대라면 누구나 중학교 3학년이라는 격렬하고 극적인 무대를 통과해야 하지만, 청소년들이 전반적으로 스트레스에 더 민감하다는 증거들이 있다. 연구실에서 스트레스가 가중되는 상황을 설정했을 경우, 십대들은 부모나 나이 어린 형제에 비해 혈압 상승폭이 높았고, 쥐를 대상으로 실험했을 때는 똑같이 스트레스를 받아도 사춘기의 쥐들은 나이가 많거나 적은 쥐보다 더 쉽게 놀라고, 더 신경질적으로 땅을 파며, 체중도 더 많이 빠지고, 겁이 나서 구석에 움츠리고 있는 시간도 더 길었다. 우울증이나 정신분열증에 대한 유전적인 기질이 동일한 일란성 쌍둥이인데도, 한 아이는 커피숍에서 친구들과 카페라테를 마시고 한 아이는 거대한 망상에 사로잡히거나 정신을 마비시키는 병에 걸려 외롭게 고통받는 경우가 있는데, 그 균형이 어느 쪽으로 기울어지느냐에는 십대의 이런 스트레스―또는 스트레스에 대한 십대들의 과도한 인식이나 반응―가 한몫을 할 수 있다고 생각하는 과학자들이 많다.

구조적인 실마리

연구가 진행될수록 십대들의 뇌 자체가 주범으로 인식되고 있다. 청소년들의 뇌는 너무나도 많은 부분―그중에서도 특히 정신분열증과 우울증에 모두 관련이 있는 전전두엽 피질―이 여전히 변화하는 중이기 때문에 이렇게 황폐하고 교묘한 질병의 실마리가 십대들의 뇌가 변화하고 변모되는 과정에 숨어 있을지도 모른다고 믿는 사람들이 늘어나고 있다.

다년간 정신분열증을 연구해온 맥린 병원의 프랜신 빈스는 미엘린화가 원인일지도 모른다고 생각한다.

앞에서도 설명했지만, 청소년기가 진행되면서 뇌의 핵심 영역에 자리잡은 신경세포에는 미엘린이 한 겹 덮이게 되는데, 이를테면 전선의 피복처럼 지방질로 코팅을 한다고 볼 수 있다. 미엘린화가 일어나면 뉴런 사이의 정보전달속도가 빨라지고 원활해진다. 커뮤니케이션 능력이 향상되는 것은 대체로 좋은 일이고, 십대 때 인지능력이 비약적으로 발달하는 데 기여하는지도 모른다. 다만 그렇게 향상된 커뮤니케이션이 정상이 아닌 영역과 연결될 경우, 마치 파손된 철로 위를 더 빠른 속도로 질주하는 열차처럼 뇌의 기능이 악화될 수 있다.

특히 빈스는 능률이 향상된 뇌회로가 억제성 신경전달물질인 GABA의 조절장애를 드러냄으로써, 정신분열증 환자들이 외부세계에서 유입되는 혼란스러운 신호들을 적절히 걸러내거나 뇌를 차분히 안정시키지 못하게 된다고 생각한다.

여기에는 도파민도 일조할지 모른다. 청소년기에는 전두엽의 여러 부분에서 도파민을 분비하는 뇌세포의 신경섬유가 급격히 증가하고, 빈스의 연구결과에 따르면 그 밖의 영역에서는 GABA 뉴런과의 연결이 증가한다. 도파민은 억제성 GABA 세포를 약화시키는 역할을 하기 때문에, 도파민이 증가한다는 것은 뇌 신호의 전반적인 억제력이 줄어든다는 뜻이 된다. 이 시스템에 이상이 있을지도 모르는 정신분열증 환자들은 "외부세계에서 안으로 유입되는 정보의 흐름을 제어할 장치가 없이, 감각적인 자극에 압도된 상태"일 수 있다고 빈스는 말했다.

여기에 도파민의 수치를 높이는 것으로 알려진 스트레스의 자극까지 더해지면 상황은 더욱 악화된다. (대부분의 정신병 치료제는 이 질병 이론에 따라 도파민을 차단함으로써 이 같은 증상이 완화되도록 한다.)

빈스는 정신분열증이 발병하는 데에는 다수의 관련 경로가 있으며, 그 모든 것은 청소년기에 증가하는 스트레스와 더불어 뇌에서 일어나는 변화와 연결되어 있다고 믿는다.

"청소년기에는 정신분열증의 취약성이 드러날 여지를 제공하는 다양한 발달상의 변화가 일어납니다."

이제 십대들의 뇌에서 일어난다고 밝혀진 또다른 자연적인 과정과 연루된 증거도 나타났다. 그것은 바로 뉴런의 대대적인 가지치기 작업이다. 앞에서도 언급했듯이, 청소년기를 통과하는 동안 대뇌피질의 과도한 회백질—뉴런의 가지와 세포체—은 평균 약 15퍼센트가 정리된다. 그런데 정신분열증이 일어난 경우에는 최대 25퍼센트까지 상실되는 것으로 나타났다. 사람을 무기력하게 만드는 이 병은 정상적인 뇌의 가지치기 과정이 유전이나 환경의 영향으로 인해 엇나갔을 때 일어나는 걸까? 국립보건원의 주디 라포퍼트와 UCLA의 폴 톰슨을 포함해서 이것과 관련된 연구를 진행했던 몇몇 학자들은 그럴 가능성이 있다고 본다. 라포퍼트는 이렇게 말했다.

"너무나 많은 것이 변하고 이동이 심할 때에는 뭔가 잘못되고 고장난 상태일 수 있죠. 뇌조직이 이토록 엄청난 규모로 정리되는 것을 보면 이렇게 묻지 않을 수 없어요. 이건 원인일까, 아니면 증상일까? 정상적으로 시냅스의 가지치기를 일으키는 신호가 뭐든 간에, 기능상 오류를 일으켰을지도 모릅니다. 어쩌면 뭔가를 보호하려는 것일 수도 있죠. 뇌가 잘못 연결된 것들을 제거하는 방식일 수도 있습니다."

피츠버그 대학의 뇌과학자인 데이비드 루이스는 분자 수준에서 정신분열증의 난맥상을 파헤치고 있다. 그는 이 병의 원인을 다룬 방대한 자료의 검토를 얼마 전에 끝냈는데, 정신분열증이 청소년기에 여전히 발달중인 핵심 영역인 뇌의 전전두엽 피질과 관련이 있다는 믿음을 갖게 되었다.

정신분열증 환자들의 전전두엽 피질에서는 구조상의 불규칙이 발견되었고, 전전두엽 피질을 손상당한 사람들과 여러 가지 면에서 비슷한 증상을 나타낸다. 많은 경우 단기기억력이 상실되고, 맥락을 파악하지 못하며, 일어날 상황을 이해하지 못하거나 오래 생각하지 못하는데, 이런 모든 기능은 뇌에서도 구체적으로 배외측 전전두엽 피질과 관련된 것들이다. 대부분의 정신분열증 환자들은 외부세계에서 물밀듯 덮쳐오는 조리 없고 산만한 정보에 압도되고 혼란스러운 심정임을 순순히 인정한다.

그리고 이제는 전전두엽 피질이 청소년기에 대대적으로 재조정되며, 이 정신질환의 상당 비율이 이 시기에 드러난다는 사실이 널리 알려졌다.

현재 정신분열증을 보는 시각은 대략 두 가지로 나뉜다고 루이스는 말했다. 하나는 태중에서 또는 출생시에 어떤 일—임신 중의 독감, 뇌세포의 부정확한 이동, 난산으로 인한 산소 결핍—이 일어남으로써 전전두엽 피질 같은 영역에 결함이 발생했다가 청소년기에 이르러 그 부분이 완전히 성숙되면서 비로소 드러난다는 것이다. 다른 하나는 가지치기처럼 청소년기의 뇌에서 일어나는 자연스러운 발달과정이 잘못될 수 있다는 것이다.

"저 개인적으론 어느 쪽인지 아직 모르겠습니다. 그리고 꼭 어느 한 쪽이 배제되어야 하는 것도 아니고요. 그러나 청소년기에 뇌가 어떻게 변화하는지 알게 된다면 실마리를 잡을 수 있을 거라고 확신합니다."

졸런 토비아스가 이상한 소리를 듣기 시작한 건 대학에 다닐 때였다. 오스트레일리아 멜버른 교외에 있는 대학 캠퍼스를 걸어가는데, 교수 두 명이 모퉁이를 돌아 다가왔다. 거리가 점점 좁혀지자, 한 교수가 다른 교수에게 다급하게 속삭이는 소리가 들렸다. "귀!"

졸런은 그것을 두 사람이 그녀가 듣고 있다고 생각한 것이라 해석했다. 그렇다면 두 사람은 그녀에 대한 얘기를 하고 있었다는 뜻이었다. 졸런은 "귀"라는 게 자신을 가리킨다고 생각했고, '귀'가 다가오고 있으니 하던 얘기를 비밀로 해야 한다고 상대방에게 경고한 것이라고 믿었다.

물론 이제는 그게 사실이 아니었다는 걸 안다. 교수들이 걸어온 건 맞지만 아무도 "귀!"라고 속삭이진 않았다. 게다가 교수들이 그녀에 대한 얘기를 했을 리도 없다. 이제 졸런은 햇살이 눈부셨던 그날 아침에 자신이 황폐한 정신질환의 손아귀에, 현실과 비현실을 구분하지 못하고, 있는 것과 없는 것, 소리와 침묵을 혼동하는 질병에 빠져들었음을 깨달았다.

"제 증상은 아주 아주 심해졌어요. 하지만 그땐, 제가 아프다는 걸 알지 못했죠."

졸런에게 이 심각한 정신질환의 징후가 처음 나타난 건 열여섯 살 무렵이었다. 그때부터 '혼란스러워지고, 생각이 뒤섞이기' 시작했다. 그렇게 생각이 마구잡이로 뒤섞이면 화가 났다.

열아홉 살이 되자 그 병은 사방에서 그녀를 포위해 들어오기 시작했다. 당시에 그녀는 어떤 남자와 동거를 하고 있었는데—남자는 그녀를 조금 학대했고, 때문에 스트레스를 많이 받았다—시간이 흐르면서 그녀는 자신만의 세계 속으로 점점 더 깊이 빠져들었다. 그림을 그렸기 때문에 많은 시간을 혼자 보냈지만, 어쩌다 친구들이 들르면 오히려 더 혼란스럽고 편집증적인 생각에서 헤어나오지 못했다.

"친구들이 제 얘기를 하고, 저를 이상한 눈으로 바라보며, 저를 이상한 사람으로 여긴다고 생각하기 시작했어요. 어떤 때는 친구들이 하는 얘기는 듣지도 않고, 그들이 얘기하는 방식, 그들이 어떻게 보이는지, 그런 것에만 정신을 쏟기도 했어요. 그러면 얘기의 흐름을 잃고 혼란스러워졌죠. 뭐가 어떻게 돌아가는지 알 수가 없었어요."

한동안 심하게 시달린 끝에 어머니의 손에 이끌려 정신병원을 찾았다. 의사는 졸런이 단지 '생생한 상상력'과 주의력결핍장애가 있을 뿐이라고 이들의 걱정을 일축했다. 의사는 주의력결핍장애에 일반적으로 쓰이는 암페타민이라는 약을 처방해주었다. 졸런은 마음을 안정시키기 위해 마리화나를 피워대기 시작했는데, 그것은 "현실을 더 왜곡시켰다".

스무 살이 되자 증상은 더 심해졌다. 잠도 못 자고, 현실에서 단절된 느낌이 들 때도 많았다. 이젠 교수들이 자신에 대한 얘기를 속삭일 뿐만 아니라, 강의실 칠판에다 자신에게 보내는 특별한 메시지를 쓴다고 생각했다. 산만한 소음과 자신의 작품에 대해 뭐라고 얘기하는 소리가 들려왔지만, 돌아보면 주변엔 아무도 없었다.

"뭔가 잘못하면 이런 소음이 들리고 서랍을 쾅쾅 닫는 소리가 들렸어요. 그러다 뭔가를 잘하면 누군가가 '음, 좀 낫군' 이라고 말하는 거예요. 사람들이 제 속마음을 읽을 수 있다고 생각했고, 제 마음은 두서없이 둥둥 떠다녔죠. 다른 사람들의 생각도 공중에 떠다녔어요. 다른 사람들을 보면서 공중에 떠도는 이런 모든 생각들을 머릿속에 지니고도 어떻게 집중을 할 수 있을까, 이해할 수 없었죠."

그러던 어느 날 오후, 그녀는 마침내 무너지고 말았다. 학교의 복도를 걷던 그녀는 문득 자신이 신이라는 확신에 사로잡혔다. 그리고 예수 그리스도가 되었다. 그녀는 이렇게 혼잣말을 했다. "아니지. 그분은 십자가에서 돌아가셨으니까, 너도 죽게 될 거야." 그러자 공포가 밀려왔고, 지금 당장이라도 죽을 것만 같았다. 그날 밤 졸런은 병원에 입원했고, 그곳에서 넉 달을 보냈다. 그녀의 병명은 정신분열증이었다.

그것은 시작에 불과했다. 이후 몇 년간 그녀는 정신이상에 시달렸다 호전되기를 거듭했고, 치료제는 효과를 발휘하지 못했다. 그러던 중에 졸런 스스로도 첫번째 행운이라고 여긴 계기가 찾아왔다. 젊은 정신분열증 환자를 치료하기 위해 새롭게 만들어진 멜버른의 치료 프로그램에 참가하게 된 것이었다.

이곳의 치료법은 이례적이면서도 급진적이다. 이 프로그램은 멜버른 의대에서 운영하는데, 심각한 증상이 드러나기 전에 이 병이 지연되거나 중단될 수 있는지 알아보기 위해 적은 양의 약물을 투여해서 정신분열증을 포착하거나 치료하려 한다.

한동안 정신분열증은 알츠하이머처럼 퇴행성질병으로 여겨졌지만, 조직이 더는 손상되지 않고 정신분열증 환자의 일정 비율은 나이가 들면서 다소나마 개선되는 기미를 보이기 때문에 이제 돌이킬 수 없이 악화되기만 한다고는 보지 않는다. 심지어 일부에서는 조기에 발견해서 적절히 치료할 경우 정신분열증의 파괴력을 감소시킬 수 있을 것이라고 믿는다.

오스트레일리아에서 1996년에 시작된 연구는 상당히 주목할 만한 결과를 일궈냈다. 멜버른 대학의 정신병리학자로 이 연구를 이끌고 있는 패트릭 맥고리에 따르면, 정신병 치료제와 함께 개인별 편차에 따라 달리 고안된 정신치료를 받은 십대 서른한 명 가운데 돌이킬 수 없는 정신이상으로 발전된 사례는 세 명에 불과했다. 정신치료만을 받은 대조군에서는 스물여덟 명 중에서 열 명이 완전한 정신분열증 환자가 되었다.

이런 방식을 모두가 옹호하는 것은 아니다. 비슷한 연구가 현재 예일 대학에서 진행중이기는 하지만, 미국에서는 결정적인 증상이 나타나기도 전에 십대에게 강력한 약물을 처방한다는 생각이 논란을 낳았다(맥고리에 의하면, 미국에선 "그런 접근법이 약품회사가 개입된 모종의 음모로 여겨졌다").

하지만 맥고리의 시각은 다르다. 그는 지금 오스트레일리아에 설립한 것처럼 십대들이 "어떤 낙인이 찍히는 일 없이" 오갈 수 있는 특수 의료센터를 세워 정신분열증 발병 위험이 높다고 여겨지는 십대들을 조기에 적절히 치료함으로써—졸런의 예를 들자면 처음으로 혼란스러운 생각에 휩싸였을 때—이 병의 폐해를 희석시킬 수 있을 거라고 믿는다. 설사 치료만 한다 해도, 충분히 오랫동안 계속한다면 결국에는 효과를 볼지 모른다는 게 그의 생각이다. 하지만 그를 비롯한 많은 사람들은 정신병치료제가 어떤 식으로든 '신경보호' 작용—즉, 뇌세포에 가해지는 손상을 실질적으로 제한함으로써—을 하기 때문에 효과를 발휘하는 것인지를 궁금해한다.

맥고리는 정신분열증의 상당수가 유전이든 환경이든 어떤 이유로 십대들의 뇌에서 자연스럽게 일어나는 발달과정이 방해를 받아 정도에서 이탈했을 때 일어난다고 보고 있다(맥고리는 마약의 과다 복용도 환경의 일부로 포함시킨다).

"십대들의 뇌발달을 지켜보면 이 시기에 대규모의 구조조정이 일어납니다. 세포의 죽음과 제거라는 정상적인 과정이 진행되죠. 유전적인 요인이 강하지만 수많은 안팎의 요인들도 영향력을 행사합니다. 이제 이런 일들이 일어난다는 게 밝혀졌고, 정신분열증의 경우엔 이렇게 정상적인 청소년기의 발달과정중 뭔가가 잘못된 거예요." 그는 잠시 쉬더니 말을 이었다.

"이런 아이들의 대부분은 정상적인 아동기를 보냅니다. 부모들이 망연자실하는 것도 그 때문이죠. 어제까지만 해도 평범하거나 우수한 아이였는데, 뭔가가 일어나는 거예요. 뭔가 대단히 심오한 일이 청소년기에 일어나는 겁니다."

물론 어떤 아이가 망상의 계곡으로 향하는지, 또는 그저 십대라면 으레 거쳐가는 다양한 괴벽을 드러낼 뿐인지를 조기에 파악하는 것은 어려운 문제다. 맥고리는 관심을 가지고 지켜보면 단서가 될 만한 것은 많다고 말했다. 갈수록 사람들을 피한다거나, 성적이 갑자기 떨어진다거나, 속삭이듯이 말을 하고, 미심쩍은 감정을 표출하는 것이 여기에 해당된다. 그의 연구진들은 클리닉을 찾은 아이들 중에서 완전히 정신이상을 일으킬 사례를 80퍼센트까지 정확히 예측했다고 한다.

이런 접근법을 활용했다면, 졸런은 혼란스러운 생각에 사로잡히자마자 병이 진행되어 현실감각을 모두 잃어버리기 전에, 스스로를 신이라고 생각하기 훨씬 전에, 십대 초반에 진단을 받고 치료에 들어갈 수 있었을지 모른다. 맥고리는 이렇게 말했다.

"사실 과거에 정신분열증을 치료하던 방법과는 정반대의 접근법이라고 할 수 있습니다. 예전에는 대체로 증상이 아주 심해질 때까지 기다렸다가 치료를 시도했죠. 하지만 그땐 이미 너무 늦은 것일지 모릅니다."

졸런이 그 프로그램에 합류했을 땐 조기치료 연구의 대상이 되기엔 나이가 너무 많았지만 공격적인 접근법이 큰 도움이 됐다고 한다. 성인들을 대상으로 한 병원에서 몇 달 동안 주사바늘을 꽂은 채 방에 갇혀 지내다가 십대들을 위한 프로그램에 참가해보니 환자에 대한 배려가 느껴졌다. 그리고 그 병을 보다 당연시한다는 것, 즉 청소년기의 뇌에서 일어날 수 있고 치료도 될 수 있는 어떤 것으로 취급한다는 사실도 효과적이었다. "그런 것들이 제게 힘이 됐어요." 졸런은 이렇게 말했다.

우울하고 불안이 커질 때

위싱턴에 있는 국립보건원에서는 사춘기 때 상승곡선을 그리기 시작하는 두 가지 정신장애의 조기 징후를 찾아내기 위해 노력하고 있다. 연구를 맡은 대니 파인은 심한 우울증이나 일상을 무력화시키는 불안감에 언제, 그리고 어떻게 빠져드는지를 규명하기 위해 수백 명에 달하는 십대들의 뇌 속을 들여다보고 있다. 여기에는 사회적인 공포증과 여러 가지 전형적인 공황장애 등이 포함되는데, 이런 것들 역시 사춘기에 발동을 건다—심장이 두근거리고, 손바닥에서 땀이 나고, 숨을 쉬지 못할 것 같거나 아무 이유 없이 금방 죽을 것만 같은 그런 증상이 나타나는 것이다.

청소년기라는 꽤 긴 기간 어느 때라도 발병할 수 있는 정신분열증과는 달리, 우울이나 불안은 우리가 사춘기라고 알고 있는 더 구체적인 생물학적 시기와 직접 관련이 있다. 일례로, 우울증 비율은 아이의 나이가 아니라, 사춘기가 어느 정도 진행되었느냐에 따라 상승곡선을 그린다는 점에서 특이하다.

원인을 찾아내기 위해 파인은 청소년들과 그보다 어린 아이들—우울해하거나 불안해하는 아이들뿐만 아니라 완벽하게 정상이라고 느끼는 아이들도—을 fMRI 스캐너에 집어넣고는, 이들의 뇌가 행복하거나 불안하거나 화가 난 얼굴에 어떻게 반응하는지 관찰하고 있다. 그리고 성인들 중에 자원자를 받아 대조군으로 같은 과정을 진행한다.

화가 난 얼굴과 두려움에 찬 얼굴을 선택한 데에는 정상적인 뇌가 이런 감정을 어떻게 처리하는지—편도핵과 전전두엽 피질이 관련된 것으로 여겨지는 복잡한 연쇄 반응—에 대해 상당히 많은 사실이 이미 알려져 있기 때문이었다. 우울한 십대는 우울한 성인에 비해 화를 내고 짜증을 내는 경향이 더 높은 것이 사실이며, 이런 증상은 부모들과 격한 말을 주고받은 후에 나타날 때가 많다.

파인이 알고자 하는 것은, 사춘기를 겪게 되면 뇌는 화가 난 얼굴을 봤을 때 다르게 반응하는지, 이들이 화를 처리하는 뇌의 영역은 성인들과 다른지, 우울증이나 불안감의 징후를 보이는 십대들은 정상이라고 느끼는 아이들과 다른 부분을 사용하는지, 아니면 같은 부분을 다르게 사용하는지 등이다.

파인은 뇌스캔을 하는 동시에 에스트로겐과 안드로겐, 그리고 스트레스 정도를 알아보기 위해 코르티솔의 수치까지 함께 측정하고 있다. (흥미로운 점은, 여자아이들의 경우 사춘기 전보다 후에 스트레스가 심한 상황에서 정신병적인 증상을 나타낼 확률이 더 높다고 한다.) 그는 뭐라고 구체적인 혐의를 씌우기가 애매한 이런 호르몬들이 문제가 있는 아이들과 없는 아이들 사이에 차이가 있는지를 조사하고 있다—그리고 호르몬 수치의 차이가 다양한 십대들의 뇌활동의 차이와 일치하는지 아닌지도 확인중이다.

우울하거나 불안한 십대들의 행동에 대해서는 여러 가지가 알려져 있다. 당연하겠지만, 우울한 십대들은 부정적인 것에 초점을 맞추는 경향이 있다. 시험에서 A를 맞았다고 말해줘도, 요행으로 잘 찍어서 그렇다고 대꾸할 것이다. 이들에게 상이나 우승처럼 행복한 단어 목록과 선박이나 기차 같은 중립적인 목록, 그리고 부정적인 단어들을 모아놓은 목록을 주면, 거의 예외 없이 부정적인 말들을 더 쉽게 기억한다. 이들에게 〈101마리 달마시안〉의 악역 글렌 클로스의 화난 얼굴과 행복한 표정의 키아누 리브스 사진을 주고 나중에 확인해보면 클로스의 사진을 기억할 확률이 훨씬 더 높다.

불안감에 시달리는 아이들에게서도 일정한 패턴이 나타난다. 일정한 불안장애는 조절이상, 아마도 시상하부-뇌하수체-부신 축(간단히 줄여 HPA 축이라고 부른다)이 과민해져서 발생하는 것으로 생각된다. 어떤 종류의 스트레스 요인—중학교 2학년의 수학, 체육관에서 누군가 던진 무례한 말, 쓰레기를 내다버리라는 심부름—은 호르몬의 연쇄반응을 일으키는데, 다량의 코르티솔이 혈액 속에 유입되면 이것이 몸의 공격/도피 반응을 일으켜 손에 땀이 나는 등의 증상이 나타나는 것이다.

파인의 말에 따르면, 불안 증세가 있는 십대들은 위험 신호를 과도하게 경계하는 경향이 있음이 확인됐다고 한다. 수많은 군중 속에서 뚜렷하게 분노를 드러내는 단 하나의 얼굴이 있는 화면에서, 이들은 불안감에 시달리지 않는 아이들에 비해 그 얼굴을 찾아내는 속도가 훨씬 빠르다.

하지만 유전과 환경의 오묘한 앙상블에는 경의를 표할 수밖에 없다. 십대 초반의 여자아이들이 남자아이들에 비해 더 일찍, 그리고 더 자주 우울증에 빠지는 이유를 규명하기 위해 노력해온 미시건 대학의 수잔 놀런-호크시마는 최근의 연구를 통해 모든 십대 소녀들이 우울증에 걸리는 경향이 더 높다는 보편적인 생각은 '문화적 신화'에 불과할지도 모르며, 전반적인 증가 추세를 이끄는 것은 심각한 우울증에 빠진 일부 여자아이들일지 모른다고 주장했다.

하지만 이런 생각마저도 의문의 여지가 있다. 그들의 생활이나 뇌에서 대체 무슨 일이 일어나기에 그 일부라는 여자아이들은 열세 살이 되면서 나락으로 곤두박질을 치는 걸까?

여자아이들이 더 우울한 이유는 요동치는 에스트로겐의 영향 탓일까? 아니면 처음부터 뇌의 설정이 다르기 때문일까? 수학 시간이나 집에서 억눌리기 때문에 우울해지는 걸까? 아니면 원숭이를 연구하는 인류학자들의 주장처럼, 나중에 아이를 키울 때 믿을 수 있는 친구에게서 도움을 받을 필요가 있기 때문에 우울해지는 걸까? 그래서 이들은 더욱 집단 지향적이 되고, 사회적 유대관계에 더 많은 것을 투자함으로써 그런 유대관계가 깨지면 더 황폐한 심정이 되는 걸까?

놀런-호크시마는 여자아이들에게 '부정적인 사건들'이 일어날 기회가 더 많다고 주장한다. 성적인 학대도 우울증으로 이어질 수 있는데, 아무래도 성적 학대는 남자아이들의 경우보다 여자아이들에게서 더 빈번하게 발생한다. 선택의 여지 없이 인생을 받아들여야 하는 것도 우울증으로 이어질 수 있으며, 이것 역시 여자아이들에게서 더 일반적이다. '성숙이 빠른' 아이들, 예를 들면 초등학교 때 이미 초경을 하고 가슴이 나오는 아이들은 더 위험하다. 사회에서는 이들을 조금 다르게 취급하는데, 왜냐하면 더 나이 들어 보이기 때문이다. 부모들도 다르게 대우하고, 남자아이들은 이들을 노리고, 대개의 경우 주변엔 함께 어울리면서 믿고 기댈 또래 여자아이들이 없다.

우울증의 이면에는 문화와 환경의 다양한 요소들이 자리잡고 있으며, 유전적인 요소가 작용한다는 것에도 의심의 여지가 없다. 일부 십대―남녀를 막론하고―의 경우엔 우울증 그 자체라기보다는 기분을 조절하고 진정하는 것에 생물학적으로 취약하거나 어려움을 겪고 있는지 모른다고 놀런-호크시마는 말했다. 이런 생물학적 경향을 타고난 아이들은 스트레스를 받을 때 다른 식으로 반응할지도 모른다. 남자아이라면 화가 나는 상황에서 기분전환을 하기 위해 술을 마시러 나갈 수 있다. 실제로든, 아니면 느낌상으로든, 환경의 영향을 더 많이 받는 여자아이들은 "곰곰이 생각에 잠겨 상황을 반추하는" 경향이 있다. 이에 따른 결과는? 놀런-호크시마의 표현을 빌리자면 남자아이들은 "사회적으로 보다 용인된" 알코올중독자의 길을 가는 경우가 많은 반면에 여자아이들은 우울증에 빠지는 경우가 많은데, 끊임없이 변화하는 생물학과 문화적 요인의 혼합이 절정에 이른 것이라고 볼 수 있다. 그녀는 이렇게 덧붙였다.

"하지만 그것조차도 이 모든 것을 설명하지는 못합니다."

대니 파인은 이 모든 것을 설명하기 위해서는 작동중인 청소년들의 뇌를 안에서 지켜볼 필요가 있다고 확신한다.

심각한 우울증이나 삶을 무기력하게 만드는 불안 증세로 시달리는 아이들수천 명을 만난 후에 그는 뇌스캔으로 방향을 돌렸는데, 그렇게 많은 세월이 흘렀어도 "정신병적인 장애를 일으키는 것이 무엇인지에 대해 걸음마 단계를 벗어나지 못했기 때문"이라고 한다. 전통적인 방법들, "클리닉의 사례와 연구를 이용해서 이 문제에 답하려는 대대적인 노력들"은 대체로 "늘 불충분했다"고 그는 말했다.

하지만 뇌스캔도 아직까지는 혼란스러운 그림만을 보여줄 뿐이다. 어떤 연구에서는 우울증이나 불안증세가 있는 십대와 아동의 경우 뇌의 어느 부분이 더 큰 반면, 또다른 연구에서는 같은 부분이 더 작다는 결과를 제시한다. 그렇기 때문에 파인은 몇 년에 걸쳐 청소년들의 뇌 속 신경 작용을 관찰하는 대규모 연구에 착수했다. 단순히 어느 부분이 작거나 크다는 것을 확인하려는 게 아니라 살아 있고, 성장하는 십대들의 뇌 속에서 그 부분들이 서로 어떻게 상호작용하는지에 초점을 맞춘 것이다.

그에게는 이 연구가 아주 시급한 사안이었다.

십대들 사이에서 정신병리학적 징후가 전반적으로 상승한다는 일부의 주장을 액면 그대로 받아들이기는 힘들다고 하더라도—예전처럼 정신병이라고 해서 구제불능이라는 낙인을 찍는 경향이 덜해졌기 때문에 치료를 받으러 찾아오는 아이들이 늘어난 것일 수도 있다—한 가지 통계만큼은 우려할 이유가 충분했기 때문이다. 최근에 약간 감소했다고는 하지만, 지난 50년 동안 청소년의 자살률이 꾸준하게 증가해온 것이다.

"이 점에서만큼은 상황이 악화됐다고 말할 수 있죠."

정상이라는 것

파인을 비롯한 수십 명의 과학자들이 십대들의 뇌를 들여다보며 과연 어느 부분이 잘못되는지—또는 잘되는지—를 알아내기 위해 애쓰는 동안, 십대들도 그들 나름대로 상황을 헤쳐나가기 위한 노력을 멈추지 않고 있다.

심신을 쇠약하게 만드는 정신질환과 10년 넘게 씨름해온 졸런 같은 경우엔 그것이 여전히 어렵기만 하다. 졸런은 이제 독립해서 아르바이트로 생계를 꾸려간다. 그녀는 정신이 혼란에 빠지는 때를 알아차리게 되었고, 그것을 이겨내려고 노력한다. "이상한 생각이 들기 시작하면 이렇게 혼잣말을 해요. '기다려, 이건 현실이 아니야. 니 정신이 너를 또다시 엿먹이려고 하는 거야.'"

하지만 쉬운 건 없다. 예전보다야 훨씬 나아졌어도 순간순간 위험이 도사리고 있는 건 여전하다. "그냥, 하루하루 살아갈 뿐이에요. 제가 이 상황을 헤쳐갈 길은 그것뿐이거든요."

심각한 정신병과 씨름하지 않는 십대들에겐 일상의 투쟁이 그렇게까지 다급하지는 않다. 하지만 어떤 종류, 어떤 형태가 됐든 청소년기가 쉽다고 말하는 사람은 아무도 없다. 뇌가 정상적인 범주 내에서 제 기능을 하는 축복을 타고난 아이들에게조차 성장은 매우 복잡한 문제이다.

메릴랜드에 사는 십대 소년으로, 완벽하게 정상인 스튜어트는 사소한 일을 놓고 부모와 언쟁이 붙으면 "예측할 수 없는 감정"에 휩싸일 때가 있었다고 말했다. 그의 친구들 중엔 청소년기에 통째로 함몰되어버린 아이들도 있다. "술과 마약을 많이 하는" 아이들이다. 스튜어트는 이렇게 말했다.

"가끔은 청소년기의 목표는 그것에서 빠져나오는 게 아닌가 싶기도 해요. 빨리 자라야만 하는 거죠. 제가 아는 많은 아이들이 이 문제를 놓고 씨름을 해요. 십대 땐 지금 이 순간의 나 자신이 편하게 느껴지지 않고, 제가 생각하기엔 그게 많은 문제를 일으키는 것 같아요."

하지만 열여덟 살이 되어 어른 문턱에 들어선 스튜어트에게 이제 인생은 달콤하기 그지없다. 날 선 감정과 이유 없이 얽히던 부모―그리고 자기 자신―와의 언쟁은 어느새 잦아들었다. 그는 농구와 비올라에서 자신의 열정을 발견했다. 자기 자신으로 사는 것에 편안함을 느끼고, 새로 찾은 안정감과 분별력이 자랑스러우며, 자기 앞에 놓인 가능성을 생각하면 가슴이 뛴다. 그의 표현을 빌리자면 "자신의 머리가 쑥 자랐다"는 게 특히 기쁘다. 그의 생각은 전에 비해 훨씬 예리하고, 깊고, 풍부하다. 그리고 그건 아주 기분 좋은 변화다.

"제가 아는 가장 큰 변화라면, 사물을 더 어렵고 복잡한 방식으로 본다는 거예요. 마치 난생처음으로 제 뇌가 '만약에 이러저러하다면'이라고 물을 수 있게 된 것 같아요."

14

다가올 미래

위험과 희망, 그 한가운데서 성장하다

십대의 뇌는 여전히 피어나고 있는 중이다. 제 주인이 그런 것처럼 뇌 역시 여기로 팔을 뻗었다가 저기서 넘어지기도 하고, 밀고 밀리면서 나아갈 길을 모색한다. 그리고 출렁이는 그런 흐름 속에 미래의 희망이 숨어 있다. 변화(變化)를 뜻하는 중국의 상징에는 위험과 가능성이라는 의미가 함축되어 있듯이, 십대들의 뇌도 이 두 가지를 모두 담고 있다. 신경학자이면서 십대 둘을 키우는 엄마이기도 한 바버라 페들리는 이렇게 말했다.

"십대들의 뇌가 여전히 그렇게 큰 변화를 겪고 있다는 얘기를 들으니까 걱정이 되더군요. 더 많은 것들이 잘못될 수도 있다는 뜻이니까요."

신경과학자인 제이 기드는 이렇게 자문자답했다.

"이 모든 것은 뭘 의미할까요? 결국 어떤 아이도 포기해선 안 된다는, 아직 희망이 있다는 뜻입니다."

지금까지 살펴봤듯이 청소년기의 뇌—이제껏 대체로 완료된 상태로 여겨왔던—에서 진행되는 이른바 리모델링은 그 영역이 너무나도 광범위하기 때문에, 이제 십대들을 보는 시각 자체를 고쳐야 할 필요가 있다. 대략 10~12년이라는 시간에 청소년들의 뇌는 때로는 포착하기 어려울 정도로 미세하고 때로는 숨이 멎을 정도로 극적인 일련의 변이를 통해 아동에서 성인으로 탈바꿈한다. 이들의 전두엽을 구성하는 회백질은 빽빽이 늘어났다가 느닷없이 규모를 줄이면서 더 날렵한 사고 기제를 형성해낸다. 십대 시절의 뇌는 인간을 가장 인간답게 해주는 부분, 경계의 눈초리를 보내고 인과관계를 파악하고 '이러면 안 될 거야'라고 판단하는 바로 그 부분, 다시 말해서 어른답게 행동하게 만드는 전전두엽이라는 부분을 미세하게 조정한다.

십대의 뇌에서는 도파민 연접부가 급격히 증가하는데, 운동과 각성, 쾌감에 중요한 신경전달물질인 이 도파민의 수치가 높아지게 된 것은 수많은 청소년들이 먹이를 구하기 위해 새로운 영역을 탐험하는 것부터 예쁜 여자에게 춤을 청하는 것까지 생존에 필요한 위험을 감수하게 만들기 위해서였는지도 모른다. 뇌세포와 뇌세포를 잇는 가늘고 긴 가지들이 미엘린이라는 외피에 싸이면 감정이나 언어처럼 근본적인 기능을 담당하는 뇌의 영역에서 신호의 속도가 빨라진다. 사회의 신호나 단서, 하다못해 농담을 이해하는 것과도 관련이 있는 소뇌는 활짝 피어났다가 강화되는데, 그 과정이 청소년기 전반을 넘어 20대까지 진행된다. 수면 패턴의 결정에 보조 역할을 하는 뇌의 화학물질도 청소년기에는 변화를 겪는다. 이것은 어쩌면 집단 전체를 보호하기 위해 눈 밝은 젊은이가 밤늦도록 깨어 있어야 했던 옛날 어느 시절의 유물인지도 모른다.

변화의 인식

대뇌의 이 같은 변화는 정상적이고 평범한 십대의 발달에 결정적이다. 그리고 정상적이고 평범한 십대들의 일상을 헤쳐나가는 아이들과 부모들을 도우려면 이런 변화들을 인식하고 이해하는 것—지금까지는 대체로 간과되어왔지만—이 결정적일 만큼 중요하다.

이 책을 쓰기 위해 조사하는 과정에서 나는 번번이 놀랄 수밖에 없었고, 결국 우리집의 십대들을 보는 시각도 달라졌다. 십대들의 뇌에서 일어나는 변화는 너무나도 근본적이고 광범위하기 때문에 거의 모든 행동에 영향을 미친다. 이 사실은 청소년이라는 풀리지 않는 수수께끼에 새롭고 의미 있는 시각을 더해주었다.

십대들은 왜 토요일이면 해가 중천에 떠오르도록 꿈쩍도 않고 늦잠을 자는 걸까? 옷은 바닥에 헝클어놓은 채, 해야 할 숙제와 작문이 기다리고 있다는 걸 정말 모르는 걸까? 애가 게을러서 그런 걸까? 설마 죽은 걸까? 우리를 미워해서 저러는 걸까? 아마 그렇지는 않을 것이다.

왜 우리 아이는 술에 절어서 새벽 3시에 기어들어오면서 그것도 모자라 경멸의 눈초리를 보내는 걸까? 십대 아들 둘을 키우는 어떤 엄마의 말마따나, 요즘처럼 무서운 세상에서 차라리 "못되게 사는 게 낫기" 때문일까? 아마, 그렇지는 않을 것이다.

새롭게 부상한 뇌과학은 이렇게 혼란스럽고, 화도 나고, 또 가끔은 즐겁고 신기한 십대들의 행동이 더할 것도 뺄 것도 없이 그냥 일어나는 현상일 뿐이라고―정상적이고 평범한 십대들의 혼란스럽고, 화도 나고, 또 가끔은 즐겁고 신기한 행동일 뿐이라고 말해준다. 그리고 십대들의 뇌에서 지각 변동―우리집 아이나 옆집 아이나 모두 자연스럽게 겪을 수밖에 없는―이 일어나고 있음을 아는 것은 큰 도움이 될 수 있다. 실제로, 신경과학자들 중에도 연구과정에서 터득한 지식을 자녀를 키우며 실생활에 적용하는 경우가 많았다.

기대치를 조정하라, 그리고 실천하라

맥린 병원의 신경과학자인 데보라 위르겔런-토드의 말을 빌리자면, 청소년들의 행동이 불가피하며 예정된―그리고 일시적인―현상이라는 생각을 뒷받침해주는 새로운 증거들은 뭐가 됐든 부모들에겐 축복이다. 그리고 그것은 우리가 더 거시적인 관점을 취해야 한다는 뜻이기도 하다. 어느 누구도 부모들에게 한

발 물러나 있어야 한다고 말하지는 않는다. 십대들이 감정적으로 어려움을 겪고 있다면 어떤 식으로든 개입해서 도와주는 게 당연하다. 하지만, 그렇다고 해서 십대들에게 문제를 해결할 능력이 없다는 뜻은 아니다. 그들은 똑똑하고 능력이 있다. 그러면서도 여전히 어른의 발만큼 큰 발을 불 속으로 넣어야 할 것같이 느낀다. 그들의 뇌가 여전히 발달중이라는 사실은 새로운 연구 결과를 접한 어느 아버지의 말처럼 "쓰레기를 내다버리지 않으려는 핑계"에 불과한 것이 아니다.

그러나 청소년들이 때로는 우리와 다른 방식으로 생각한다는 증거들이 나왔다면 우리 자신의 행동이나 기대수준에 약간의 조정을 가해야 할지도 모를 일이다.

위르겔런-토드는 십대 초반의 아이들이 다른 사람의 감정을 해석할 때 종종 혼동을 한다는 사실을 발견했다. 전두엽의 기능이 완전하지 못하기 때문에 이들은 두려움이나 경계심을 처리하는 부분으로 반응을 보일 때가 어른들에 비해 훨씬 많을지 모른다. 만약 십대들이 어리둥절해하거나 초조해한다면, 그렇게 되도록 정해져 있다면, 이 사실을 진지하게 받아들여야 한다. 위르겔런-토드는 청소년기라는 안개를 헤치고 아이들이 자신의 말에 귀를 기울이게 하기 위해 새로운 전략을 쓰고 있다. 딸에게 "머리를 빗고, 청소도 좀 하고, 설거지를 하라"고 한꺼번에 얘기하는 대신—그리고 아무것도 하지 않은 채 멍한 시선으로 바라보는 딸과 마주하는 대신—한 번에 한 가지씩만, 그것도 천천히 조용하게, 필요하다면 반복해서 얘기한다. 내가 얘기를 나눠본

다른 부모들 중에도 이유는 알지 못한 채 같은 전략을 구사하는 사람들이 많았다. 이건 사소한 변화에 불과하지만, 그 효과는 놀라울 정도다.

아이들의 전두엽을 활용하라

컬럼비아 대학의 아동정신병리학자이며 다섯 아이를 키우는 아버지인 피터 젠슨은 십대들의 뇌가 계속해서 변화한다는 새로운 발견, 그리고 다양한 영역을 탐험할 때 학습효과가 가장 뛰어나다는 것을 보여주는 증거들을 접하면서 자신의 사고방식도 변했다고 털어놓았다. 청소년들의 전전두엽 피질이 여전히 발달중이라는 사실은 청소년들이 항상 결과를 생각하고 행동하는 것이 아니며, 그렇기 때문에 가끔은 부모들이 개입해서—이를테면 아이들의 전두엽 피질이 돼서—약간의 통찰력을 제공할 필요가 있다는 뜻이다. 그리고 여기서는 무조건 강하게 나가는 것만이 능사가 아니다. 십대들을 다섯 명째 키우다보니 젠슨은 조금 느긋한 태도로 옆구리를 살짝 찌르거나, 어떤 결과가 나올지에 대해 약간 힌트를 준 다음, 아이가 새롭게 연결되고 있는 전두엽을 활용해보도록 내버려두는 게 가장 좋다는 걸 터득했다고 한다.

"첫애가 십대에 접어들었을 땐 항상 통제하려 하고, 그 아이의 전뇌가 되려고 했어요. 그런데 다섯번째 아이는 좀 다르게 키우려고 합니다. 일정한 틀만 제시하고 아이의 전뇌에 더 많은 선택의 기회를 주려고 하죠. 아이가 스스로 선택할 수 있도록 말이에요."

겉모습에 속지 마라

 십대들을 상대할 때에는 가끔은 이상하기까지 한 그 아이들의 사회와 세상에 대한 인식에만 초점을 맞출 게 아니라 우리의 시각도 함께 돌아볼 필요가 있다. 1년에 30센티미터씩 자라는 걸 보고 나면 키가 훌쩍 커버린 이 아이가 완전무결한 어른이라는 생각을 하지 않기가 오히려 더 힘들다. 미네소타 대학의 발달신경학자인 척 넬슨은 이렇게 말했다.
 "십대들을 보면 이들의 뇌가 아직 발달중이라는 사실을 떠올리기가 특히 더 어려운데, 일단 겉모습이 어른처럼 보이기 때문이죠. 저도 아들 녀석에게 소리를 치려면 이젠 목을 있는 대로 늘여야 한다니까요. 하지만 성인 체형을 가졌다고 해서 성인이 된 건 아닙니다. 그걸 염두에 두어야만 합니다. 그럴 수 있다면 말이죠."
 사실상 청소년기의 뇌가 여전히 진행중인 프로젝트라는 새로운 증거들이 나오고 있는 만큼, 청소년들에게나 우리 자신에게도 이제 좀더 관대해질 필요가 있다.
 "이렇게 새로운 사실이 밝혀지면서 이제 부모들은 '가만, 우리 애가 내가 생각했던 것처럼 구제불능은 아닐지도 몰라. 이게 자연스러운 과정이라면 더 어렸을 때 성질을 부리고 미운 짓을 하던 걸 참아냈듯이, 참고 견딜 수 있는 걸지도 몰라' 라고 말할 수 있게 될 겁니다. 이 시기도 성장의 한 단계라는 걸 깨닫게 되는 것이죠. 청소년들의 뇌를 구성하는 영역들도 결국에는 어른스럽게 성숙할 겁니다. 이런 생각을 한다면 아무래도 더 너그러워질 수 있겠죠."

물론 이렇게 말한 넬슨도 뇌가 성숙해가는 십대의 아버지로서 너그러운 마음을 갖는 게 쉽지만은 않다는 걸 인정했다.

"아시잖아요. 제 뇌야말로 반으로 나뉘는 것 같아요. 아들 녀석이 말썽을 피우면 이쪽 뇌에서는 이해를 합니다. 녀석의 뇌 속에서 일어나는 일 때문에 저런 행동이 나온다는 걸 아니까요. 하지만 다른 쪽 뇌에서는 이렇게 말하고 싶어해요. '이놈아, 덩치는 태산만 한 녀석이 무슨 짓이냐?' 지난번에는 최근 들어 갈등이 심해져서 늘 만나면 으르렁거리는 아들과 제가 그 나이 때의 저와 아버지랑 똑같다는 생각이 문득 들더군요. 그러니까 이게 정말 자연스러운 과정이겠구나 싶고, 무려 여덟 시간이나 그런 생각을 하고 나니까 진짜로 아이를 이해하게 됐어요. 그 다음부터는 아주 잘해준답니다."

그러고는 웃으면서 이렇게 덧붙였다.

"하지만 오늘 또 무슨 일이 일어날지 누가 알겠어요. 제가 뇌 발달을 연구하는 사람이니만큼 그런 지식에 기초해 아들에게도 잘해줍니다. 하지만 아시잖아요. 녀석이 화를 돋운다니까요."

미리미리 알아서 대비하라

십대들이 마치 무뇌아처럼 굴고, 도무지 불필요하고 멍청한 위험을 자초하는 것은 물론 우리의 화를 돋운다. 하지만 이것도 다른 시각에서 볼 수 있다.

인간의 뇌를 연구하는 과학자와 사춘기의 쥐와 원숭이를 다루는 전문가들이 한 목소리로 주장하는 바처럼, 만약 십대들이 위험한 행동에 끌릴 뿐만 아니라 그런 행동이 자연스럽고도 필요한 발달상의 한 과정이라면 이제는 그것을 이해해야 한다. 그리고 당연시해야 한다.

그렇다고 길을 잃은 십대들이 아무렇게나 무모하게 살도록 의도적으로 방치해야 한다는 뜻은 아니다. 다만 정도의 차이는 있겠지만 문화와 인종, 그리고 고금을 막론하고 십대들이 늘 이런 식으로 행동해왔다면 그걸 인정하고 받아들이는 게 그렇게 어려운 일일까? 그런 행동을 당연하게 받아들인다면 그에 맞춰 계획도 수립할 수 있다. 이를테면 자칫 큰 사고로 이어질 수 있는 위험한 운전을 줄이기 위해 한 차에 동시에 탑승할 수 있는 십대의 수에 제한을 가하는 곳들이 적지 않다. 그리고 나이 어린 운전자의 경우 임시면허증을 소지하고 어른이 동승한 상태에서만 운전을 해야 하는 지역에서는 정말로 교통사고와 사망자 수가 감소했다. 그리고 또래에 비해 일찍 성숙한 십대들이 문제에 빠질 위험—새롭게 생겨나는 강력한 욕구를 전두엽의 경고로 자제시키지 못하기 때문일 텐데—이 높다면, 여기에 대해서도 대책을 세워야 할지 모른다. 겉모습을 보고 잘못 생각하거나 그들의 행동에 분노하고 경악하기보다 더 많은 관심과 도움의 손길을 내미는 데 집중력을 모아야 할 것이다.

아이들은 원래 잠꾸러기

더 현실적인 차원으로 눈을 돌려서, 십대들이 한낮이 되도록 잠을 자는 이유가 어느 정도는 뇌 속의 화학물질이 변화하면서 나타나는 현상이라면—그리고 어처구니없을 정도로 일찍 시작하는 고등학교에 등교하기 위해 새벽같이 일어나느라 심각한 수면 부족을 겪기 때문이라면—등교시간을 좀 늦출 수는 없는 걸까? 그리고 밤마다 산더미 같은 숙제를 내주기 전에, 또는 끝없는 과외활동—대학에 들어가는 데 너무나 중요한 요소라니까—에 참가하라고 대놓고 등을 떠밀기 전에, 최소한 그 모든 것이 이들의 수면에 어떤 영향을 미칠지 정도는 생각해봐야 하는 게 아닐까?

십대들은 자연스럽게 분출하는 에너지로 충만하면서도 성인에 비해 더 많은 잠이 필요하다. 되도록 많은 것에 도전하고 많은 경험을 쌓는 건 좋겠지만, 3년 동안 학생회 간부를 지내고 교지 편집장에다 축구부와 펜싱과 수영팀의 주장을 맡았고, 오보에를 연주해 대회에 나가 상까지 탔으며, 희곡도 쓰고, 소규모 컴퓨터그래픽 회사를 창업해서 CEO까지 겸임하고 있다는 입학

원서를 받았을 때 대학의 관계자들은 지금 완전히 지쳐 탈진한 한 인간이 거기 있다는 걸 과연 알고 있을까?

우여곡절을 거쳐 소수의 고등학교에서 등교시간을 조금 늦췄고, 그런 조처는 효과가 있었다. 이런 학교에서는 수업시간에 조는 아이들이 적을 뿐만 아니라, 공연히 심술궂게 행동하는 아이들도 적다. 심지어 미 해군에서도 청소년과 수면의 관계를 다룬 연구결과를 검토한 후 작년부터 신병들—대부분은 십대 후반이다—에게 조금 늦게 취침해서 늦게 일어나며, 6시간이 아닌 8시간 수면을 허락하기 시작했다. 원래 표준이었지만 그 동안은 무시해왔던 규칙이었다. 군대에서조차 이렇게 할 수 있다면, 다른 곳에서는 더 말할 필요가 없지 않을까?

압력을 낮춰라

청소년들의 뇌가 어떻게 자라고 발달하는지에 대한 새로운 지식을 갖추었다면, 이제는 십대들에게 그 나이 때의 성공이 의미하는 바를 더욱 폭넓게 정의해주고 실수를 통해 스스로 답을 찾아낼 여지를 허락해야 할 때일지도 모른다. 지나치게 통제하고 지나치게 빡빡한 활동을 요구하고, 대학만이 살길이라고 다그치는 태도를 조금 완화하고, 십대들에게 스스로 자신의 길을 찾아낼 운신의 방법을 찾아내면 어떨까? 이제 그들이 위험을 감수하고, 지적으로 육체적으로 그리고 정서적으로 방황할 시간을 더는 빼앗아서는 안 될지도 모른다. 이 사회는 무한경쟁을 추구해 지나치게 과열되어 있다. 그래서 우리는 열두 살인 그들에게 순간적인 성적 쾌감이나 한줌의 엑스터시를 추구할 시간과 여지만을 남겨둔 건 아닐까?

여러 가지 방안들이 나와 있다. 다양하고 폭넓은 인턴 제도, 직장의 경험과 직업훈련, 또는 세상 속으로 여행을 떠나는 것— 그리고 엄격한 학제 속에서 이런 것들을 하고도 여전히 대학에 갈 수 있도록 시간을 허용하는 것. 유럽에서는 고등학교를 졸업하고 대학에 진학하기 전에 1년을 쉬면서(갭이어gap year, 또는 공백년空白年이라고 한다) 여행도 하고 인생 계획을 수립하는 것이 훨씬 보편화되어 있다. 미국에서도 일부 학교에서는 그 동안 많은 교육학자들이 학교를 그저 암기나 하는 공간으로 만들 수 있다며 비난해온 월반제도를 과감히 폐지함으로써, 더 심도 있는 수업을 통해 비록 시험에는 나오지 않더라도 학생들이 궁금한 것을 묻고 생각할 수 있게 했다.

우려할 만한 수준으로 치솟은 십대의 음주 실태에 직면한 어떤 학교에서는 십대들에게 스스로 해결책을 제시하게 했다. 발달중인 전두엽을 활용해볼 좋은 기회였다고 생각된다. 그렇게 해서 나온 제안들 중엔 깜짝 놀랄 만큼 현명하고 그럴듯한 것들—부모에게 아이들을 댄스파티가 열리는 곳까지 바래다주고, 파티가 열릴 때 부모가 집에 머물겠다는 동의서를 받아 더욱 안전한 환경을 마련하는 것 등—도 많았다.

나는 진심으로 이 모든 것을 지지한다. 하지만 나를 포함한 모든 부모들이 한번쯤 다 함께 심호흡을 해야 할 때라고도 생각한다. 이제 우리에겐 새로운 사고방식이 필요하다. 청소년들의 뇌가 계속해서 발달해가는 중이며 그것이 어떻게 진행되는지에 관한 지식으로 무장할 경우 아이들에게나 우리 자신에게도 조금쯤은 여유가 생길 수 있다. 다른 건 몰라도 우리의 할머니들이 늘 하시던 말씀, "크면 저절로 다 해결된다"는 그 본능적인 깨달음이 이제 무조건 구식으로 치부해버릴 수 없는 현대적이고 과학적인 토대를 갖추게 되었다.

어른이 된다는 것, 그리고 생물학

십대들은 아무리 착하고 말을 잘 듣는다고 해도 정신나간 행동을 할 수 있다. 하지만 이젠 그렇게 정신나간 행동을 보더라도 새로운 뇌과학에 입각해서 조금은 다른 반응을 취할 수 있다. 내 경우에도 어쩌다 오만불손한(때로는 더 심한) 눈길과 마주쳤을 때, 이제는 이 시기에 어떤 변화가 생길지를 생각할 수 있다─뇌가 실질적으로 발달하는 시기, 뇌가 자라고 변하고 성숙하는 시기, 전전두엽 피질을 반짝반짝 윤이 나게 닦아주는 시기, 십대들이 자아를 찾아가는 시기.

실제로 청소년을 총체적으로 다루고 생각하는 많은 전문가들은 이들의 뇌에 대한 새로운 연구결과들이 점차 사회 전반에 뿌리내리면 성숙을 바라보는 우리의 시각도 근본적으로 변할 것으로 내다보고 있다.

미네소타 대학의 소아과의사이며, 청소년을 대상으로 미국에서 실시된 것 중에 가장 큰 규모의 설문조사를 담당했던 로버트 블럼 교수는, 청소년들의 뇌가 기존에 생각했던 것처럼 완전한 상태가 아니라는 과학적인 근거가 일관되게 제시될 경우, 정치와 사회와 사법의 영역—십대 초반의 아이에게 부모 동의 없이 낙태를 허용할 것인가부터 중대한 범죄를 저지른 십대 초반의 아이를 성인으로 간주해서 처벌할 것인가에 이르기까지—에서 '엄청난 파급효과'를 낳을 것이라고 말했다.

"청소년들에 대한 논의 자체를 바꿔놓게 될 텐데, 그것의 향후 방향에 대해 지금으로선 겨우 짐작만 해볼 수 있을 뿐입니다. 그 동안 강력한 영향력을 행사하는 건 대체로 환경이라는 인식이 확산되면서 상황을 생물학적으로 설명하려는 시도가 많이 이루어지지 않았습니다. 하지만 이제 새로운 연구결과들이 균형을 맞춰줄 것 같습니다. 생물학과 유전학도 이 방정식의 변수가 되어야 하죠. 그리고 그것은 청소년을 보는 우리의 시각에 점점 더 많은 영향을 미치고, 매우 복잡한 경로를 통해 사회 정책들을 좌우하게 될 것입니다. 그리고 이런 질문을 던지겠죠. 어른이 된다는 건 과연 무엇을 의미하는가?"

미국에서는 십대 초반의 범법자들을 어떻게 다뤄야 하는가를 놓고 논쟁이 계속되는 와중에도 상당수가 성인으로 재판을 받고 있다. 피츠버그 대학에서 오랫동안 청소년의 행동을 연구해온 엘리자베스 코프먼은 신경과학의 새로운 발견이 아동심리학이나 사회학에서 진행되는 유사한 연구들에 힘입어 청소년 재판에 영향을 미치게 되길 희망하고 있다.

"물론 정부가 어느 쪽 의견에 귀를 기울이느냐에 달린 문제지만, 법조계에서도 청소년의 뇌와 발달에 관한 이 문제에 더 많은 신경을 쓰게 되리라 기대합니다."

십대들을 상담하는 사람들은 끊임없이 제시되는 뇌에 대한 새로운 발견이 그들의 분야에서도 새로운 지평을 열 것으로 확신하고 있다.

미국정신병리학협회에서 '아동, 청소년, 가족 협의회' 회장을 맡고 있는 데이비드 패슬러는 새로운 발견으로 이미 자신의 시각은 변했노라고 털어놓았다. 뇌의 구조와 행동이 손을 맞잡고 나아간다는 것—해부학적인 요소가 감정과 경험에 영향을 미치고, 감정과 경험은 다시 뇌의 근본적인 구조를 변화시킨다—을 과학이 끊임없이 확인해주고 있으므로, 십대들이 어떤 경험을 하는지 이전보다 더 깊은 관심을 가지고 지켜봐야 한다고 그는 말했다.

"계속해서 부정적인 환경에 노출되는 아이들, 고등학교 시절 내내 괴롭힘을 당하고 상처받는 아이들—이런 행동들도 신경화학적인 상태와 관련이 있죠—이 한층 더 걱정이 되는 이유는, 이런 경험들이 비슷한 사건으로 이어질 가능성이 있기 때문입니다. 일단 외부 자극에 반응하는 통로가 구축되면 이후에 비슷한 자극을 경험했을 때 그 상태를 재현하는 것이 훨씬 쉽거든요. 다시 말해서, 신경생리학적 관점에서 봤을 때 학교에서 괴롭힘을 당한 청소년들은 성인이 되어서도 비슷한 방식으로 반응할 가능성이 훨씬 높다는 뜻입니다."

청소년들의 뇌가 그토록 오래 지속될 통로를 형성하는 중이라면, 알코올이나 마약, 심지어 조제 의약품이 오래도록 미칠 효과도 걱정해야 할 문제라는 게 패슬러의 생각이다. 청소년들이 더욱 정상적인 경로를 통해 성인으로 성장할 수 있도록 도와주는 많은 신약품들이 개발되고 있다—예를 들어, 주의력결핍장애를 치료하지 않은 채 방치할 경우 학교나 또래들 사이에서 문제를 일으킬 가능성이 높으며, 약물중독으로 이어질 가능성도 있다. 하지만 십대들의 복용이 증가하고 있는 강력한 향정신성 약물이 장기적으로 어떤 영향을 미칠지에 대해서는 아직 밝혀진 바가 없다. 패슬러는 이렇게 강조했다.

"뇌가 변화하고 있다면, 사용하는 의약품에 대해서도 최대한 조심하지 않으면 안 됩니다."

아는 것이 힘이다

한편 뇌가 아직 고정되지 않은 상태라면 우리가 내미는 도움의 손길이 실질적인 효과를 발휘할 가능성이 높아진다. 그리고 자신들의 뇌에서 어떤 일이 벌어지는가를 아는 것이 아이들에게도 이로울 것이라고 패슬러는 말했다.

"십대들은 여기서 힘을 얻을 수 있습니다. 우울증이 됐든 뭐가 됐든, 그들이 가진 이러저러한 문제가 그들의 잘못이 아니라는 걸 말해준다면 정말 도움이 되겠죠. 문제는 그들의 뇌가 연결된 방식에 있으며, 치료를 받거나 약을 먹거나 전조증상을 빨리 인식하는 법을 터득하는 식으로 힘을 합쳐서 그것을 해결할 방법을 찾아낼 수 있다고 얘기해줄 수 있지 않겠어요. 이런 모든 것들이 신경물리학적 차원에서 작용하고, 현상을 변화시킬 가능성이 존재한다는 걸 안다면 아이들은 자신의 삶에 대한 주인의식을 갖게 될 겁니다.

십대들의 뇌가 아직도 발달하는 과정이라는 걸 안다면 부모들도 힘을 얻을 겁니다. 성인의 문턱을 넘기 전에 일정한 감정, 또는 행동의 패턴을 바꿀 기회가 늘어나는 것이니까요. 특히 파괴적이거나 위험한 행동을 일삼던 아이의 부모라면 그런 문제가 영원히 지속되지 않으리라는 것만으로도 희망을 가질 수 있죠."

하지만 패슬러는 오늘날의 십대들과 그들의 가족이 처한 환경에 대해서는 여전히 걱정스러운 마음을 버릴 수 없다. 청소년을 상대하는 직업을 가진 사람들은 오늘날의 십대들이 이전에 비해 훨씬 심한 스트레스 환경에 처해 있다고—게다가 해로운 환경의 영향력을 차단해줄 가정이나 공동체조차 덜 안정적인 상황이라고—확신한다. 그리고 좋은 교육 환경을 누리지 못한 아동의 청소년기는 사납고 거친 시기가 될 수 있는데, 밀고 당기는 청소년기의 유혹에 "유약하고 쉽게 빠져드는" 그런 상태를 그는 일종의 '유사 성숙함'이라고 불렀다.

"아이들을 다양한 자극에 노출시킬 필요는 있지만 이해할 수 없는 나이에 지나치게 일찍 제공해서는 안 됩니다. 전후맥락을 파악할 수 없어서 아무런 교훈도 얻을 수 없을 테니까요. 하지만 다양한 영역에서 능력을 시험해보고 아이들의 역량을 조금 넘어서는 도전을 제시할 필요는 있습니다."

시기에 따라 장애물도 다르게

뉴욕시 북쪽에 자리잡은 차파쿠아라는 곳에서 중학교 교장을 역임하며 하루하루를 십대들과 생활하고 있는 켄 미첼도 그렇게 생각한다.

"같은 청소년이라고 해도 초반과 후반은 구분해야 한다고 생각합니다. 그건 고등학교의 장애물달리기용 허들을 중학교에서 쓰지 않는 것과 같습니다. 중학교에도 그 나름의 허들이 있지만, 조금 낮죠. 넘어야 할 장애물도 시기에 따라 적절해야 합니다."

미첼은 뇌에 대한 지식이 증가하면 성적과 대학, 나날이 늘어나는 시험에 대한 불안감이 완화되리라고 기대한다.

"특히 청소년 초기에는 전두엽이 완성된 상태가 아니라는 걸 사회와 부모, 그리고 교사들이 반드시 알아야 합니다. 중학교 1학년 과학시간에 나오는 추상적인 개념을 이해하지 못하는 것은 지능이 아니라 뇌의 발달 여부, 또는 준비 상태와 관련이 있다는 거죠. 이런 생각은 매우 중요합니다. 그리고 이런 인식이 확산된다면 사회의 불안감을 조금은 불식시킬 수 있겠죠.

저는 뇌가 부분적으로나마 관련성을 검색—요즘은 지나치게 많이 쓰이는 말이죠—함으로써 학습한다고 생각하지만, 청소년 초기의 아이들은 엄청난 에너지를 지니고 세상을 이해하기 위해 너무나 열심히 노력하거든요. 이 아이들은 양식이랄까, 패턴이랄까 세상이 돌아가는 방식을 찾아내려 하고 살아가는 데 필요한 정보를 얻으려고 노력합니다. 제 말은, 그렇다면 우리가 이 아이들에게 실질적인 도움을 줄 수 있어야 한다는 것입니다. 우리가 어떤 정보를 주었는데 이 아이들이 그게 왜 중요하냐고 묻는다면 '중학교 3학년에 올라가면 필요하니까 중요하다'는 것 말고 다른 대답을 해줄 수 있어야 한다는 거죠."

'아버지 부시'(미국 41대 대통령) 행정부에서 교육부 차관을 지낸 다이앤 라비치도 십대들의 뇌에 대한 새로운 과학이 태어나서 세 살 사이에 중요한 뇌의 발달이 모두 완료된다는 만연한 오해를 바로잡는다면 사회적으로 큰 이익이 될 것이라고 말했다.

"그것이 우리 아이들을 포기하지 말라는 메시지라면 아주 좋은, 희망적인 메시지겠죠." 그러면서도 라비치는 이 과학이 잘못 해석되고 잘못 적용될 경우 "그러잖아도 유행과 시류의 공동묘지"처럼 보이는 교육계를 휩쓸고 지나가는 또 하나의 유행에 그치지 않겠느냐고 걱정했다.

"우리는 누구나 아이들에게 날개를 달아주고 싶어하는데, 어디에도 마법의 날개가 없다는 사실이 밝혀진다면 정말 끔찍할 겁니다."

아이들의 성장을 위한 최선의 환경이 어떤 것인지—자녀를 사랑하며 모범이 되는 부모, 활용, 활용, 또 활용이라는 전통적인 뇌발달의 지혜—에 대해 지금까지 알고 있었던 것들을 무시해버릴 핑계로 새로운 과학이 이용된다면 그것 또한 크나큰 실수가 아닐 수 없다.

다중지능이론*으로 유명한 하버드 대학 교육학과의 하워드 가드너 교수는 새로운 과학이 출현했을 때 그것을 잘못 해석할 경우, 여전히 모호한 수수께끼 상태로 남아 있는 인간 행동에 대한 이해의 폭을 넓히기보다 오히려 좁힐 수 있다고 주장했다. 그는 십대들의 뇌 속을 들여다보려는 새로운 시도에 "전폭적으로 찬성"한다면서도, 발견된 사실만을 따로 떼어서 생각할 경우 청소년기가 (인생의 모든 단계가 마찬가지겠지만) 신비로운 야수, '모호한 개념'으로 남아 있다는 사실을 잊어버릴지 모른다고 우려했다.

사실 오늘날 뇌과학이라는 최첨단 분야에서 일하는 사람들은 이 모호함을 안고 끊임없이 씨름하며, 새로운 결과가 나올 때마다 인간—청소년이든 아니든—의 정신이라는 영원한 수수께끼에 대한 인식을 조금씩 심화시켜가고 있다.

나는 뉴욕에 있는 벨뷰 병원에서 그곳의 신경과학자들이 (조

---

* 인간이 언어, 음악, 논리수학, 공간, 신체운동, 인간 친화, 자기 성찰, 자연친화 등 여덟 가지 지능을 지녔으며 이것들이 상호작용한다는 이론으로, IQ검사만으로 지능을 평가하는 한계를 극복하기 위해 제시되었다.

금은 점잖지 못한 표현이겠지만) '뇌 절단'이라고 부르는 걸 하는 모습을 지켜보면서 이 점을 실감했는데, 그것은 사인 규명을 위해 뇌를 공식적으로 절개하는 작업을 말했다.

주변의 모습들은 그야말로 전형적인 병원 풍경이었다. 밝은 조명이 비치는 신경병리학 실험실에서 더글러스 밀러는 여덟 개의 은색 페인트 통이 일렬로 놓인 긴 테이블 앞에 서 있었다. 각각의 통에는 뇌가 하나씩 들어 있었다.

밀러 박사는 뇌를 차례대로 꺼내서 밝은 조명이 비치는 테이블 위에 조심스레 내려놓았다. 포름알데히드에 담겨 있었던 뇌는 황갈색인데 선과 주름은 보라색을 띠었다. 빵 써는 칼처럼 톱니 날이 선 긴 칼을 든 밀러는 마치 멜론을 자르듯 뇌를 반으로 갈랐다. 그런 다음 뇌의 반쪽을 한치의 오차도 없이 얇은 조각으로 자르자, 뇌조각들은 저며진 햄 슬라이스처럼 펼쳐졌다. 그러면서 밀러는 관찰하고 발견한 것들을 큰 소리로 말했다. (대부분의 뇌는 심장마비, 뇌졸중, 치매 등 다양한 원인으로 사망했으리라 추정된 노인들의 것이었다.)

뇌에서 찾아낸 것이 추정된 사인과 일치하는지, 또는 다른 이상이 있는지 확인하는 게 밀러의 임무였다. 그는 뇌마다 한 부분을 집어들어 더욱 면밀하게 관찰했는데, 새로운 기억을 저장하는 해마라는 영역이 있던 부분이었다. 말년에 치매로 고생했던 한 노인의 해마는 세포가 죽어 작은 스펀지처럼 부드러웠다. 숭숭 뚫린 구멍으로는 손가락이 지나갈 정도였다. 그 다음으로 공격/도피 반응을 담당하며 청소년기에 혹사에 가까울 정도로 사용된다고 알려진 편도핵을 관찰했는데, 아몬드 모양이라고 해서 그런 이름이 붙었다. 그리고 테이블 위에는 당당하면서도 조용한, 그 상태로는 그것이 자라면서 십대가 성인으로 변모된다는 사실을 전혀 짐작할 수 없는 전두엽이 놓여 있었다.

그런 모습들은 놀라움을 넘어 경외감을 불러일으켰다. 하지만 그중에서 가장 놀라웠던 것은 뇌가 절개되기 직전의 순간이었다. 밀러가 칼을 뇌 위로 치켜들 때 방 안에 있는 모든 사람들이, 심지어 산전수전 다 겪었을 노련한 신경병리학자들마저 기대감에 숨을 죽인 바로 그 순간이었다. 겉으로 보기엔 모든 뇌가 똑같아 보였다. 칼이 그것을 열어젖히기 직전의 그 찰나에 뇌는 저마다의 비밀을 꽁꽁 숨기고 있었다. 과연 그 속에서 뭘 찾아내게 될까?

자신의 연구실로 돌아온 밀러는 좀처럼 가시지 않는 경이로움에 고개를 저었다. 아들 셋을 뒀는데 그중 둘이 십대인 만큼, 밀러 역시 청소년들의 뇌가 어떻게 돌아가는지, 돌아가기는 하는 건지에 골몰하며 적잖은 시간을 보냈다.

"겉으로 봤을 땐 열 살짜리의 뇌와 열여섯 살짜리의 뇌가 구분이 가지 않습니다. 하지만 안쪽에서는 다른 식으로 연결됐을지도 모르죠. 들여다볼 수는 없어도 아마 뭔가 다른 게 있을 겁니다. 우리집 아이들은 착하지만, 가끔은, 왜 아시잖아요. 지난번에는 아내가 전화를 해서 애들이 졸업여행을 갔다가 돌아왔다고 하더군요. 플로리다로 갔거든요. 근데 몇몇 아이들이, 다행히 우리 애들은 아니었는데, 무슨 생각들이었는지 호텔방을 쓰레기통으로 만들어놨다는 거예요. 술에 취해서는 난장판을 만든 거죠. 도대체 왜 그런 행동들을 하는 걸까요. 알 만한 나이도 됐는데. 머리도 좋은데. 그런데도 어쨌거나 그런 식으로 행동을 하죠. 제가 명색이 뇌 전문가인데 그건 이해를 못 하겠어요. 너무 유별나요."

사실 인간의 뇌라는 어리둥절한 마법의 세계로 사람들이 끊임없이 뛰어드는 건, 뇌가 유별나기 때문이다.

신경학자이자 작가인 올리버 색스는 청소년들의 뇌에 호기심이 동하는 이유는 나쁜 것과 좋은 것이 뒤섞이고 상승과 하강이 어우러지는 모순과 불일치 때문이라고 말했다.

"청소년기는 더할 나위 없이 요동치는 시기이고, 거기서 모든 경이로움과 들끓는 위험이 따라나오죠. 의미와 관계가 재편되는 시기이고, 정체성도 달라지게 됩니다. 이때의 요동에 수반되는 신경이며 호르몬의 변화에 대해서야 저로서는 상상만 해볼 따름이죠."

청소년과 그들의 뇌에 대한 얘기를 하기 위해 만났을 때 그는 이렇게 얘기했다.

"말년의 괴테가 발작처럼 떠오르는 창의력을 청소년이 사랑에 빠지는 것에 비유했다는 걸 아실 겁니다. 사랑에 빠질 때의 그 환희는 전반적으로 청소년기와 조금 비슷하다고 생각해요. 성적인 에너지가 충만하고 열정적이고 쾌활한 이 시기—저마다 시도하는 스타일은 다르지만—를 거쳐 더 경직되고 고착된 상태에 들어가게 됩니다. 그러니까 이 시기를 즈음해서 뇌에 많은 변동이 일어날 만도 하죠."

그리고 청소년기의 사나운 격랑이 그렇게 일상적으로 일어나기 때문에 "다른 문화권에서는 모두 청소년기를 보편적으로" 뚜렷한 과도기로 인식하는데, 속도전을 벌이는 오늘날의 사회에서도 결코 잊어서는 안 될 생각이라고 색스는 지적했다.

기독교의 분파로, 전통을 고수하는 암만 파와 메노 파 같은 사람들마저도 십대들이 위험에 도전하고픈 욕구를 타고나며, 피가 끓어서 객기를 부린다는 사실을 알고 있다고 그는 말했다.

"이런 공동체에서는 십대들이 아직 지니지 못한 전두엽을 대신해서 경고와 주의를 주고, 그런 다음에는 자유롭게 모험을 즐기고 사랑을 하고 여행을 하라고 장려합니다. 때론 그 시기가 이십대 중반까지 이어지기도 하죠. 그러면서 더욱 성숙한 시민이 되어 돌아오리라 믿고, 또 대부분은 그 기대를 저버리지 않죠. 어쨌거나 이들은 십대들이 얼마 동안 현실의 무게에서 벗어날 필요가 있다는 걸 아는 것 같아요."

손발이나 안면에 경련이 일어나거나 소리를 치고 싶은 욕구를 느끼게 되는 투렛증후군에 대해 많은 글을 쓴 색스는 이 장애를 지닌 사람들과 청소년 사이에서 공통점을 발견했다. 투렛증후군에 시달리는 사람들의 전두엽은 아무 이상이 없지만, 자신의 의지와 관계없는 행동을 하고 나면 "청소년 같은 충동"을 느꼈으며 도저히 저항할 수 없었다고 얘기할 때가 많다. 그런 걸 보면 십대들의 뇌에서 어떤 일이 벌어지고 있는지 어렴풋이나마 짐작할 수 있지 않겠느냐고 색스는 말했다.

색스를 비롯한 많은 사람들은 청소년기를 인간의 발달과정에서 가장 필요하고 가장 중요한 단계로 본다. 단순히 견디고 버텨야 하는 시기가 아니라 즐기고, 더 나아가 축하해야 할 때라는 것이다.

그는 자신이 전형적인 청소년기의 특징이라고 할 만한 것들을 많이 누리지 못한 게 아직까지도 아쉽고 속상하다고 털어놓았다. 화학실험실에서 위험을 무릅쓰고 모험을 하긴 했지만, 십대 시절의 대부분을 '과도하게 억제된' 채 살았다는 것이다.

"지금 돌이켜 생각해보면 청소년기를 제대로 살지 못한 것 같아요. 그리고 그걸 지금 보상하고 있는 것 같습니다. 좀더 사교적이고 좀더 느슨했더라면 얼마나 좋았을까 싶어요."

물론 그런 느슨함 뒤에는 위험이 도사리고 있기도 하다. 색스 본인도 '심리적인 개방'의 시기는 어느 때가 됐든 번민의 시기가 될 수 있다는 점을 강조했다.

"이 시기의 자신을 커다란 물음표로 묘사하곤 했던 키에르케고르가 생각납니다. 청소년기는 그럴 수 있죠. 좋은 시절, 열정으로 넘치는 시간이 될 수도 있어요. 하지만 그와 동시에 심각한 위기, 존재와 신경, 그 모든 것이 위기에 처하는 때일 수도 있습니다. 그런 걸 생각하면 두려움을 느낄 만하죠."

결국 십대들이 이 느슨한 열정의 시기를 잘 헤쳐나갈 수 있도록 도와주는 것은 부모의 몫일 수밖에 없다.

또 내가 생각하기엔, 청소년의 뇌를 다루는 이 신경과학의 핵심적인 메시지—이들의 뇌가 완성되지 않은 상태이며, 아직 기회가 남아 있다는—에서 가장 큰 위안을 받을 사람들 역시 부모들이다.

청소년들은 아직 여리고 외부의 영향에 취약하고 다듬어지지 않은, 심지어 뒤엉킨 수상돌기의 안쪽 깊숙한 곳조차 그런 상태인 존재이다. 이 얘기는 청소년들에게 일어나는 모든 것, 부모나 학교나 친구들과의 사이에서 일어나는 모든 일이 여전히 우리가 생각했던 것보다도 훨씬 더 중요할지 모른다는 뜻이다. 한편으론 등골이 오싹해질 정도로 두려운 얘기지만, 또 한편으론 너무나 반갑고 희망적인 소식이 아닐 수 없다.

얼마 전 일인데, 우연히 기차 안에서 오래된 친구를 만났다. 그녀의 활기 넘치고 잘생긴 십대 아들은 나도 어려서부터 봐왔고, 그 아이가 말썽을 피운다는 소식도 들어서 알고 있었다. 마약을 갖고 있다 발각되었고, 학교생활에 적응하지 못해 이리저리 전학을 다닌다고 했다.

요즘은 좀 어떠냐고 물었더니, 아이의 엄마는 고개를 푹 숙인 채 머리만 흔들었다.

"지금도 애 학교에 가봐야 돼. 수업을 빼먹었다나봐. 정말 미치겠어."

그러나 이내 고개를 들더니 밝은 표정으로 이렇게 말했다.

"하지만 있잖니, 우린 아직 그앨 포기하지 않았어. 할 수 있는 건 뭐든 다 시도해볼 거야. 그리고 어디서 들었는데 십대들의 뇌는 아직도 자라는 중이고 변화하는 중이라는 거야. 너도 이 얘기 들어봤니?"

참고문헌

1 예정된 광기

Thomas Hine, *The Rise and Fall of the American Teenager*, Avon Books, Inc., 1999.
William Shakespeare, *The Winter's Tale*, Act 3, Scene 3.

2 장막 속의 열정

J. N. Giedd, J. Blumenthal, N. O. Jeffries, et al., 'Brain development during childhood and adolescence: A longitudinal MRI study', *Nature Neuroscience* 2, no. 10, 1999.
P. R. Huttenlocher, 'Synaptic density in human frontal cortex: Developmental changes and effects of aging', *Brain Research* 163, 1979 ; P. R. Huttenlocher and A. S. Dabholkar, 'Regional differences in synaptogenesis in human cerebral cortex', *Journal of Comparative Neurology* 387, 1997.
Pasko Rakic, Jean-Pierre Bourgeois, Maryellen Eckenhoff, Nada Zecevic, Patricia S. Goldman-Rakic, 'Concurrent overproduction of synapses in diverse regions of the primate cerebral cortex', *Science* 232, 1986 ; Jean-Pierre Bourgeois, Patricia S. Goldman-Rakic, Pasko Rakic, 'Synaptogenesis in the prefrontal cortex of rhesus monkeys', *Cerebral Cortex* 4, 1994.
Harry T. Chugani, Michael Phelps, John C. Mazziotta, 'Positron emission tomography study of human brain functional development', *Annuals of Neurology* 22, 1987.
John T. Bruer, *The Myth of the First Three Years*, The Free Press, 1999.
P. R. Huttenlocher and A. S. Dabholkar, 'Regional differences in synaptogenesis

in human cerebral cortex', *Journal of Comparative Neurology* 387, 1997 ; 'Connections in Brain Provide Clues to Learning', University of Chicago Health & Hospital System, 2000.

3 질풍노도

Susan A. Greenfield, *The Human Brain: A Guided Tour*, Basic Books, 1997.

Oliver Sacks, *The Man Who Mistook His Wife for a Hat*, Touchstone Books, 1998.

A. Diamond and P. S. Goldman-Rakic, 'Comparison of human infant and rhesus monkeys on Piaget's AB task; evidence for dependence on dorsolateral prefrontal cortex', *Experimental Brain Research* 74, 1989.

4 갑작스러운 국면

Marian Diamond and Janet Hopson, *Magic Trees of the Mind*, Dutton, 1998.

M. C. Diamond, D. Krech, and M R. Rosenzweig, 'The Effects of an enriched environment on the histology of the rat cerebral cortex', *Journal of Comparative Neurology* 123, 1964.

William T. Greenough, James E. Black, and Chistopher Wallace, 'Experience and brain development', *Child Development* 58, no. 3, 1987.

Charles A. Nelson, 'Neural plasticity and human development: The role of early experience in sculpting memory systems', *Developmental Science* 3, no. 2, 2000.

Harry T. Chugani, Michael E. Behen, Otto Muzik, Csaba Juhasz, Ferenc Nagy, and Diane C. Chugani, 'Local brain functional activity following early deprivation: A study of postinstitutionalized Romanian orphans', *Neuroimage*, Academic Press, published online, 2001.

J. N. Giedd, J. Blumenthal, N. O. Jeffries, et al., 'Brain development during childhood and adolescence: A longitudinal MRI study', *Nature Neuroscience* 2, no. 10, 1999.

5 연결하라!

Francine M. Benes, 'Myelination of cortical-hippocampal relays during late adolescence; anatomical correlates to the onset of schizophrenia', *Schizophrenia Bulletin* 15, 1989.

Francine M. Benes, Mary Turtle, Yusuf Khan, Peter Farol, 'Myelination of a key relay zone in the hippocampal formation occurs in the human brain during childhood, adolescence and adulthood', *Archives of General Psychiatry* 51, June 1994.

Susan A. Greenfield, *The Human Brain: A Guided Tour*, Basic Books, 1997.

Thomas B. Czerner, M.D., *What Makes You Tick? The Brain in Plain English*, John Wiley & Sons, Inc., 2001.

edited by Eric R. Kandel, James. H. Schwartz, Thomas M. Jessell, *Principles of Neural Science*, McGraw-Hill Companies, Inc. 2000.

Paul M. Thompson, Jay N. Giedd, Roger P. Woods, David MacDonald, Alan C. Evans, and Arthur W. Toga, 'Growth patterns in the developing brain detected by using continuum mechanical tensor maps', *Nature* 404, 2000.

Tomas Paus, Alex Zijdenbos, Kieth Worsley, D. Louis Collins, Jonathan Blumenthal, Jay N. Giedd, Judith L. Rapoport, and Alan C. Evans, 'Structural maturation of neural pathways in children and adolescents: In vivo study', *Science* 283, March 19, 1999.

Harry Chugani as quoted in *The Myth of the First Three Years*, ed. John T. Bruer, The Free Press, 1999.

Elizabeth R. Sowell, Paul M. Thompson, Colin J. Holmes, Terry I. Jernigan, and Arthur W Toga, 'In vivo evidence for post-adolescent brain maturation in frontal and striatal regions', *Nature Neuroscience* 2, no. 10.

ed. David A. Lewis, 'Schizophrenia and Peripubertal Refinements in Prefrontal Cortical Circuitry', *The Onset of Puberty in Perspective*,Elsevier Science B.V. 2000 ; 'Development of the prefrontal cortex during adolescence: Insights into vulnerable neural circuits in schizophrenia', *Neuropsychopharmacology* 16, no. 6, 1997.

Susan A. Greenfield, *The Human Brain: A Guided Tour*, Basic Books, 1997.

Abigail A. Baird, Staci A. Gruber, Deborah A. Fein, Luis Maas, Ronald J. Steingard, Perry Renshaw, Bruce Cohen, Deborah A. Yurgelun-Todd, 'Functional magnetic resonance imaging of facial affect recognition in children and adolescents', *Journal of the American Academy of Child and Adolescent Psychiatry* 38, no. 2, 1999.

Robert F. McGivern, Julie Andersen, Desiree Byrd, Kandis L. Mutter, and Judy Reilly, 'Cognitive efficiency on a match to sample task decreases at the onset of puberty in children', *Brain and Cognition* 50, 2002.

6 동물들의 사춘기

Natalie Angier, 'Why Childhood Lasts and Lasts and Lasts', *New York Times*, July 2, 2002.

Stanley G. Hall, *Adolescence and Its Relation to Psychology, Anthropology, Sociology, Sex, Crime, Religion and Education*, D. Appleton and Company, 1904.

Patricia Hersch, *A Tribe Apart: A Journey into the Heart of American Adolescence*, Ballantine Books, 1999.

David Brooks, 'The Organization kid', *Atlantic Monthly* 287, no. 4, April 2001.

The Rise and Fall of the American Teenager, Avon Books, 1999.

The Federal Interagency Forum on Child and Family Statistics 'Child Poverty, Adolescent Birth Rate, Continue Decline', National Institutes of Health, July 19, 2000 ; According to Blum's survey, 'New Study Questions Teen Risk Factors; School Woes, Peers Are Stronger Clues than Race, Income', by Laura Sessions Stepp. *Washington Post*, Nov. 30, 2000.

7 위험한 도전

The Romance of Risk, Basic Books, 1997.

Mark Anderson, 'Multiple victim violence in schools rises', *Journal of the American Medical Association*, Dec. 5, 2001.

M. J. Koepp, R. N. Gunn, A. D. Lawrence, V. J. Cunningham, A. Dagher, T.

Jones, D. J. Brooks, C. J. Bench, P. M. Grasby, 'Evidence for Striatal dopamine release during a video game', *Nature* 393, May 21, 1998.

M. T. Bardo, S. L. Bowling, P. M. Robinet, J. K. Rowlett, M. Lacy, B. A. Mattingly, 'Role of dopamine D1 and D2 receptors in novelty-maintained place preference', *Experimental and Clinical Psychopharmacology* 1, 1993.

George Rebec, C. P. Grabner, R. C. Pierce, and Michael Bardo, 'Voltammetry in freely moving rats: Novelty-dependent increases in accumbal DOPAC', abstract presented at the Annual Meeting of the Society for Neuroscience, 1994.

Natalie Angier, 'Variant Gene Tied to a Love of New Thrills', *New York Times*, Jan. 2, 1996.

Natalie Angier, 'Maybe It's Not a Gene Behind a Person's Thrill-seeking Ways', *New York Times*, Nov. 1, 1996.

Linda Patia Spear, 'Neurobehavioral Changes in Adolescence', *Current Directions in Psychological Science* 9, no. 4, August 2000.

Scott D. Lane and Don R. Cherek, 'Risk taking by adolescents with maladaptive behavior histories', *Experimental and Clinical Psychopharmacology* 9, no. 1, 2001.

8 농담 알아듣기

Geraldine Dawson and Kurt W. Fischer, eds., *Human Behavior and the Developing Brain*, The Guilford Press, 1994.

Daniel R. Weinberger, 'A Brain Too Young for Good Judgment', *New York Times*, March 10, 2001.

'Anatomy of a Teenage Shooting', *New York Times*, March 13, 2001.

Laurence Steinberg and Elizabeth Cauffman, 'Maturity of judgment in adolescence: Psychosocial factors in adolescent decision making', *Law and Human Behavior* 20, no. 3, 1996

Natalie Angier, 'Why We're So Nice: We're Wired to Cooperate', *New York Times*, July 23, 2002.

Steven W. Anderson, Antoino Bechara, Hanna Damasio, Daniel Tranel and Antonio R. Damasio 'Impairment of social and moral behavior related to early damage in human prefrontal cortex', *Nature Neuroscience* 2, no. 11., Nov, 1999.

9 변덕스러운 마음

Andrew Sullivan, 'The He Hormone', *New York Times Magazine*, April 2, 2000.

Jordan W. Finkelstein, Elizabeth J. Susman, Vernon M. Chinchilli, Susan J. Kunselman, M. Rose D'Arcangelo, Jacqueline Schwab, Laurence M. Demers, Lynn S. Liben, Georgia Lookingbill, Howard E. Kulin, 'Estrogen or testosterone increases self-reported aggressive behaviors in Hypogonadal adolescents', *Journal of Clinical Endocrinology and Metabolism* 82, no. 8, 1997.

Jordon W. Finkelstein, Elisabeth J. Susman, Vernon M. Chinchilli, M. Rose D'Archangelo, Susan J. Kunselman, Jacqueline Schwab, Laurence M. Demers, Lynn S. Liben and Howard E. Kulin, 'Effects of Estrogen or Testosterone on Self-Reported Sexual Responses and Behaviors in Hypogonadal Adolescents', *Journal of Clinical Endocrinology and Metabolism* 83, no. 7, 1998.

Fernando Nottebohm and A. Arnold, 'Sexual dimorphism in vocal control areas of the songbird brain', *Science* 194, 1976.

Judy Cameron, 'Effects of Sex Hormones on Brain Development', in *Handbook of Developmental Cognitive Neuroscience*, ed. C. A. Nelson and M. Luciana, MIT Press, 2001.

Jill B. Becker, 'Sex Differences in the Effects of Estrogen on Striatal Dopamine Activity and Sensorimotor Function', National Institutes of Health, Gender and Pain Abstracts, April 1998.

Deborah Blum, *Sex on the Brain, the Biological Differences Between Men and Women*, Viking Penguin, 1997.

Jay N. Giedd, A. Catherine Vaituzis, Susan D. Hamburger, Nicholas Lange,

Jagath C. Rajapakse, Deborah Kaysen, Yolanda C. Vauss, and Judith L. Rapoport, 'Quantitative MRI of the temporal lobe, amygdala and hippocampus in normal human development: Ages 4-18 years', *Journal of Comparative Neurology* 366, 1996.

Sheri A. Berenbaum, 'Effects of early androgens on sex-typed activities and interests in adolescents with congenital adrenal hyperplasia', *Hormones and Behavior* 35, 1999.

Bradley M. Cooke, Winyoo Chowanadisai, and S. Marc Breedlove, 'Post-weaning social isolation of male rats reduces the volume of the medial amygdala and leads to deficits in adults sexual behavior', *Behavioural Brain Research*, 2000

10 사랑의 뉴런

B. A Arnow, J. E. Desmond, L. L. Banner, G. H. Glover, M. L. Polan, T. F. Lue, S. W. Atlas, 'Brain activation and sexual arousal in healthy, heterosexual males', *Brain* 125, 2002.

Winifred Gallagher, 'Young Love: The Good, the Bad and the Educational', *New York Times*, Nov. 13, 2001.

Martha K. McClintock and Gilbert Herdt, 'Rethinking Puberty: The Development of Sexual Attraction', 'Human Development' 5, no. 6, December.

Nicholas Wade, 'Scent of a Man is Linked to a Woman's Selection', *New York Times*, Jan 22, 2002.

Deborah Blum, *Sex on the Brain, the Biological Differences Between Men and Women*, Viking Penguin, 1997.

11 일어나, 해가 중천에 떴어!

Mary A. Carskadon and William C. Dement, 'Multiple sleep latency tests during constant routine', *Sleep* 15, no. 5, 1992 ; Mary A. Carskadon, Cecilia Vieira and Christine Acebo, 'Association between puberty and delayed phase preference', *Sleep* 16 no. 3, 1993 ; Mary A. Carskadon,

Amy R. Wolfson, Christine Acebo, Orna Tzischinsky, and Ronald Seifer, 'Adolescent sleep patterns, circadian timing and sleepiness at a transition to early school days', *Sleep* 21, no. 8 , 1998.

Amy R. Wolfson and Mary A. Carskadon, 'Sleep schedules and daytime functioning in adolescents', *Child Development*, 69, no. 4, August 1998.

David Foulkes *Children's Dreaming and the Development of Consciousness*, Harvard University Press, 1999.

Erica Goode, 'Rats May Dream, It Seems, of Their Days at the Maze', *New York Times*, Jan. 25, 2001.

12 선로 밖의 아이들

Sandra A. Brown, Susan F. Tapert, Eric Granholm, and Dean C. Delis, 'Neurocognitive Functioning of Adolescents: Effects of Protracted Alcohol Use', *Alcoholism: Clinical and Experimental Research* 24, no. 2, 2000.

'fMRI Measurement of brain dysfunction in alcohol-dependent young women', *Alcoholism: Clinical and Experimental Research* 25, no. 2, 2001.

'Monitoring the Future', the University of Michigan's Institute for Social Research and the National Institute on Drug Abuse, 2000.

'How to Manage Teen Drinking', *Time*, June 18, 2001.

Barry Stanton, 'Harrison Players Still Just Don't Get It', *Journal News*, Sept. 25, 2002 ; Jayne J. Feld, 'Teen Use of Alcohol on the Rise, Experts Say', *Journal News*, Sept. 28, 2002 ; David Novich, Karen Meaney and Meryl Harris, '200 Students Drunk at Dance', *Journal News*, Sept. 26, 2002 ; Jane Gross, 'Teenagers' Binge Leads Scarsdale to Painful Self-Reflection', *New York Times*, Oct. 8, 2002.

H. S. Swartzwelder, W. A. Wilson, and M. I. Tayyeb, 'Differential sensitivity of NMDA receptor-mediated synaptic potentials to ethanol in immature vs. mature hippocampus', *Alcoholism: Clinical Experimental Research* 19,

1995 ; H. S. Swartzwelder, W. A. Wilson, and M. I. Tayyeb, 'Age-dependent inhibition of long-term potentiation by ethanol in immature vs. mature hippocampus', *Alcoholism: Clinical Experimental Research* 19, 1995

M. A. Prendergast, B. R. Harris, S. Mayer, J. A. Blanchard, D. A. Gibson, J. M. Littleton, 'In vitro effects of ethanol withdrawal and spermidine on viability of hippocampus from the male and female rat', *Alcoholism: Clinical and Experimental Research* 24, 2000.

Bernice Wuethrich, 'Getting Stupid', *Discover*, March 2001.

Jeffrey G. Johnson, Patricia Cohen, Daniel S. Pine, Donald Klein, Stephanie Kasen, and Judith S. Brook, 'Association between cigarette smoking and anxiety disorders during adolescence and early adulthood', *Journal of the American Medical Association* 284, Nov. 8, 2000.

Theodore A. Slotkin, 'Nicotine and the adolescent brain: Insights from an animal model', *Neurotoxicology and Teratology* 24, 2002.

13 또다른 세상으로

Sylvia Nasar, *A Beautiful Mind: A Biography of John Forbes Nash Jr.*, Simon & Schuster, 1998.

L. P. Spear, 'The adolescent brain and age-related behavioral manifestations', *Neuroscience and Biobehaviorial Reviews* 24, 2000.

Paul M. Thompson, Christine Vidal, Jay N. Giedd, Peter Gochman, Jonathan Blumenthal, Robert Nicolson, Arthur W. Toga, and Judith Rapoport, 'Mapping adolescent brain change reveals dynamic wave of accelerated gray matter loss in very early-onset schizophrenia', *Proceedings of the National Academy of Science*, 98, no. 20, Sept. 25 2001.

David A. Lewis, and Pat Levitt, 'Schizophrenia as a Disorder of Neurodevelopment', *Annual Review of Neuroscience* 25, 2002.

14 다가올 미래

Denise Grady, "Sleep Is One Thing Missing in Busy Teenage Lives", *New York Times*, Nov. 5, 2002.

옮긴이의 말

 본문에도 나오지만 청소년과 뇌, 뇌와 청소년에 관한 이야기는 어딘지 겉도는 느낌을 주는 게 사실이다. "너는 도대체 생각이라는 게 있는 놈이니?"라거나 "아니, 무슨 생각으로 이런 짓을 한 거니?"라는 말들은 거의 관용적인 표현으로 굳어졌다. 그리고 만약 이 대사에 걸맞은 장면을 고르라는 문제가 나온다면 부모나 교사, 또는 경찰관 정도로 보이는 사람이 있고, 그 앞에 고개를 푹 숙이고 있거나 오히려 더 빳빳하게 쳐든 '청소년'이 앉아 있는 사진을 골라야 정답이다. '도대체 생각이라는 게 있는 애들인지. 도대체 커서 뭐가 되려고 저러는지. 그 머릿속 좀 한번 들여다봤으면 좋겠네. 쯧쯧.' 어디선가 이런 한탄이 들려오는 것만 같다.
 이 책은 그 알 수 없는 십대들의 머릿속을 들여다본 이야기이다. 누구의 것이든 뇌는 신비롭고 매혹적이지만 청소년들의 뇌는 더 그렇다. 예나 지금이나 여전히 느닷없고 당황스러운 변화, 이해 못 할 행동은 더 큰 궁금증과 호기심을 불러일으킨다. 그동안 학계에서는 이들의 뇌를 이미 완료된 것으로 취급해왔다. 인간에게 정말 중요한 뇌의 발달은 생후 3년이면 대체로 끝난다는 게 일반적인 생각이었다. 그러다 최첨단 기계가 등장하고 컴퓨터 연산이 더욱더 발달하자 이들의 뇌 속에서 엄청난 프로젝트가 여전히 진행중이라는 사실이 밝혀지고 있다. 이들의 뇌는 계속해서 변화하며 발달해가는 중이다.

이들의 뇌가 완성되기는커녕 대대적인 리모델링 작업중이라는 사실, 어떤 곳의 시냅스는 지나치게 무성한 반면 또 어떤 곳은 아직 제대로 연결되기 전이라는 사실, 삼당사락이라는 폭력적인 교육현실과는 상관없이 충분한 양의 수면이 필요하다는 사실, 언뜻 광기나 비정상으로 비춰지는 행동들이 이 시기에 예정된 것이며 그 나이 때는 원래 위험에 끌리고 매료되게 되어 있다는 사실, 적절한 한도 안에서 도전하고 실수할 여지를 허용할 경우 시간이 지나면서 차츰 세상을 해석하는 논리와 자신에 대한 넉넉한 유머감각까지 갖추게 된다는 사실이 청소년기 신경과학이라는 새로운 학문에 의해 입증되고 있다.

청소년이나 십대라는 생물학적 지위보다 학생이라는 역할만이 강조되고, 한두 번의 실수에 대한 대가가 돌이키기 어려울 정도로 가혹한 우리 사회에서 이들의 뇌가 어떤 과정을 통과하고 있으며, 뇌의 핵심 부위인 전두엽이 무엇을 원하는지 정확히 알고 이해하는 것은 더욱 절실한 문제가 아닐까 싶다.

물론 이런 것들을 안다고 해서 청소년이라는 수수께끼가 한꺼번에 풀리지는 않을 것이다. 복잡한 문제의 원인을 어떤 한 가지 요인에 귀결시키는 것은 마음을 편하게 해줄지는 몰라도 문제의 진정한 해결에는 오히려 걸림돌이 될 때가 더 많으니까.

그렇기는 하지만, 고등학교와 대학과 학부모가 '교육의 3주체' 라는 말이 조금도 이상하지 않고, 어떤 것이 중요한 이유는 오로지 '시험에 나오기 때문' 인 세태에서 '결국 뇌가 원하는 게 노는 것' 이라면 어떻게 될까? '만약 맘껏 놀 수 있을 때' 뇌가 가장 잘 자란다면?…….

우리 사회가, 그리고 '교육의 3주체' 와 청소년들이 이 책에서 희망의 한 편린을 발견할 수 있었으면 좋겠다.

2004년 10월
강수정

찾아보기

⟨ㄱ⟩

가드너, 하워드 Howard Gardner 334
가소성(可塑性) 70
가자니가, 마이클 Michael Gazzaniga 92
각인 76
감각중추와 운동중추 77
감마아미노부티르산(GABA) 206, 210, 298
강박장애 113, 114
게이지, 피니어스 Phineas Gage 52
골드먼-라킥, 패트리셔 Patricia Goldman-Rakic 53~55
공중신호체계 245
공황장애 170, 286, 287
과잉생산 35, 39
교차상핵 164
궁상다발 97
그래스비, 폴 Paul Grasby 150, 151
그리너, 빌 Bill Greenough 68
글루타민산염(NMDA 수용체) 104, 105, 277, 278~280, 290
기능적 자기공명영상장치(fMRI) 108, 307

기드, 제이 Jay Giedd 29~44, 73~76, 96, 98, 113~116, 198, 216, 315
꿈수면(REM 수면) 255, 262~264

⟨ㄴ⟩

내시, 존 포브스, 주니어 Nash John Forbes jr
—『뷰티풀 마인드 Beautiful Mind』 295
『네이처 Nature』 151
『네이처 뉴로사이언스 Nature Neuroscience』 36
넬슨, 척 Chuck Nelson 48, 50, 52, 58, 59, 63, 71, 72, 79, 147, 189, 321, 322
노르에피네프린 232
노트봄, 페르난도 Fernando Nottebohm 208
놀런-호크시마, 수잔 Susan Nolen-Hoeksema 310, 311
뇌량(腦梁) 91, 92, 94, 96
뇌스캔(뇌스캐너) 26, 30, 31, 43, 94, 96, 108, 112, 114, 115, 190, 272, 312
뇌이랑 88, 89

뇌하수체 206
뉴런 38, 77, 102, 176, 206
『뉴롤로지Neurology』 52

〈ㄷ〉
다마시오, 안토니오Antonio Damasio 53, 191, 192
다이아몬드, 매리언Marian Diamond 65~67, 80, 81, 82
다이아몬드, 아델Adel Diamond 53, 54
다중지능이론 334
단기기억(력) 59, 106, 300
달, 론Ron Dahl 148, 154, 256
대뇌피질 36, 37, 67, 177
도파민 106, 149, 150, 153, 154, 162, 163, 190, 209,
두정엽 36, 96
디에이치이에이(DHEA) 242
디프란자, 조지프Joseph Difranza 291
딘지스, 데이비드David Dinges 261

〈ㄹ〉
라비치, 다이앤Diane Ravith 333
라킥, 패스코Pasko Rakic 40~43
라포퍼트, 주디스Judith Rapoport 299
랭, 닉Nick Lange 116, 117
레벡, 조지George Rebec 155
레빈, 에드Ed Levin 292
레인, 스콧Scott Lane 164, 166

렙틴 205
로젠필드, 밥Bob Rosenfield 241
루마니아 고아 44, 45, 71
루이스, 데이비드David Lewis 106, 299
린 폰턴Lynn Ponton
―『모험의 낭만 The Romance and Risk』 144

〈ㅁ〉
마약 44, 138, 144~146, 164, 168, 273
마지오타, 존John Mazziotta 32, 56
매클린톡, 마사Martha McClintock 241~246
맥고리, 패트릭Patrick McGorry 304, 306
맥기번, 로버트Robert McGivern 110
멜라토닌 252, 253, 264
면역체계 245
몬트리올 신경연구소 35, 66, 96, 113
무성함 28, 35, 36
무작위 이중맹검 연구 200
미상핵 103, 235
미엘린(미엘린화, 미엘린 코팅) 86~98, 297, 316
미첼, 켄Ken Mitchell 332
민델, 조디Jody Mindell 258, 259
밀러, 더글러스Douglas Miller 335
밀스타인, 수잔Susan Millstein 146

〈ㅂ〉
바르도, 마이클Michael Bardo 155
바소프레신 233
반 코터, 이브Eve Van Cauter 257,
 263
발달심리학자 134
베렌바움, 셰리Sherry Berenbaum
 218, 220
베르니케 영역 92~95, 96
베세아, 신시아Cynthea Bethea 221
베이츠, 엘리자베스Elizabeth Bates
 79, 80, 198
베커, 질Jill Becker 210, 220
보긴, 배리Barry Bogin 131, 133, 134
보상 선택-변화 적응 실험 55
보상회로 162, 190
볼코프, 노라Nora Volkow 151, 152
부르주아, 장-피에르Jean-Pierre
 Bourgeois 40
부스, 앨런Alan Booth 224
부신사춘기 243
분할뇌(分割腦) 환자 92, 93
붉은털원숭이 40, 121~124, 128,
 237, 238
브로카, 폴Paul Broca 212
브룩스, 데이비드David Brooks 135
브리들러브, 마크Marc Breedlove
 221, 225, 226
브림버그, 스탠리Stanlee Brimberg 99
블럼, 데보라Deborah Blum

─『뇌와 섹스 Sex on the Brain』 212,
 214, 245
블럼, 로버트Robert Blum 137, 328
비셀, 토르스텐Torsten Wiesel 76
빈스, 프랜신Francine Benes 85~90,
 297, 298

〈ㅅ〉
『사이언스Science』 97
산타페연구소 32
상수질판 88, 99
색스, 올리버Oliver Sacks 52,
 337~339
─『아내를 모자로 착각한 사나이 The
 Man Who Mistook His Wife for a
 Hat』 51
생화학적 연쇄반응 278
선천성부신과형성증(CAH) 218, 219
설리번, 앤드루Andrew Sullivan 199
성별에 따른 이형증 214
세로토닌 126, 223, 232, 291
세이퍼, 클리프Clif Saper 262
세포다발 215
소뇌 74, 87, 216
소웰, 엘리자베스Elizabeth Sowell 26,
 94, 98, 107
송과선(松果腺) 252
수상돌기 37, 38, 42, 68, 82
수오미, 스티브Steve Suomi 121~127
스워츠웰더, 스콧Scott Swartzwelder

277, 279
스타인버그, 래리Larry Steinberg 182,
185
스페리, 로저Roger Sperry 92
스피어, 린다Linda Spear 159~162
슬롯킨, 시어도어Theodore Slotkin
288~291
시냅스(구축, 감축, 과잉, 밀도 37,
38, 40, 42, 43, 55, 68, 106, 267,
272)
시상하부 206, 214
신경과학(신경과학계, 신경과학자)
26, 28, 30, 35, 42, 44, 53, 57,
139, 221
신경독 274
신경섬유 76, 89, 92, 96
신경세포 37, 43
신경전달물질 104, 107, 126, 127,
150, 151, 166
신경학 교재(교과서) 51, 56
신경화학물질 26, 210, 265
십대들의 총기사건 180

〈ㅇ〉
아교세포 67, 86, 98
아나우, 브루스Bruce Arnow 235
아널드, 아트Art Arnord 204, 205
아로마타아제 203
아서, 애런Arthur Aron 233, 234, 236
아세틸콜린 289

아인슈타인의 뇌 86
안드로겐 202, 205, 218, 219
알코올(알코올 중독) 44, 273, 275,
276, 278, 282, 284, 311
암페타민 152, 166, 167, 209, 302
애스퍼거 신드롬 74
야코블레프 뇌은행 86
양전자방사 단층촬영(PET스캔) 41,
72, 150, 151
억압기제 56, 58
억제와 조절 충동 59
에드워드, 론Ron Edward 103
에릭슨, 마사Martha Erickson 138
에스트라디올 202
에스트로겐 25, 199, 200, 203, 205,
207, 208, 209, 210, 211, 216,
221, 231, 232, 291, 292, 310
에이치엠(HM) 89
엑스(X)염색체 증후군 42
엘에스디(LSD) 23, 25, 32, 194
엡스타인, 리처드Richard Epstein 156
~158
오리건 영장류 연구소 221
오언스, 주디Judy Owens 259, 260
옥시토신 233
울프슨, 에이미Amy Wolfson 255
월렌, 킴Kim Wallen 237
위르겔런-토드, 데보라Deborah
Yurgelun-Todd 109~111, 318,
319

위험감수자(위험감수 집단) 164~166
유사 성숙함 331

⟨ㅈ⟩
자기공명영상장치(MRI) 31, 33, 34, 115
전두엽 36, 39~43, 50, 51, 74, 102, 198
전전두엽(전전두엽 피질) 43, 50~59, 106, 162, 180, 237, 259, 297, 300
전전합부세포 289
정글짐 122
정신분열증 85, 118, 217, 295~300, 303, 304
제2형 당뇨병 257
젠슨, 피터Peter Jensen 61, 62, 320
주의력결핍장애(ADD) 217
중뇌 290
짝짓기 238
짧은 광기 27

⟨ㅊ⟩
추거니, 해리Harry Chugany 41~42, 44, 72
축색돌기 38, 86, 87
충동조절능력 185
측두엽 36
측좌핵 152, 156
침팬지 123, 129~131

⟨ㅋ⟩
카메론, 주디Judy Cameron 221
카스케이던, 메리Mary Carskadon 251, 252, 253, 268, 269
컬럼바인 고등학교 179, 193
케네디, 존 F., 2세John F. Kennedy, jr 156
케이건, 제롬Kerome Kagan 158
케이시Casey B. S. 163
켈리, 톰Tom Kelly 166
코르티솔 126, 218, 256, 308, 309
코프먼, 엘리자베스Elizabeth Cauffman 182~184, 328
쾌감-보상 회로 149
쿤, 디나Deanna Kuhn 189
쿼크, 앤디Wendy Quirk 99
크랩, 존John Crabbe 283, 284
크루거, 짐Jim Krueger 266, 267
크루세이, 마커스Markus Krusei 114
키신저 효과 78
키팅, 댄Dan Keating 186, 191

⟨ㅌ⟩
터리얼, 엘리엇Elliot Turiel 189
테스토스테론 25, 199, 200, 202, 207~209, 224, 225, 227, 231, 232
톰슨, 폴Paul Thompson 94, 96, 98, 99, 299
투렛증후군 217, 338

⟨ㅍ⟩

파우스, 토마스Tomas Paus 96, 113
파인, 대니Danny Pine 307~310, 313
파킨슨 병 149, 209
패슬러, 데이비드David Fassler 329, 330, 331
퍼시, 앤Anna Pusey 128, 130
퍼크스, 데이비드David Foulkes
—『아이들의 꿈과 의식의 발달 Children's Dreaming and the Development of Consciousness』 259
편도핵 108, 124, 215
포름알데히드 82
프랭클린, 벤저민Benjamin Franklin 181
프렌더개스트, 마크Mark Prendergast 280, 281
피셔, 커트Kurt Fisher 177~179인간 행동과 발달하는 뇌Human Behavior and Development Brain』 178
피셔, 헬렌Helen Fisher 230, 231, 232, 233, 237
피아제, 장Jean Piaget 178
피어싱 26
핀켈스타인, 조던Jordan Finkelstein 239, 240

하이먼, 스티브Steve Hyman 116, 118, 119
하인, 토머스Thomas Hine
—『미국 십대들의 영락 The Rise and Fall of the American Teenager』 135
할로, 해리Harry Harlow 125
해마 88, 216, 277, 278, 281, 291
해면상관혈종 95
행동생태학 128
허블, 데이비드David Hubel 76
허시, 패트리셔Patricia Hersch
—『그들만의 부족A Tribe Apart』 135
허튼로처, 피터Peter Huttenlocher 40~42
헵, 도널드Donald Hebb 66
호르몬 25, 26, 79, 197~227
홀, 스탠리Stanley Hall 134
회백질 35, 37, 102, 316
히포크레틴 265

⟨ㅎ⟩
하부 시스템 79

옮긴이 **강수정**
연세대학교를 졸업하고 출판사와 잡지사에서 일했다. 지금은 전문번역가로 활동 중이며, 옮긴 책으로는 『세상 끝의 집』 『리버타운』 『넥서스—여섯 개의 고리로 읽는 세상』 『반짝이는 박수소리』 『동물들의 겨울나기』 등이 있다.

십대들의 뇌에서는 무슨 일이 벌어지고 있나?

1판 1쇄 | 2004년 12월 6일
1판 12쇄 | 2021년 10월 25일

지은이 | 바버라 스트로치
옮긴이 | 강수정
펴낸이 | 김정순
펴낸곳 | (주)북하우스 퍼블리셔스
출판등록 | 1997년 9월 23일 제406-2003-055호

주　　소 | 04043 서울시 마포구 양화로 12길 16-9 (서교동 북앤빌딩)
전자우편 | henamu@hotmail.com
전화번호 | 02) 3144-3123
팩　　스 | 02) 3144-3121

ISBN 89-89799-39-2 03470

해나무는 (주)북하우스 퍼블리셔스의 과학·인문 브랜드입니다.